铝电解和铝合金铸造生产与安全

杜科选　柴永成　张维民　任必军　谷文明　编著

北　京
冶　金　工　业　出　版　社
2012

内 容 简 介

本书介绍了铝电解的相关知识、铝电解车间的各类操作、铝及铝合金铸造基本知识和铸造操作等，内容包括铝电解概述、铝电解生产安全、铝电解生产、电解铝及铝合金铸造、铝电解及铝合金铸造的发展与新技术。

本书可供现代大型预焙铝电解与铝合金铸坯生产企业的基层管理人员、技术人员参考，也可作为在职技工的培训、投产前职工的培训以及职业学校学生的教材。

图书在版编目（CIP）数据

铝电解和铝合金铸造生产与安全/杜科选等编著.
—北京：冶金工业出版社，2012.5
ISBN 978-7-5024-5907-9

Ⅰ.①铝…　Ⅱ.①杜…　Ⅲ.①氧化铝电解—生产技术—安全技术　②铝合金—铸造—生产技术—安全技术　Ⅳ.①TF821.032.7　②TG292

中国版本图书馆 CIP 数据核字（2012）第 078180 号

出 版 人　曹胜利
地　　址　北京北河沿大街嵩祝院北巷 39 号，邮编 100009
电　　话　(010)64027926　电子信箱　yjcbs@cnmip.com.cn
责任编辑　王雪涛　美术编辑　李　新　版式设计　孙跃红
责任校对　王永欣　责任印制　李玉山
ISBN 978-7-5024-5907-9
北京百善印刷厂印刷；冶金工业出版社出版发行；各地新华书店经销
2012 年 5 月第 1 版，2012 年 5 月第 1 次印刷
787mm×1092mm　1/16；17.75 印张；428 千字；272 页
55.00 元
冶金工业出版社投稿电话：(010)64027932　投稿信箱：tougao@cnmip.com.cn
冶金工业出版社发行部　电话：(010)64044283　传真：(010)64027893
冶金书店　地址：北京东四西大街 46 号(100010)　电话：(010)65289081(兼传真)
（本书如有印装质量问题，本社发行部负责退换）

前　言

2010年我国电解铝产量为1695万吨，连续10年居世界第一位，2008年我国电解铝消费1260万吨，人均铝消费9.7kg，连续5年居世界第一。目前，我国大型预焙槽技术已非常成熟，相继有300kA、350kA、400kA、500kA等系列槽型投产，并且有多家铝厂400kA电解系列投产。400kA预焙铝电解系列具有设计紧凑、高产、高效、投资省、能耗低、劳动生产率高等优点，同时配套建设先进成熟的干法烟气净化系统，环保排放指标完全符合国家规定，综合技术指标接近世界先进水平，综合交流电耗从原来60kA系列的17200kW·h降至15300kW·h，并逐步下降到200kA系列的14500kW·h，目前400kA系列槽型已降到13680kW·h以下。随着"节能减排"政策的贯彻执行，小型铝电解槽将尽快被淘汰改造，新改造的项目将采用技术已成熟的400kA预焙阳极铝电解系列。近年来，大型预焙铝电解槽相继投产，职工的技术培训需要比较实用的操作培训教材，为此，笔者以400kA预焙铝电解和铸造生产实践为基础，编写本书，以满足铝电解生产企业职工培训的需要。

本书介绍了电解铝发展简史，新中国成立后我国电解铝产量和生产技术指标、电解铝生产工艺、原材料及生产设备，电解车间的日常操作，铝电解槽的焙烧启动与停槽、出铝、换极、提升阳极母线、取样、熄灭效应、捞炭渣、日常巡视与维护以及两水平测量、温度测量、电流分布测量、阳极和阴极电压降测量等实际操作。书中还介绍了铝合金熔炼、铝合金熔体精炼净化、铝及铝合金普通块锭铸造、铝合金带材连铸连轧、铝合金扁铸锭和圆铸锭铸造、铝圆杆连铸连轧、铝合金铸坯常见缺陷的预防等基本操作。

本书图文并茂，易学易懂，易于现场培训，可操作性强；每项操作包括目的、潜在安全危害、使用的工器具和材料、操作程序和操作要领、异常情况的处理措施等。每项操作的描述清晰明了并采用了大量的现代大型铝电解生产操作和铸造作业真实照片以及绘制的示意图，将内容表述得更为直观。

本书可供现代大型预焙铝电解与铝合金铸坯生产企业的基层管理人员、技术人员参考，也可作为在职技工的培训、投产前职工的培训以及职业学校学生的教材。通过对本书的学习，新职工可以尽快熟悉铝电解与铝合金铸造生产的相关岗位（电解操作工、铸造工等），提高操作水平，确保操作标准化、规范化，从而减少人身和设备的安全隐患，提高工作效率。

编写过程中，承蒙业内同仁柴永成、张维民、任必军、谷文明、杨青、邱金山、刘小虎、马靖晖、陈新群、牛伟伟等鼎力相助，在此表示衷心的感谢。

杜科选

2011年10月8日于兰州

目　　录

1 铝电解概述

1.1 铝及铝合金的特点及应用

1.1.1 铝的性质

1.1.1.1 纯铝的有关特性

纯铝的有关特性见表1-1。

表1-1 纯铝的特性

性能		高纯铝（Al：99.996%）	工业纯铝（Al：99.5%）
密度 $/g\cdot cm^{-3}$	固态（20℃）	2.698	2.710
	液态（700℃）	2.371	2.373
熔点/℃		660.24	约650
沸点/℃		2060	—
熔化潜热（熔解热）$/kJ\cdot kg^{-1}$		396	389
比热容（100℃）$/J\cdot(kg\cdot K)^{-1}$		935	965
导热系数（25℃）$/W\cdot(m\cdot K)^{-1}$		235	223（软状态）
线膨胀系数 $/\mu m\cdot(m\cdot K)^{-1}$	20～100℃	24.58	23.5
	100～300℃	24.6	25.6
电阻率（20℃，软状态）$/\mu\Omega\cdot cm$		2.67	2.92
抗拉强度/MPa		88.2～117.6	90～120（铸态）
屈服强度/MPa		19.6～88.2	—
伸长率/%		11～25	11～25（铸态）
布氏硬度 HBS		24～32	24～32（铸态）

1.1.1.2 铝的化学性质

铝是一种银白色的轻金属，在自然界中分布极广，地壳中铝的含量约为8%，仅次于氧和硅，居第三位，但在金属元素中，铝居首位。铝的化学性质十分活泼，故自然界中极少发现元素状态的铝。含铝的矿物总计有250多种，其中主要的是铝土矿、高岭土、明矾石等。铝的主要化学性质如下：

（1）铝与空气接触时很容易氧化，并且在其表面形成一层致密而坚实的氧化膜，此膜有保护内部铝不被继续氧化的作用，因而铝在大气中耐腐蚀；在海水、油类、浓硝酸中有优异的抗蚀性，但对碱、卤化物的耐蚀性较差，所以常被用来制造化学反应器、医疗器械、冷冻装置、石油和天然气管道等。铝还用做炼钢过程中的脱氧剂。

（2）铝在氧气中燃烧能放出大量的热和耀眼的光，常用于制造爆炸混合物，如铵铝炸药（由硝酸铵、木炭粉、铝粉、烟黑及其他可燃性有机物混合而成）、燃烧混合物（如用铝热剂做的炸弹和炮弹可用来攻击难以着火的目标或坦克、大炮等）和照明混合物

(如含硝酸钡 68%、铝粉 28%、虫胶 4%),铝热剂常用来熔炼难熔金属和焊接钢轨等。

(3) 铝粉和石墨、二氧化钛(或其他高熔点金属的氧化物)按一定比率均匀混合后,涂在金属上,经高温煅烧制成的耐高温的金属陶瓷,在火箭及导弹技术上有重要应用。

(4) 铝粉具有银白色光泽(一般金属在粉末状时的颜色多为黑色),常用来做涂料、颜料,俗称银粉、银漆,以保护铁制品不被腐蚀,而且美观。铝粉和水性铝膏还可用作混凝土发泡剂。

1.1.1.3 铝的物理性能

(1) 铝的密度很小,仅为 $2.7g/cm^3$,虽然它比较软,但可制成各种铝合金,如硬铝、超硬铝;防锈铝、铸铝等,这些铝合金广泛应用于飞机、汽车、火车、船舶等制造业。此外,火箭、航天飞机、人造卫星上也使用大量的铝及其合金。例如,一架超声速飞机约由 70% 的铝及铝合金构成。船舶建造中也大量使用铝,一艘大型客船的用铝量常达数千吨。

(2) 铝的导电性仅次于银、铜,虽然它的电导率只有铜的 2/3,但密度只是铜的1/3,所以输送相同的电量,铝线的用量只有铜线的一半。铝表面的氧化膜不仅有耐腐蚀的能力,而且有一定的绝缘性,所以铝在电器制造工业、电线电缆工业和无线电工业中有广泛的用途。

(3) 铝是热的良导体,它的导热能力比铁大 3 倍,工业上可用铝制造各种热交换器、散热材料和炊具等。

(4) 铝板对光的反射性能很好,铝越纯,其反射能力越好,因此常用来制造高质量的反射镜,如太阳灶反射镜等。

(5) 铝具有吸音性能,音响效果也较好,所以广播室、现代化大型建筑室内的天花板等也常用铝及铝合金材料制造。

1.1.1.4 工艺性能

(1) 铸造性能。在浇注温度为 700 ~ 730℃ 时,纯铝液的流动性较差、充型能力差、易产生热裂孔隙等铸造缺陷。但是,铸造铝合金的铸造性能远优于工业纯铝,在汽车制造、机械、船舶等行业得到广泛应用。

(2) 压延性能。铝有较好的延展性,它的延展性仅次于金和银,纯铝的塑性高达 25%,可采用锻造、辊轧、挤压等加工方法,将其制成各种管材、板材、线材以及厚度仅为 0.06mm 箔材和 ϕ0.05mm 左右的铝丝。

(3) 冶金性能。纯铝的铸造性能差、力学性能低,具有良好的冶金性能,通过冶炼可制成各种型号的铝合金,从而提高了铝合金的强度、硬度、铸造性能等机械指标,以满足铝加工和铸造的要求。目前,我国发布的铝合金技术标准有:《变形铝及铝合金化学成分》(GB/T 3190—2008),铝合金品种有 254 个;《铸造铝合金》(GB/T 8733—2007),铝合金品种 69 个。

1.1.2 铝的用途

铝具有多种优良性能,容易铸造和回收再利用,不但抗腐蚀性能好,而且外观漂亮。早期铝只用于制造首饰。随着铝合金产品的开发,铝基材料的抗氧化性能、力学性能、加工性能不断得到优化,使铝在机械、电子、汽车、火车、航空、建筑、包装等领域得到了广泛应用，已成为国防建设和工业生产中不可缺少的重要材料。铝已经成为仅次于钢铁的第二大金属材料，在国民经济和人民生活中发挥着日益重要的作用。

从1854年开始，法国化学家德维尔把铝矾土、木炭、食盐混合，通入氯气后加热得到NaCl·$AlCl_3$复盐，再将此复盐与过量的钠熔融，得到了金属铝。在近一个世纪的历史进程中，铝的产量急剧上升，到了20世纪60年代，铝在全世界有色金属产量上超过了铜而位居首位。近50年来，铝已成为世界上应用最为广泛的金属之一，它的用途涉及许多领域，如国防、航天、电力、电子、通讯、建筑、火车、汽车、集装箱运输、日常用品、家用电器、机械设备、包装等。它的化合物用途也非常广泛，不同的含铝化合物在医药、有机合成、石油精炼等方面发挥着重要的作用。

2008年，全球原铝消费达到3810万吨，人均原铝消费5.9kg，如果再加上回收的废铝，人均铝消费量可达7.8kg左右。我国电解铝消费1260万吨，人均铝消费9.7kg，连续5年居世界第一。2010年我国铝消费结构如图1-1所示。

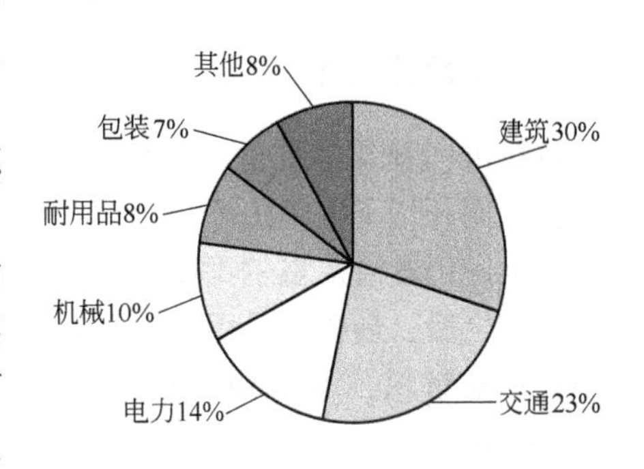

图1-1 2010年我国铝消费结构

1.2 铝电解发展简史

1.2.1 铝冶金的历史

我国采用铝矿有悠久的历史，很早就开始从明矾石中提取明矾（古称矾石）以供医药及工业应用。公元前一世纪，汉代《本草经》一书中记载了16种矿物药物，其中就包括矾石、铅丹、石灰、朴硝、磁石。明代宋应星所著《天工开物》（公元1637年）一书中记载了矾石的制造和用途。

Aluminium一词从明矾衍生而来，古罗马人称明矾为Alu－men。1746年Pott从明矾中制取一种金属氧化物。Marggraf认为黏土和明矾中含有同一种金属氧化物。1876年Morveau称此种氧化物为氧化铝Alumine（英文为Alumina）。1807年英国Davy试图用电解法从氧化铝中分离出金属，未成功。1808年他称呼此种拟想中的金属为Aluminium，以后沿用此名。金属铝最初用化学法制取。1825年丹麦Oersted用钾汞还原无水氯化铝，得到一种灰色的金属粉末，在研磨时呈现金属光泽，但当时未能加以鉴定。1827年德国Wohler用钾还原无水氯化铝，得到少量细微的金属颗粒。1845年他把氯化铝气体通过熔融的金属钾表面，得到金属铝珠，每颗铝珠的质量为10～15mg，于是铝的一些物理和化学性质得到初步的测定。1854年法国Deville用钠代替钾还原NaCl-$AlCl_3$配合盐，制取金属铝。钠和钾同为一价碱金属，但钠的相对原子质量比钾小，制取1kg铝所需的钠量为3.0～3.4kg，而用钾大约需要5.5kg，故用钠比较经济。当时称铝为“泥土中的银子”。1855年Deville在巴黎世界博览会上展出了12块小铝锭，总质量约为1kg。

1854年在巴黎附近建成了世界上第一座炼铝厂。1865年，俄国Бекетов提议用镁还原冰晶石来生产铝。这一方案后来在德国Gmelingen铝镁工厂里得到采用。

自从1887～1888年间电解法炼铝工厂开始投入生产之后，化学法便渐渐被弃用了。

在此之前的30多年内采用化学法总共生产了约200t铝。在采用化学法炼铝期间，德国Bunsen和法国Deville继英国Davy之后研究电解法。1854年Bunsen发表了试验总结报告，声称通过电解$NaCl-AlCl_3$配合盐，得到金属铝。他在电解时采用炭阳极和炭阴极。Deville除了电解$NaCl-AlCl_3$配合盐之外，还电解此配合盐和冰晶石的混合物，都得到了金属铝。Deville也许是认识到氧化铝可溶于熔融氟盐的第一个人。那时候，用蓄电池作为电源不能获得较大的电流，而且价格很贵，因此电解法不能在工业上进行生产。只有在1867年发明了发电机，并在1880年加以改进之后，才使电解法可以用于工业生产。

1.2.2 铝电解的发展

1886年美国霍尔和法国埃鲁特不约而同地申请了利用冰晶石-氧化铝熔盐电解法炼铝专利，从而开创了电解法炼铝新阶段——霍尔-埃鲁特法炼铝技术，直到现在，大型铝电解槽的生产仍然沿用霍尔-埃鲁特法炼铝原理。自从1887~1888年间电解法炼铝工厂开始投入生产之后，最初是采用小型预焙阳极铝电解槽，20世纪初出现了小型侧部导电的自焙阳极铝电解槽，电解槽的电流强度从2kA→20kA→60kA→75kA→135kA→160kA→180kA→200kA→240kA→280kA→300kA→350kA→400kA→500kA，逐渐增大，实验电解槽已达到600kA，槽膛底面积也在随之增大。铝电解槽型最先为小型预焙阳极，后为中性自焙阳极，现在全部为大型预焙阳极电解槽。

1.2.3 我国铝电解的发展

新中国成立之前，伪满时期抚顺市有一个很小的电解铝厂，据留下的资料记载，年产量最高仅8000t。1947年国民党政府接收了这个小铝厂，但根本没有能力恢复生产。据在伪满时期工作过的老工人说，当时电解系列的电流强度只有2700A，电解槽的构造非常简陋，生产效率很低。1951年7月，新中国第一座电解铝厂——抚顺铝厂开始设计和生产准备工作。当时我国对铝的生产技术可以说是一无所知。工作中遇到许多困难，为了配合苏联专家工作，工厂成立了设计科。为了生产前的准备，还成立了生产准备科，并采取以下的几项措施：（1）成立技校进行技工培训；（2）招收中、高级技术人员；（3）派遣实习小组到苏联铝厂培训；（4）在苏联专家指导下建设培养“小型铝电解生产装置”的制作工人；（5）召回伪满时期的老技工；（6）派遣技工参加本厂大工程的施工。

早期的抚顺铝厂是由苏联专家设计的电流强度为5万安培铝电解槽。第一期工程1952年开始施工，1954年投产。第一期工程投产时是由苏联专家手把着手干的，到了第二期工程投产时，我们就逐渐掌握了技术，而到了第三期工程投产时，我们就能独立做了。第二、三期电解铝工程分别在1957年7月、1958年7月投产。第四期电解铝工程是我国自行设计的，于1959年5月投产。到了1965年，全厂电解铝产能已达到10万吨/年。六十年来，抚顺铝厂累计产铝282万吨，实现工业总产值300多亿元，并形成年产10万吨铝的产能，为新中国铝工业培养了大批专业技术和管理人才，先后向全国各地输送5400人，为中国铝工业的发展壮大立下了汗马功劳。这以后，全国铝工业有了很大的发展，在宁夏的青铜峡、甘肃的兰州、河南的伊川、贵州的贵阳等地都建成了10万吨级的电解铝厂。除此以外，在沈阳铝镁设计研究院成立以后，又成立了贵阳铝镁设计研究院，设计研究的实力大大增强了。

我国先后经历了6kA上部导电自焙阳极砖砌圆形铝电解槽，55kA的砖砌自焙阳极铝电解槽，60kA、75kA侧插自焙阳极铝电解槽，75kA→135kA→160kA→180kA→200kA→240kA→280kA→300kA→350kA→400kA预焙阳极铝电解槽的不同发展阶段。

2000年以前我国电解铝工业的基本特点：一是企业多、规模小，至2000年底铝厂已达到126家，国际上电解铝厂的平均规模在20万吨/年左右，而我国平均仅2.64万吨/年。二是电解铝厂与电厂、铝加工厂分离，缺少电冶加一体化的大型铝企业，因此生产成本较高，很难与国外大型铝企业竞争。三是技术装备水平低，至2000年底，电解铝厂有126家，产能334万吨，污染严重、产能低、消耗高的自焙铝电解槽仍占总产能的58.8%，总产量的66%。

目前，我国大型预焙槽技术已非常成熟，相继有300kA、350kA、400kA等系列大型槽投产，已有多家铝厂400kA电解系列投产。随着中国电解铝工业的不断发展，自主创新的技术装备水平进一步提升，据相关部门统计，截止到2009年，中国大型预焙槽的电流强度160kA及以上的占到89%；200kA及以上的占82.56%；300kA及以上的占42.74%；400kA及以上的占12.06%。300kA及以上的大型预焙槽已成为主流装备。另外，500kA的电解槽已经投产，600kA的电解槽技术目前也已成熟。400kA预焙铝电解系列具有设计紧凑、高产、高效、投资省、能耗低、劳动生产率高等优点，同时配套建设先进、成熟的干法烟气净化系统，环保排放指标完全符合国家规定，综合技术已达到世界先进水平，使电解铝厂吨铝综合交流电耗从1960年的约20000kW·h逐步下降到14107kW·h，目前400kA系列槽型已降到13678kW·h以下。2010年全国电解铝产量为1695万吨，连续10年居世界第一位，产能约为2100万吨。2011年3月29日中国铝业连城分公司原甘肃连城铝厂500kA铝电解系列一期一区的96台槽通电投产。

1.2.4 铝电解生产指标

1.2.4.1 我国电解铝产量

我国在新中国成立初期没有电解铝生产，1954年第一座铝电解厂投产，从1954年开始直到80年代初电解铝生产发展比较缓慢，到1983年原铝产量仅有45万吨。改革开放后，特别是近十年电解铝发展迅速，2010年产量达到1695万吨，是1990年的6倍。我国电解铝产量统计见表1-2。

表1-2 我国电解铝产量统计 （万吨）

年份	产量	年份	产量	年份	产量	年份	产量	年份	产量	年份	产量
1951		1961	6.30	1971	28.37	1981	39.05	1991	95.52	2001	337.14
1952		1962	7.41	1972	28.30	1982	39.64	1992	109.06	2002	432.13
1953	0.04	1963	8.70	1973	28.27	1983	44.98	1993	124.19	2003	554.69
1954	0.19	1964	10.35	1974	21.15	1984	47.20	1994	146.22	2004	668.88
1955	2.07	1965	12.81	1975	21.75	1985	52.25	1995	167.61	2005	780.60
1956	2.15	1966	16.64	1976	21.31	1986	55.54	1996	177.09	2006	935.84
1957	2.89	1967	18.70	1977	21.12	1987	60.87	1997	203.50	2007	1258.83
1958	4.77	1968	12.01	1978	29.61	1988	71.21	1998	233.57	2008	1317.82
1959	6.84	1969	18.09	1979	36.23	1989	75.13	1999	259.84	2009	1357.52
1960	11.41	1970	23.21	1980	39.60	1990	84.71	2000	279.41	2010	1695.25

1.2.4.2 铝电解生产技术指标

我国铝电解在近几年发展得比较快，可以说从装备到技术及生产技术指标属于世界领先水平。表1-3～表1-7所示的不同时期具有代表性的铝电解生产技术指标反映了我国铝工业技术的发展水平。

表1-3 甲厂60kA自焙阳极电解槽生产技术指标

年 份	平均槽电压/V	电流效率/%	吨铝原铝直流电耗/kW·h	吨铝铝锭综合电耗/kW·h	吨铝氧化铝单耗/kg	吨铝阳极糊单耗/kg	吨铝氟化盐单耗/kg
1959	—	66.20	30720	—			
1960	—	69.10	29361	—			
1967	4.91	86.10	16787	—	1921	542	81.56
1968	4.69	84.12	16334	—	1923	583	62.24
1969	4.82	87.54	16330	—	2035	579	76.90
1970	4.67	87.54	15913	—	1953	573	54.88
1971	4.71	87.92	15929	—	1950	576	51.83
1972	4.62	87.11	15827	—	1974	567	53.46
1973	4.71	86.09	16268	—	2029	563	72.58
1974	4.68	87.41	15947	—	1985	530	65.28
1975	4.67	85.72	16223	—	1958	589	59.63
1976	4.72	85.14	16504	18880	1927	601	94.77
1977	4.78	85.82	16566	20297	1962	600	88.24
1978	4.79	85.81	16642	17946	2004	611	57.14
1979	4.60	86.80	15798	17141	1945	623	54.50
1980	4.45	85.73	15469	17020	1946	546	48.90
1981	4.50	84.25	16020	17631	1937	586	64.00
1982	4.48	85.33	15645	17404	1941	516	53.16
1983	4.40	86.59	15141	16961	1942	551	44.18
1984	4.32	88.49	14558	16097	1956	548	42.12
1985	4.28	87.75	14521	16090	1955	544	41.97
1986	4.27	87.81	14534	16069	1945	544	47.83
1987	4.31	88.88	14476	15792	1945	538	49.70
1988	4.27	88.72	14352	15868	1939	539	45.00
1989	4.30	88.79	14377	15849	1938	523	51.36
1990	4.31	88.50	14507	16183	1941	529	47.20
1991	4.30	88.33	14512	15916	1934	527	47.80
1992	4.30	88.83	14425	15821	1934	530	48.30
1993	4.31	89.28	14365	15958	1937	534	49.90
1994	4.30	88.95	14403	15849	1937	535	49.73
1995	4.15	89.24	14334	15883	1937	534	47.14

续表 1-3

年 份	平均槽电压 /V	电流效率 /%	吨铝原铝直流电耗/kW·h	吨铝铝锭综合电耗/kW·h	吨铝氧化铝单耗/kg	吨铝阳极糊单耗/kg	吨铝氟化盐单耗/kg
1996	4.28	89.10	14292	16093	1937	531	44.26
1997	4.29	88.94	14379	15670	1936	532	44.44
1998	4.29	88.82	14381	15643	1935	521	42.65
1999	4.28	89.26	14238	15507	1933	486	30.96
2000	4.24	89.04	14174	15445	1933	481	26.03
2001	4.24	89.17	14143	15433	1933	503	27.90
2002	4.20	88.93	14173	15475	1937	491	29.90
2003	4.20	89.13	14095	15348	1937	476	28.12
2004	4.27	89.25	14260	15263	1935	478	25.80

注：1961 ~ 1966 年停产，60kA 自焙槽于 2004 年 2 月全部停产待改造。

表 1-4 乙厂 135kA 预焙阳极电解槽生产技术指标

年 份	电流效率 /%	吨铝原铝直流电耗/kW·h	吨铝铝锭综合电耗/kW·h	吨铝氧化铝单耗/kg	吨铝炭阳极单耗/kg	吨铝氟化盐单耗/kg
1991	90.34	14264	15593	1934	616	46.8
1992	90.12	14335	15989	1941	618	49.0
1993	90.07	14334	15983	1941	618	49.2
1994	89.4	14558	16198	1942	618	49.6
1995	89.31	14498	16095	1942	640	49.7

表 1-5 丙厂 160kA 预焙阳极电解槽生产技术指标

年 份	电流效率 /%	吨铝原铝直流电耗/kW·h	吨铝铝锭综合电耗/kW·h	吨铝氧化铝单耗/kg	吨铝炭阳极单耗/kg	吨铝氟化盐单耗/kg
1990	86.31	14378	15884		632	40.0
1991	86.91	14310	15592		632	34.9
1992	86.93	14235	15501		633	39.2
1993	88.47	13889	15261		614	36.6
1994	88.26	13987	15321		623	54.4
1995	90.01	13887	15151		613	64.4
1996	90.57	13890	15203		608	61.1

表 1-6 丁厂 200kA 预焙阳极电解槽生产技术指标

年 份	平均槽电压 /V	电流效率 /%	吨铝原铝直流电耗/kW·h	吨铝铝锭综合电耗/kW·h	吨铝氧化铝单耗/kg	吨铝炭阳极单耗/kg	吨铝氟化盐单耗/kg
2001	4.55	83.61	16194	26973	1930	585	32.43
2002	4.23	90.37	13954	15443	1930	547	31.70

续表 1-6

年 份	平均槽电压/V	电流效率/%	吨铝原铝直流电耗/kW · h	吨铝铝锭综合电耗/kW · h	吨铝氧化铝单耗/kg	吨铝炭阳极单耗/kg	吨铝氟化盐单耗/kg
2003	4.22	91.68	13716	14749	1937	524	29.80
2004	4.25	92.19	13732	14941	1930	519	27.74
2005	4.21	92.02	13646	14730	1924	522	25.99
2006	4.18	92.18	13527	14634	1921	519	23.92
2007	4.19	92.31	13539	14618	1923	514	24.14
2008	4.20	92.50	13535	14709	1918	522	22.80
2009	4.15	92.00	13437	14489	1905	502	26.60
2010	4.05	92.00	13111	14107	1911	497	24.56

表 1-7 戊厂 400kA 预焙阳极电解槽生产技术指标

年 份	平均槽电压/V	电流效率/%	吨铝原铝直流电耗/kW · h	吨铝铝锭综合电耗/kW · h	吨铝氧化铝单耗/kg	吨铝炭阳极单耗/kg	吨铝氟化盐单耗/kg
2007	4.31	89.99	14255	16205	1923	583	33.00
2008	4.20	93.01	13476	14465	1917	529	28.78
2009	4.11	93.5	13092	13920	1906	501	21.47
2010	4.04	93.48	12880	13678	1911	497	20.51

1.3 铝电解生产工艺简述

铝电解生产采用冰晶石-氧化铝融盐电解法。铝电解生产所需的原材料为氧化铝和氟化盐等，电解所需的直流电由整流所供给。熔解在电解质中的氧化铝在直流电的作用下，在阴极析出金属铝，在阳极放出氧气，氧气与炭素阳极反应生成二氧化碳和一氧化碳排出。

铝电解原理为：以冰晶石-氧化铝熔体为电解质，炭素材料为两极，大直流电流由阳极导入，经过电解质与铝液层从阴极导出，在两极间发生电化学反应，使电解质中的铝离子在阴极得到电子而析出，生成铝液；氧离子在阳极放电生成一氧化碳和二氧化碳混合气体。

生产电解铝的直接设备称为电解槽。电解槽主要由以炭素材料为主体的阳极和阴极组成。预焙阳极铝电解槽生产原理如图 1-2 所示。

现代铝工业生产采用冰晶石-氧化铝融盐电解法。熔融冰晶石是溶剂，氧化铝作为溶质，溶剂溶解形成电解质，以炭素体作为阳极，铝液作为阴极，通入强大的直流电后，950～970℃下，在电解槽内的两极进行电化学反应，即电解。化学反应主要通过以下方程进行：

在电解质中氧化铝溶解为带电粒子：

$$2Al_2O_3 = 4Al^{3+} + 6O^{2-} \tag{1-1}$$

在炭素阳极表面氧粒子失去电子：

$$2O^{2-} - 4e^{-} = O_2 \uparrow \qquad (1\text{-}2)$$

在铝液阴极表面铝离子得到电子：

$$Al^{3+} + 3e^{-} = Al \qquad (1\text{-}3)$$

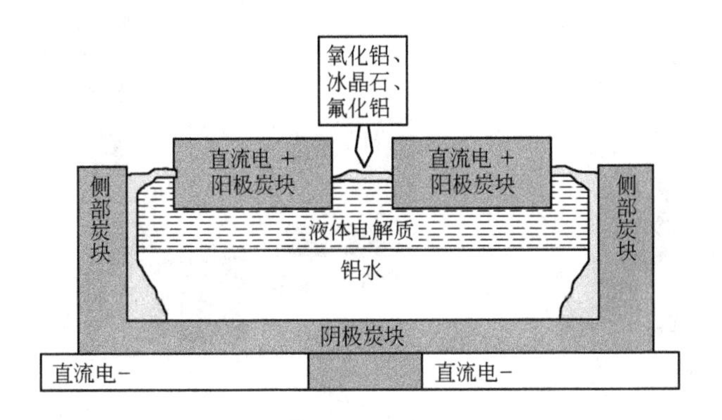

图 1-2 铝电解生产原理示意图

炭素阳极与电化学反应生成的氧气发生反应生成 CO 和 CO_2 气体，即阳极产物主要是 CO 和 CO_2 气体，其中含有一定量的氟化氢等有害气体和固体粉尘。为保护环境和人类健康，需对阳极气体进行净化处理，除去有害气体和粉尘后排入大气。阴极产物是铝液，铝液通过真空抬包从槽内抽出，送往铸造车间，在保温炉内经净化澄清后，浇注成铝锭或直接铸造成铝加工用的圆铸锭、扁铸锭、铝铸轧带材、铝线坯等坯料。其生产工艺流程如图 1-3 所示。

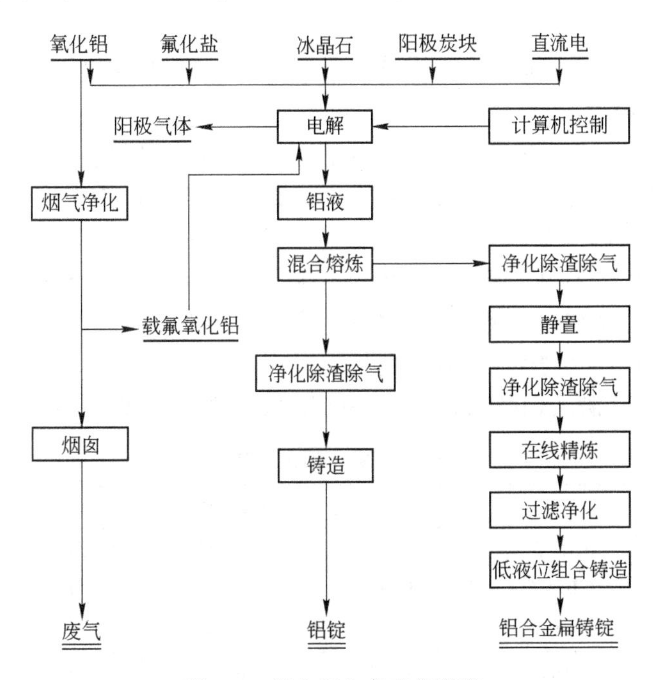

图 1-3 铝电解生产工艺流程

1.4 铝电解生产用原材料

生产中所需的主要原料有氧化铝、氟化铝、冰晶石和阳极炭块等，如图 1-4 所示。

图 1-4 铝电解生产原料

1.4.1 氧化铝

氧化铝，化学符号为 Al_2O_3，相对分子质量为 102，密度为 3.9 ~ 4.0g/cm^3，熔点为 2050℃，沸点为 2980℃。

纯净氧化铝是白色无定形粉末，俗称矾土，不溶于水，为两性氧化物，能溶于无机酸和碱性溶液中。日常所说的工业氧化铝主要是 α 型氧化铝，不溶于水和酸。

目前，世界上用拜耳法生产的氧化铝占总产量的 90% 以上，大部分用于生产电解铝的原料，也用于制作各种耐火砖、耐火坩埚、耐火管、耐高温实验仪器；还可作研磨剂、阻燃剂、填充料等。高纯的 α 型氧化铝还是生产人造刚玉、人造红宝石和蓝宝石的原料。氧化铝还用于生产现代大规模集成电路的板基。

氧化铝化学成分应满足 GB/T 24487—2009 标准规定的 AO-2 以上要求，如表 1-8 所示。

表 1-8 氧化铝化学成分

牌 号	化学成分（质量分数）/%				
	Al_2O_3 含量（不小于）	杂质含量（不大于）			
		Fe_2O_3	SiO_2	Na_2O	灼减量
AO-1	98.6	0.02	0.02	0.50	1.0
AO-2	98.5	0.02	0.04	0.60	1.0
AO-3	98.4	0.03	0.06	0.70	1.0

注：1. Al_2O_3 含量为 100% 减去表中所列杂质总和的余量。

2. 表中化学成分按在 300℃ ±5℃ 温度下烘干 2h 的干基计算。

3. 表中杂质成分按 GB8170 处理。

1.4.2 冰晶石

冰晶石，分子式为Na_3AlF_6，相对分子质量为209.95，密度为2.95～3.01g/cm³，熔点约为1000℃，微溶于水，不溶于无水氟化氢；其结晶水的含量随分子比的升高而降低，因而其灼烧损失也随分子比的升高而降低，不同分子比的软膏脱除附着水后，在800℃时的灼烧损失：分子比1.74时为10.34%，分子比2.14时为6.22，分子比2.63时仅为2.56%。

冰晶石作为熔盐主要用作铝电解质的熔剂，还用于搪瓷的乳白剂、玻璃和搪瓷生产用的遮光剂和助溶剂，农作物的杀虫剂，铝合金铸造的助熔剂，铁合金和沸腾钢的生产和树脂橡胶、砂轮的耐磨填充剂等。

冰晶石外观为白色，微黄、微灰或浅红色粉末状。分子比可在2.8～3.0之间。其化学成分如表1-9所示。

表1-9 冰晶石的化学成分

牌号	化学成分/%									
	不小于		不大于							
	F	Al	Na	SiO_2	Fe_2O_3	SO_4^{2-}	CaO	P_2O_5	H_2O	灼减量
CH0	52	12	33	0.25	0.05	0.6	0.2	0.02	0.2	2.0
CH1	52	12	33	0.36	0.08	1.0	0.6	0.03	0.4	2.5
CM0	53	13	32	0.25	0.05	0.6	0.2	0.02	0.2	2.0
CM1	53	13	32	0.36	0.08	1.0	0.6	0.03	0.4	2.5

注：1. 化学成分含量按去除湿存水后的干基计算（灼减量除外）。
2. 数值修约比较按GB/T 1250—1989的第5.2条规定进行，修约数位与表中所列极限数位一致。
3. 表中规定的各指标，需方如有特殊要求，可由供需双方协商解决。

1.4.3 氟化铝

氟化铝，分子式为AlF_3，相对分子质量为83.98，熔点为1040℃，沸点为1260℃，密度为2.88～3.18g/cm³。

氟化铝为砂状粉末，有涩味，容重为1.3～1.6g/cm³，休止角约为30°，流动系数小于60s/kg，难溶于水、酸及碱溶液，性质非常稳定。300～400℃条件下可被水蒸气水解为氟化氢和氧化铝。

氟化铝主要用作铝电解生产中的助熔剂，调整电解质的分子比水平，降低熔点和提高电解质的电导率，也用作陶瓷的外层釉彩和搪瓷釉的助熔剂、催化剂和有色金属冶炼的熔剂等。

氟化铝的化学成分应满足GB/T 4292—2007 AF-1级品以上要求，见表1-10。

1.4.4 阳极炭块

1.4.4.1 阳极炭块规格

依据系列电流强度的大小设计的阳极块尺寸有所不同。400kA预焙阳极电解槽阳极炭块规格尺寸为：1600mm×700mm×650mm。预焙阳极理化指标应符合表1-11要求。组装好的阳极炭块见图1-5。

表1-10 氟化铝的化学成分

等级	物理性能	化学成分（质量分数）/%							
	松散密度	不小于		杂质含量不大于					
	/g·cm^{-3}	F	Al	Na	SiO_2	Fe_2O_3	SO_4^{2-}	P_2O_5	H_2O，50℃，1h
AF-0	1.5	61	31.5	0.30	0.10	0.06	0.10	0.03	0.5
AF-1	1.3	60	31.5	0.40	0.30	0.10	0.6	0.04	1.0

表1-11 铝用预焙阳极理化指标（YS/T 285—2007）

牌号	理化性能						
	灰分/%	室温电阻率/μΩ·m	线膨胀系数/K^{-1}	CO_2反应性（残余率）/%	耐压强度/MPa	体积密度/g·cm^{-3}	真密度/g·cm^{-3}
	≤	≤	≤	≥	≥	≥	≥
TY-1	0.50	55	5.0×10^{-9}	85	35.0	1.53	2.05
TY-2	0.80	60	6.0×10^{-9}	80	30.0	1.50	2.00

注：1. 表中数值修约按GB/T 8170处理。
2. 表中未列项目，如抗折强度、热导率、空气渗透率、空气反应性和微量元素含量（钒、镍、硅、铁、钠、钙）等不做规定。需方如对预焙阳极的性能指标和微量元素含量有特殊要求，可由供需双方商定。
3. 对于有残极返回生产的产品指标要求，由供需双方协商。

图1-5 组装好的阳极炭块

1.4.4.2 外观要求

（1）成品表面粘着的填充料必须清理干净。

（2）成品表面的氧化面积不超过该表面积的20%，深度不超过5mm。

（3）成品下部掉角、掉棱应符合以下规定：

1）掉角周长不大于300mm。

2）掉角周长在100~300mm之间的不得多于两处，小于100mm的不计。

3）掉棱长度不大于300mm，深度不大于60mm。

4）掉棱长度在100～300mm，深度不大于60mm的不得多于两处，小于60mm的不计。

5）棒孔内或孔边缘裂纹长度不大于80mm，孔与孔之间不允许有连通裂纹。

6）棒孔内或孔边缘缺棱长×宽不大于80mm×30mm。

7）棒孔底面凹陷深度不大于15mm，陷损面积不大于底面积2/3（允许人工修补）。

8）大面积裂纹长度不大于300mm，数量不多于3处。

1.5 铝电解槽生产主要设备及参数

1.5.1 现代铝电解槽

1.5.1.1 铝电解槽的结构

生产电解铝的直接设备称为电解槽。电解槽主要由钢制外壳和炭素材料为主体的阳极及阴极组成。从电解槽的阳极来区分，主要分为自焙阳极铝电解槽和预焙阳极铝电解槽。目前铝生产基本上全都采用现代预焙阳极铝电解槽。铝电解槽结构如图1-6、图1-7所示。

图1-6 400kA铝电解槽结构

图1-7 大型铝电解槽结构

不同的电解槽型，电解铝生产的原理是相同的，但由于不同槽型电解生产系列的工艺装备不相同，其自动化控制策略、控制水平也不相同，故各槽型生产工艺流程中的具体操作有所不同。

1.5.1.2 现代铝电解槽的特点

现代铝电解槽具有以下特点：

（1）窄加工面。采用窄加工面是中间下料预焙槽发展的一种趋势，不仅可以节省电解槽的材料用量，而且还有利于生产指标的提高。这一点无论在理论上还是生产中都已得到验证。国内大量建设使用的电解槽均采用窄加工面，其大面加工面约为300mm，实践证明生产效果良好。

（2）大面多点进电，阴极母线配置合理、电流分布均匀、具有良好的磁流体稳定性。界面变形小，铝液流速低，这将为电解槽强化电流留下足够的空间，也将为实现电解槽高电效、低能耗提供可靠的保证。

（3）新型通风结构电解厂房的应用以及操作面的提高，有利于电解槽的侧部散热，使其具有良好的炉膛形状，从而维持良好的热平衡。

（4）摇篮式槽壳。摇篮式槽壳电解槽大面槽壳与摇篮架焊接，侧部焊接散热片，小面也采用摇篮架的形式，减少了槽壳变形，提高了槽寿命，同时也有利于侧部散热。

（5）深槽膛的设计，为自动熄灭效应提供了可靠的基础，也为强化电流、降低阳极效应系数，从而降低能耗提供了可靠的保证。

（6）电解槽采用多点下料设计，有利于电解槽在生产中保持电解质中氧化铝浓度的均匀，从而提高电流效率。

（7）计算机控制技术的采用使电解槽控制与管理更先进，自动化程度更高，确保了电解槽稳定、高效、低能耗的正常运行。

（8）大型铝电解槽一般均采用强度大、技术成熟的船形摇篮槽壳，槽壳刚性大、变形小，能达到延长槽寿命的目的。

1.5.1.3 内衬

内衬采用干防渗材料。从近年来国内外铝厂的应用来看，采用干防渗材料可以有效地阻止电解质向阴极保温层内渗漏，从而达到延长槽寿命的目的。

槽侧部采用复合块。根据电解槽热平衡计算，侧部采用氮化硅结合碳化硅和半石墨质炭素的复合块，具有传热性好，耐磨性好等特点，有利于电解槽的侧部散热和侧部炉帮的形成。槽底部阴极炭块四周与槽壳间，采用防渗浇注料捣制，除保温效果好外，尚允许有一定的弹性变形，同时能有效地阻止电解质向阴极保温层内渗漏，有利于延长槽寿命。

电解槽内衬设计中阴极炭块采用了高石墨质宽阴极，并且阴极炭块宽度与阳极块宽度相对应，改善电流分布，减小了阴极炭块所造成的水平电流对槽内阴极熔体稳定性和槽内局部熔体温度偏高的影响。

槽内衬最佳热场设计使电解质初晶温度（900℃）等温线位于阴极钢棒以上，800℃等温线位于保温层以上。根据电解槽的热平衡计算，确定电解槽内衬的材质及厚度。

侧部炭块与阴极炭块组之间的边缝捣制呈坡形，形成人造伸腿，有利于形成槽帮。槽底部阴极炭块四周与槽壳间，采用耐火水泥、耐火颗粒骨料合成的耐热混凝土捣制，除保温效果好外，尚允许有一定的弹性变形，有利于减少阴极炭块裂纹和延长槽寿命。

槽壳底板内层为硅酸钙板，其上为保温砖层。为防止电解质渗透破坏保温层，在阴极炭块底下与保温砖层间铺实一层干式防渗料。

在大量科学的热平衡计算的基础上，阴极炭块采用半石墨质炭块，并配套使用干式防渗料和边部防渗浇注料，有效地保护槽衬材料和防止槽底隆起变形，使电解槽内衬的寿命延长。

1.5.2 400kA 预焙阳极电解槽

400kA 预焙阳极电解槽的主要技术参数经济指标如表 1-12、表 1-13 所示。

表 1-12 400kA 预焙阳极电解槽的主要技术参数

项目名称	单位	参数
电流强度	kA	400
阳极电流密度	A/cm^2	0.744
阳极炭块尺寸	mm×mm×mm	1600×700×650
阳极组数	组	48
阳极钢爪数	个	4
槽壳外形尺寸	mm×mm	19540×4910
阴极炭块尺寸	mm×mm×mm	3490×700×480
阴极炭块组数	组	24
槽膛平面尺寸	mm×mm	18560×4000
大面加工面尺寸	mm	300
小面加工面尺寸	mm	420
阳极升降速度	mm/min	88
电解槽下料点	点	6
电解槽集气效率	%	98.8
阳极升降行程	mm	400

表 1-13 400kA 预焙阳极电解槽主要技术经济指标

指标名称	单位	数值	备注
系列电流强度	kA	400	
每台电解槽产能	kg/d	3027.55	
单槽年产量	t/a	1105.06	
电流效率	%	94	
槽平均电压	V	3.93	
槽内衬平均寿命	d	2000	
吨铝直流电耗	kW·h	12462	
吨铝氧化铝	kg	1920	
吨铝氟化铝	kg	20	
吨铝阳极炭块	kg	507/410	毛耗/净耗
吨阳极石油焦	kg	992	含填充料
吨阳极煤沥青	kg	170	
吨阳极天然气	m^3（标态）	85	

1.5.3 200kA 及 300kA 铝电解槽

200kA、300kA 铝电解槽主要结构参数及主要技术经济指标如表 1-14、表 1-15 所示。

表 1-14 200kA、300kA 铝电解槽主要结构参数

名　称	单　位	200kA 型预焙槽	300kA 型预焙槽
电流强度	kA	200	290
阳极电流密度	A/cm²	0.722	0.732
阳极炭块尺寸	mm × mm × mm	1500 × 660 × 550	1500 × 660 × 550
每台槽阳极组数	组	14	20
阳极炭块数	块	28	40
阴极炭块尺寸	mm × mm × mm	3250 × 515 × 450	3250 × 515 × 450
阴极炭块组数	组	18	25
槽膛尺寸	mm × mm	3780 × 11600	3780 × 14500
槽膛深	mm	470	500
大面加工面	mm	300	300
小面加工面	mm	420	420
阳极升降速度	mm/min	100	100
阳极升降行程	mm	400	400
下料点定容量	kg/次	1.84 × 2	1.8 × 2
下料点数	个	4	4
电解槽集气效率	%	98	98

表 1-15 200kA、300kA 铝电解槽主要技术经济指标

项　目	单　位	200kA 预焙槽	300kA 预焙槽
系列原铝产量	t/a	122246	101458
系列重熔用铝锭产量	t/a	121513	100951
系列安装电解槽数	台	228	132
其中备用槽数	台	8	4
槽平均电压	V	4.18	4.18
电流效率	%	>93	>93
单槽日产原铝量	kg	1498.12	2171.62
吨铝原铝直流电耗	kW · h	13397	13397
吨铝氧化铝单耗	kg	1930	1930
吨铝氟化铝单耗	kg	27	27
吨铝冰晶石单耗	kg	5	5
吨铝阳极炭块毛耗	kg	585	585
吨铝阳极炭块净耗	kg	450	450
槽内衬平均寿命	d	2000	2000
效应系数	次/(台 · d)	0.3	0.3
铝锭铸造损失	%	0.5	0.5

2 铝电解生产安全

2.1 铝电解生产潜在的危险

2.1.1 铝电解厂的职业危害

电解车间的主要任务是将氧化铝在熔盐电解槽内通过电化学反应生产铝液。生产的特点是高温、强磁场、高粉尘、有氟化氢和沥青烟等有害气体，其中高温生产（电解温度940~960℃）容易发生漏炉事故，造成高温铝液烫伤和其他方面的伤害，导致重大人身伤害、设备损坏及环境污染。在电解铝生产中，采用的是大电流、低电压的生产方式，最危险的是使导体形成短路。若是铁制的工具（铁铲、铁钎等）在电解槽的某一局部形成短路，将会在短路的几秒钟内化为铁水，若人接触到这些短路的导体，后果是相当严重的。

由于铝电解厂生产的特殊性，在生产过程中存在有害因素及危险因素。有害因素主要有：粉尘危害、毒物危害、高温危害和噪声危害；危险因素主要有：高处坠落、电气伤害和火灾、爆炸、烫伤、烧伤、触电、烟尘伤害、电磁场的影响、砸伤、撞伤、挤伤等。

2.1.1.1 粉尘危害

铝厂在生产过程中产生的粉尘主要有氧化铝粉尘、石油焦粉尘、沥青烟尘。氧化铝粉尘主要存在电解厂房内、氧化铝贮运系统；处理工段的粗碎、配料、筛分等过程均有粉尘产生。天车司机、电解车间工人、残极炭素粉破碎等岗位工人受粉尘危害较大。根据《工业企业设计卫生标准》（TJ 36—79）规定，车间空气中有害物质最高容许浓度为：生产性粉尘中的氧化铝粉尘不得超过6mg/m^3；其他粉尘（当游离二氧化硅含量在10%以下）不得超过10mg/m^3。

2.1.1.2 毒物危害

作业工人接触到的毒物主要有氟化物、硫化物、沥青烟、一氧化碳等。毒物主要存在于电解槽附近及烟气净化系统。

铝电解以冰晶石、氧化铝、氟化铝的熔体为电解质，以炭素材料为电极进行电解。电解时在阴极析出液态的金属铝，在阳极产生气体，同时还散发出以氟化物、粉尘等污染物为主的电解烟气。在400~600℃温度下，氧化铝中仍可含有0.2%~0.5%的水分。原料中的水分与固态氟化盐在高温条件下可发生化学反应，同时，进入熔融态电解质中的水分也可与液态的氟化盐发生化学反应，生成有害的氟化氢。

人体吸入过量的氟，常常会引起骨硬化、骨质增生、斑状齿等氟骨病，严重者使人丧失劳动能力。氟化物还对呼吸道黏膜及皮肤有强烈的刺激和腐蚀作用。我国卫生标准规定，车间空气中氟化物（以氟计）的最高容许浓度为0.5mg/m^3，按照现行国家标准《职业性接触毒物危害程度分级》中对毒物毒性分级的原则，氟化物为Ⅱ级，属于高度危害。

一氧化碳产生于电解槽的阳极。一氧化碳为无色、无嗅气体，它在血液中与血红蛋白结合而造成组织缺氧。轻度中毒者出现头痛、头晕、耳鸣、心悸、恶心、呕吐、无力、脉快、烦躁、浅至中度昏迷；重度患者会出现深度昏迷、瞳孔缩小、肌张力增强、频繁抽搐、大小便失禁、肺水肿、严重心肌损害等。我国车间空气中的一氧化碳最高容许浓度为30mg/m^3，按照现行国家标准《职业性接触毒物危害程度分级》中对毒物毒性分级的原则，一氧化碳为Ⅱ级，属于高度危害。

在电解过程中还有硫化物产生。二氧化硫为无色气体，对眼及呼吸道黏膜有强烈的刺激作用。轻度中毒时，皮肤或眼接触发生炎症或灼伤；严重中毒可在数小时内发生肺水肿、喉水肿、声带痉挛而窒息。我国车间空气中二氧化硫最高容许浓度为15mg/m^3，按照现行国家标准《职业性接触毒物危害程度分级》中对毒物毒性分级的原则，二氧化硫可为Ⅵ级，属于轻度危害。

2.1.1.3 高温危害

铝电解槽电解温度高达940～960℃，是主要的生产性热源。《工作场所有害因素职业接触限值》（GBZ 2.2—2007）第2部分物理因素中规定，高温作业是指：在生产过程中，工作地点平均WBGT指数等于或大于25℃的作业。资料表明，环境温度达到28℃时，人的反应速度、运算能力、感觉敏感性及感觉运动协调功能都明显下降。高温使劳动效率降低，增加操作失误率，主要体现在影响人体的体温调节和水盐代谢及循环系统等。高温还可以抑制中枢神经系统，使工人在操作过程中注意力分散，肌肉工作能力降低，从而导致伤害事故。

2.1.1.4 噪声危害

产生噪声的设备主要有净化系统风机及在电解车间电解槽附近使用气动打壳机、气动下料等，设备产生的噪声水平达到100dB（A）。噪声能引起人听觉功能敏感度下降甚至造成耳聋，或引起神经衰弱、心血管疾病及消化系统等疾病，噪声影响信息交流，促使误操作发生率上升。

2.1.1.5 电磁辐射危害

人体处于电场时，人体的导电性使电流通过皮肤流入大地，而磁场透过人体时有可能对血液中的铁分子产生影响。电场通过皮肤可能引发湿疹等皮肤疾病。

人体处于强磁场中时，体内各种磁性特质将受到磁引力。同时由于磁诱发作用（形成磁场的物体，磁化别的物体）产生磁化现象，即吸引或磁化体内红血球中铁等磁性物体，从而影响其余磁性物质，显然，这将有害于身体健康。如果血液或细胞中存在磁性物质，则磁诱发作用将妨碍血液或细胞的正常活动。

电磁波对人体的影响通过医学调查及动物实验获得验证。1979年，美国Colorado大学的N. Wertheimer教授与E. Leeper教授做了高压送电线与儿童癌病之间的医学调查。结果表明，处于强电磁场的儿童白血病的发病率高于其他儿童的发病率3倍以上。1995年11月瑞典与丹麦共同研究组织在欧洲癌杂志上发表了研究结果，该研究报告认为处于5×10^{-7}T（5mGs）以上磁场的儿童白血病发病率高于正常儿童发病率的5倍。

各种动物实验表明，电磁波有以下危害：（1）使神经传导物质发生变化；（2）使鸡、猪、老鼠细胞内及表面的钙含量发生变化，导致畸形胎儿，引发恶性淋巴肿瘤；（3）降低老鼠的反应能力，减少睾丸重量，改变大脑化学成分，降低身体增长率。电磁波对人体的影响大体可分为热作用、刺激作用及非热作用。

长时间的低周波微电磁波是否影响身体健康已成为目前电磁波有害理论的论争焦点，而强电磁波对人体的有害性已得到科学验证，因此世界各国为保护人身健康，规定了接触电磁场最长时间限定。

一般的家用电器，如电视机、电脑显示器、空调、吹风机、烤箱、吸尘器、咖啡壶、照明电器等电器，其中使用电流量较大的有：使用电动机的吸尘器、空调、吹风机等及烤箱等产热的电热器，磁场强度最强的是吹风机、吸尘器、空气清洁器等，30cm 外的磁场强度约为 70～90mGs。而 200kA 铝电解槽底部周边铝液层的磁场强度约为 45～140Gs。有关文献报道，电解车间磁场强度：母线及电解槽边磁场强度最高为 600mT（1mT = 10Gs），槽周围（工人工作位）平均为 5.63mT，车间平均为 5.12mT；人体表面磁场强度：在电解槽周围不同点测到的头、胸、腹、手、足的磁场强度平均为 4.05mT，休息室平均为 1.67mT。

对某电解铝厂经十多年的健康动态观察，发现电解作业者神经衰弱综合征与植物神经功能紊乱的发病率较高，其特点表现为工人在生产中精神不振、昏昏欲睡、食欲差。体检中突出的是心动过缓、血压偏低和性功能减退。

由于外加磁场对于人体的眼部、心脑血管损伤相对较大，在铝电解车间内工作的人员应该佩带具有良好磁屏蔽功能的防磁眼镜和防磁头盔，有条件的企业还可以选择全身性的磁屏蔽防护服。由于生产磁场对婴幼儿、孕妇、老人、心脏病患者的危害往往较其他人群大得多，企业必须严格限制这些人群进入生产区域。同时，企业应当强化职工对磁危害的认识，保证职工至少每年一次的定期体检。

2.1.2 主要的危险伤害

电解铝是用直流电使电解槽的两极产生热量熔融冰晶石和氧化铝，保持一定的电解温度来实现电化学反应，反应生成二氧化碳和铝。由二氧化碳、氟化氢气体及部分氧化铝粉尘组成的电解烟气经烟道送净化处理，铝液经真空包吸出运到浇注车间，倒入混合炉后浇注成铝锭。在这一工艺流程中，有以下几种安全危险。

2.1.2.1 机械伤害

电解工艺的主要设备有：高位电解多功能天车、拖盘清理机、破碎机、提升机、铝导杆矫直机等。操作人员易于接近的各种可动零、部件都是机械的危险部位，机械加工设备的加工区也是危险地区。如果这些机械设备的转动部件外露或防护措施和必要的安全装置不完善，很容易造成人身伤害事故。

铝厂采用的高位电解多功能天车为桥式起重机，其功能包括：打电解质结壳，往电解槽内加氧化铝，更换阳极，吊运阳极母线柜架提升机，安装和检修电解槽的吊运工作，出铝及吊运抬包，此外，还可以吊运其他重物。

所以，上述各种机械有可能发生如下危害：

(1) 重物坠落：吊具或吊装容器损坏、物件捆绑不牢、挂钩不当、电磁吸盘突然失电、起升机构的零件故障（特别是制动器失灵、钢丝绳断裂）等都会引发重物坠落。

(2) 挤压：起重机轨道两侧没有良好的安全通道或与建筑结构之间缺少足够的安全

距离，使运行或回转的金属结构对人员造成夹挤伤害；运行机构的操作失误或制动器失灵引起溜车，造成碾压伤害等。

(3) 高处跌落：人员在离地面大于2m的高度进行起重机的安装、拆卸、检查、维修或操作等作业时，从高处跌落造成伤害。

(4) 其他伤害：其他伤害是指人体与运动零部件接触引起的绞、碾、戳等伤害；液压起重机的液压元件破坏造成高压液体的喷射伤害；飞出物件的打击伤害；装卸高温液体金属、易燃易爆、有毒、腐蚀等危险品，由于坠落或包装捆绑不牢引起的伤害等。

2.1.2.2 电气伤害

电气事故可分为触电事故、静电危害事故、雷电灾害事故和电气系统故障危害事故等几种。

(1) 触电事故。

原本不带电的物体，因电气系统发生故障而异常带电，可导致触电事故的发生，如电气设备的金属外壳，由于内部绝缘不良而带电；高压帮连接地时，在接地处附近呈现出较高的跨步电压，均可造成触电事故。触电事故可分为电击和电伤两种情况。

电击：铝电解槽是以低电压、高电流串联运转的，因此，电击事件通常并不严重。但是，在电力车间高压电源与电解车间联网路的连接点可能发生严重的电击事故。

电伤：在铝电解生产中，其能源主要是直流电能，约占整个能源消耗的97%左右。在电解槽系列上，系列电压达数百伏至上千伏。尽管人们把零电压设在系列中点，但系列两端对地电压仍高达500V左右，一旦短路，易出现人身和设备事故。而且，电解用直流电，槽上电气设备用交流电，若直流电窜入交流系统，会引起设备事故。因此，电解槽许多部位须进行绝缘。电解车间内电缆若没有采取有效的阻燃和其他预防电缆层损坏的措施、电气设备接地接零措施不完善、临时性及移动设备（含手持电动工具及插座）的供电没有采用漏电保护器或漏电保护器性能不可靠等都会造成电器设备漏电而引发触电伤亡事故。

(2) 母线短路口、阳极和阴极导体的连接点或压接点，因接触不良或操作不当都可能引起打火甚至爆炸，造成人身伤害或设备损坏。

2.1.2.3 高温伤害

在铝电解生产和铝锭铸造过程中，铝电解槽电解温度高达940~960℃，铸造的液体铝温度达690~750℃，操作过程中的高温液体都可能造成人体的烫伤、烧伤等伤害。高温物体遇到潮湿的物料或水会引起爆炸，造成的人身和设备的伤害会更严重。

以上分析表明，在铝电解生产和铝锭铸造过程中，潜在的危险有：爆炸、烫伤、烧伤、触电、烟尘伤害、电磁场的影响、砸伤、撞伤、挤伤等危险。所以，特别要注意防范以下安全危害，如图2-1所示。

图 2-1 安全警示标志

2.2 铝电解生产安全通则

2.2.1 劳动保护用品

进入工作区必须穿戴好劳动保护用品。

特殊工种如工艺车、天车等行车司机必须经过培训，考试合格，取得合格证后，方可持证上岗。

个人劳保用品有：工作衣、工作裤、安全帽、防护眼镜、防尘口罩、劳保手套、隔热手套、冶金防护靴子等用品。劳动保护用品如图 2-2 所示。

2.2.2 行车安全通则

（1）开车前必须先打警示铃。

（2）行车在吊运工作中，重物距移动路线上的最高设备的距离至少在 0.5m 以上。

（3）严格禁止吊运重物从人头上越过。

（4）行车在工作时，禁止对行车进行检查润滑或修理等非正常作业。

（5）在没有扶手踩踏等牢固处作业时，必须佩带安全帽。

（6）有权拒绝执行违章指挥作业，严格按“十不吊”工作：

1）物品超重不吊；2）埋入地面物不吊；3）吊件未紧固不吊；4）吊绳斜拉不吊；5）物体上、下有人不吊；6）吊绳、吊具不合格不吊；7）无人指挥不吊；8）指挥信号不明不吊；9）易燃易爆物品不吊；10）物件锐利棱角处未加垫不吊。

2.2.3 冶炼工操作安全

（1）作业人员劳保品必须穿戴齐全、规范。

图 2-2 冶炼工劳动保护用品

(2) 特殊作业（维修、抢修、抬母线等）应设置安全警戒线、安全警示牌。

(3) 在电解厂房内使用铁制工具时，应注意磁场，防止发生意外。

(4) 在电解槽上进行操作时，应站在风格板或槽罩上，在槽罩上作业时，应先将槽罩放稳，确认槽罩拉筋固定牢靠、无松动。

(5) 电解生产所用的工具必须完好，铁工具使用前要充分预热，用完后应放回指定位置。

(6) 原料必须经过预热干燥后方可加入槽内。

(7) 工作中劳保品着火时，应立即就地扑灭或脱下扑灭，不要乱跑，更不能用水浇身。

(8) 配合或指挥天车吊运物件时，配合或指挥者应检查确认吊具完好，捆束牢靠后方可进行。

(9) 操作中应随时注意天车的铃声和移动方向，以防撞伤。

(10) 身体流汗时，不应立即脱下衣物或到风大的位置吹风降温，以免患病。

(11) 电解槽、母线、地面、厂房、其他建筑物之间，不能有连接物，以防发生短路事故等。

(12) 下地沟干活时必须有人监护，禁止一人下地沟，不能使用过长铁工具，以防接地。

(13) 看到或听到各种工艺车辆行驶或发出的信号声时，必须让道。

(14) 阳极效应发生，除灭效应工作外，其他换极、出铝等工作必须立即停止。

(15) 出铝时，杜绝抬包与阳极和盖板短路，杜绝吸铝管接触阳极。

(16) 在电解槽捞炭渣、扒沉淀、捞大块、测两水平等操作和铸造的铝液净化、搅拌、扒渣、打渣、堵炉眼等操作时，使用的工具必须预热烘干，操作时不得正面对着打开的高温熔体，以免高温液体溅出烫伤。

(17) 禁止以下行为或操作：

1) 禁止在通行线上坐卧休息或放置各种物料。

2) 禁止在厂房内骑自行车和驾驶与生产无关的机动车辆。

3) 禁止带无关人员进入电解厂房。

4) 禁止无证人员操作各种工艺车辆。

5) 禁止在车辆运行中爬上、跳下和强行乘坐超载车辆。

6) 禁止在天车吊挂物料下行走或站立。

7) 禁止无关人员触动各种电器控制按钮，擅自乱接电源和切断电源线路。

8) 禁止坐在槽罩和槽沿板及立柱母线短路口上休息。

9) 禁止把无关金属和潮湿品加进槽内。

10) 禁止往楼下、窗外扔工具、废物。

11) 禁止随便动用、毁坏各种安全防护设施和安全警示标志。

12) 禁止站在槽沿板、壳面、阳极上作业。

13) 禁止用手或物具接触正在运行的机电设备。

14) 禁止操作人员站在相邻的两个电解槽地沟盖板上传递工具，以免短路触电。

15) 禁止用手或铁制工具等导体接触厂房金属管道和天车机组挂钩上部滑轮等物。

16) 杜绝使用潮湿工具插入高温熔体操作，杜绝将潮湿物料和垃圾投入电解槽内和保温层上面以及高温铝液、高温铝产品上面、渣箱等作业用箱体，以免发生爆炸。

17) 严禁使用冷包，盛第一包铝液前，出铝包必须先预热，吸铝管在插入电解槽前，必须在火眼上预热到100℃以上。

2.3 铝电解生产安全事故案例

2.3.1 山东某铝厂“8.19”铝液外溢爆炸重大事故

2.3.1.1 事故发生经过

2007年8月19日16:00，山东某铝厂所属铝母线铸造分厂生产乙班接班组织生产，当班在岗人员27人，首先由1号40t混合炉向1号铝母线铸造机供铝液生产铝母线，因铝母线铸造机的结晶器漏铝，岗位工人堵住混合炉炉眼后停止铸造工作。19:00左右，混合炉开始向2号普通铝锭铸造机供铝液生产普通铝锭；至19:45左右，混合炉的炉眼铝液流量异常增大，出现跑铝，铝液溢出流槽流到地面，部分铝液进入1号普通铝锭铸造机分配器的循环冷却水回水坑内，熔融铝液与水发生反应形成大量水蒸气，体积急剧膨胀。在一个相对密闭的空间中，能量大量聚集无法释放，约20:10发生剧烈爆炸。事故现场见图2-3、图2-4。

2.3.1.2 事故损失

事故造成厂房东区8跨顶盖板全部塌落，中间5跨的钢屋架完全严重扭曲变形且倒塌。南北两侧墙体全部倒塌，东侧办公室门窗全部损毁。1号普通铝锭铸造机头部由西向东向上翻折。原铸造机头部下方地面形成9m×7m×1.9m的爆炸冲击坑。1号混合炉与2号混合炉之间的溜槽严重移位。两台天车部分损坏。邻近厂房局部受损。事故共造成16人死亡、59人受伤，其中13人重伤，初步估算事故直接经济损失665万元。

图2-3 铝液外溢爆炸事故现场

图2-4 铝液外溢爆炸事故现场一侧

2.3.1.3 事故原因分析

A 直接原因

经专家现场初步勘察分析，造成这起事故发生的直接原因是：事发时，1号混合炉的放铝口缺失了炉眼砖内套，导致炉眼变大。铝液失控后，大量高温铝液溢出溜槽，并流入1号普通铝锭铸造机分配器南侧的循环冷却水回水坑，在相对密闭空间内，熔融铝与水发生反应，产生大量蒸气，压力急剧升高，导致爆炸。

B 间接原因

(1) 工程设计单位无相关资质，专家分析认为，该工程由无设计资质的单位进行设计。设计图纸存在重大缺陷，工厂现场建设施工又违反了设计，造成现场通道变窄，事故发生时影响现场人员撤离，也是事故发生后人员伤亡扩大的原因之一。

（2）现场应急处置不当。按该厂应急预案规定：“如炉眼砖发生漏铝，在短时间处理不好，应及时撤离现场”。而当班人员发现漏铝后，二十分钟左右未处理好，并未撤离反而涌入更多人员，是导致事故伤亡扩大的重要原因。

（3）工厂制定的部分工艺技术和安全操作规程未履行审核和批准程序，也无发布和实施日期，且内容不明确、不具体，如放铝口操作未对控流、放流和巡视检查作出规定。

（4）工厂制定的应急预案不符合规范要求，内容缺失，可操作性差。无应急报告程序、联络方式、组织机构和应急处置的具体措施。

2.3.1.4 国家安监总局通报事故

国家安监总局通报称，事故原因包括设备设计存在重大缺陷等。“这是多年来有色行业铝液外溢爆炸造成的罕见重大伤亡事故，经济损失惨重，社会负面影响较大，教训十分深刻”，通报要求，冶金、有色企业要立即检查各类隐患。要求冶金、有色企业要立即以国务院开展的隐患排查治理专项行动为契机，精心组织，突出检查重点。要检查熔融金属重包的吊具、内衬是否完整，锅炉、风包、汽包等压力容器是否定期检定，各类冶金炉是否存在带病运行，有毒有害、易燃易爆气体的生产、运输、储存和使用等环节防泄漏、防爆炸措施的落实情况，生产现场防范各类机械事故和人员伤害的安全防护措施、安全标志、监控报警、联锁和自动保护装置的设置和运行情况，尤其要检查熔融金属与水、油、气等物质的隔离防爆措施落实情况。针对发现的重大隐患要落实治理方案、治理资金和责任人，限期进行整改。

2.3.2 中国西北某铝厂铝液外泄爆炸事故

2.3.2.1 事故经过

2010年3月16日15时30分左右，中国西北某铝厂铸造车间当班生产的1号混合炉普铝班真空包操作工操作失误，大量高温铝液溢出真空包，流入1号铝锭铸造机分配器循环冷却水回水坑，熔融铝与水发生反应产生大量蒸气，压力急剧升高，能量聚集发生爆炸。发生爆炸的是铸造车间西端的一条铝锭生产线。当时整个爆炸现场灰尘弥漫，车间西端300多平方米的房顶完全坍塌，两台天车也从10多米高的轨道上掉了下来，车间南北两侧有30多米长的墙体坍塌，爆炸产生的冲击波将对面30多米外电解车间的窗户玻璃全部震碎。由于事发当时正是铸造车间交接班时间，爆炸使正在车间内的许多工人受伤。事故现场见图2-5。

2.3.2.2 事故损失

此次事故共造成27人受伤，其中5人伤情较重。造成熔铸厂房西区9跨顶盖板全部塌落，钢屋架完全严重扭曲变形且倒塌，南北两侧墙体倒塌，东侧办公室门窗全部损坏，1号铝锭铸造机严重损坏，1号、2号两台天车部分损坏，并且造成相邻约20米远的另一车间的窗户玻璃破碎，很多工人都是被冲击波推倒，或者被掉落的玻璃和砖块砸伤的。这次事故给工厂造成的损失，经过初步核算，至少70万元。

2.3.2.3 事故原因分析

A 直接原因

当班生产的1号混合炉普铝班真空包操作工操作失误，大量高温铝液溢出真空包，流

图 2-5 铝液外溢爆炸事故现场

入1号铝锭铸造机分配器循环冷却水回水坑，在相对密闭空间内，熔融铝与水发生反应产生大量蒸气，压力急剧升高，能量聚集发生爆炸。

B 间接原因

熔铸厂1号、2号混合熔铸铝锭生产项目未经安全生产验收就组织生产，部分天车等特种设备未经检验合格即投入生产使用。同时安全生产管理缺位，日常安全检查、巡查不彻底，对经常发生的小事故及存在的安全隐患未引起足够重视，未能及时得到治理解决，埋下了隐患。

2.3.3 铝电解厂的两起伤亡事故

1976 年 3 月 15 日 8 时，某厂下阳极糊工人某某准备将已捆好的高 1.3m 的两层阳极糊块上的钢丝绳挂到天车勾头上，他刚上到第二层阳极糊块上时，阳极糊块就向南倒去，某某也随着阳极糊块倒向南面的 85 号电解槽西侧，上身摔倒在阳极立柱母线上，致使某某左后肋骨骨折，心肺损伤、肝脏破裂而当场死亡。

1993 年 7 月 28 日，电解厂下料工人程某，在下料作业时因料斗手柄突然断裂，身体失去平衡后，从电解槽上两米高的下料平台上跌落到地面上造成重伤，经医院抢救 8 天后，终因伤势过重抢救无效而死亡。

2.3.4 铝电解生产作业中的典型事故案例

2.3.4.1 人工添加氟化铝造成的烫伤事故

2005 年 7 月中国西北某铝电解厂三工区，操作工在进行人工添加氟化铝时，右脚踩踏的电解质壳面塌陷，右脚陷入液体电解质造成烫伤，五个脚指头仅剩下小指头，四个脚指头被烧去，脚面重新植皮，住院治疗数月。

2.3.4.2 更换阳极造成的烫伤事故

2005 年 8 月中国西北某铝电解厂四车间，操作工在进行换阳极操作工作中，人工复紧阳极卡具完工后，操作工从槽罩板上下来时槽罩板翻转滑脱，操作工身体失去平衡，右脚踩入液体电解质被烫伤，脚面重新植皮，住院治疗数月。

2.3.4.3 更换阳极造成的砸伤事故

2008 年 4 月中国西北某铝电解厂一车间二区，更换阳极放置残极到托盘时，地面操作工脱开吊钩后，天车行走时吊钩没有升起挂到阳极导杆上，残极随即倒地砸到操作工人腿部，造成骨折住院治疗数日。

2011 年 9 月 6 日中国西北某铝电解厂 342 号电解槽，更换阳极时由于天车吊起的新阳极卡具滑脱，操作工在两台电解槽中间被 820kg 重的滑脱新阳极砸伤，造成右腿多处骨折、脑颅积水，住院治疗数月。

2.3.4.4 熄灭阳极效应时发生的爆炸事故

2011 年 9 月 7 日 21:05 分，中国西北某铝电解厂 3032 号电解槽发生阳极效应时，人工熄灭阳极效应造成系列瞬间开路（断路），发生爆炸，见图 2-6。爆炸后系列停电架设临时母线后，起初系列送电时电解槽效应多、阳极钢爪发红的较多，致使部分阳极脱落，迫使停槽 17 台，所以，电流只能慢慢提升，至 9 月 8 日 14 时达到额定值 200kA。电流达到额定值后，由于时间较长，部分电解槽电解质冷缩槽电压仅有 1～2V，电解质无法熔化，启动失败迫使继续停槽，截止 9 月 11 日共停槽 48 台。

图 2-6 熄灭阳极效应时发生爆炸图组

2.3.4.5 测量两水平造成短路电击烧伤事故

2001 年 3 月中国西北某铝电解厂一车间三区，操作工在测量两水平作业中，无意中将铁质工具一端与电解槽阳极立柱母线搭接，工具的另一端与破损地面漏出的钢筋相接，造成短路，强大的电流使钢筋产生弧光，钢筋被烧焦。操作工被电击烧伤，衣服燃烧起火，住院治疗数日。

2.3.4.6 下班前清理垃圾造成的爆炸事故

2002 年 3 月中国西北某铝电解厂一工区，下班前清理休息室垃圾时，将休息室的生活垃圾——装有方便面残剩汤水的塑料袋——扔到电解槽的出铝口，并启动了打壳锤头将垃圾打入液体电解质，随即造成爆炸，槽罩板被炸飞，飞溅出的电解质烫伤了操作工。

3 铝电解生产

3.1 铝电解生产工艺技术

铝电解生产的工艺技术根据系列电流强度和系统设计的差异而有所不同，并伴随着技术进步和改进，工艺技术条件也在不断地调正或修正，以提高生产效率和电能利用率。

3.1.1 400kA 铝电解工艺技术

3.1.1.1 400kA 铝电解生产工艺参数

400kA 铝电解生产工艺参数如表 3-1 所示。

表 3-1 400kA 铝电解生产工艺参数

项　　目	数　　值	项　　目	数　　值
电流强度/kA	400 ± 5	氧化铝浓度/%	2 ~ 3
槽工作电压/V	3.95 ~ 4.10	电解质中过量氟化铝含量/%	6.5 ~ 11（分子比 2.2 ~ 2.5）
电解质温度/℃	935 ~ 960	效应系数/次 · (台 · d)$^{-1}$	小于 0.15
电解质水平/mm	180 ~ 220	炉底电压降/mV	小于 400
铝液水平/mm	210 ~ 240	阳极母线与导杆接触压降/mV	小于 15

3.1.1.2 作业制度

铝电解生产的特点是全年连续运行，所以电解生产为全年 365 天连续生产。作业班制为每天三班，每班工作 8h。

3.1.1.3 主要作业

电解车间的主要操作为电解槽加工（包括正常加工、效应加工和非正常加工等）、阳极更换及加料、出铝、提升阳极母线、阳极搬运、出铝抬包的运输、电解槽的启动、停槽及各种物料的运输以及大修电解槽或多功能机组的转运等。

3.1.1.4 加工制度

加工制度由主控计算机和槽控机按设计程序自动进行，如表 3-2 所示。

表 3-2 400kA 铝电解生产加工参数

<table>
<tr><th>加工方式</th><th>指标名称</th><th>单位</th><th>数量</th><th>备　注</th></tr>
<tr><td rowspan="2">正常加工</td><td>平均加料间隔</td><td>min</td><td>0.76</td><td rowspan="2">由槽控机根据氧化铝浓度控制</td></tr>
<tr><td>每次加料量</td><td>kg</td><td>3.6</td></tr>
<tr><td rowspan="4">效应加工</td><td>效应系数</td><td>次 · (台 · d)$^{-1}$</td><td>0.3</td><td rowspan="3">效应预报和熄灭由计算机控制</td></tr>
<tr><td>效应间隔时间</td><td>h</td><td>80</td></tr>
<tr><td>效应的下料量</td><td>kg</td><td>54</td></tr>
<tr><td>计算机处理效应时间</td><td>min</td><td>小于 5</td><td>超过 5min 未熄灭效应，由人工熄灭</td></tr>
</table>

3.1.1.5 出铝制度

正常槽每24h出铝一次，约2649kg。出铝抬包用电解多功能天车的出铝小车吊起，送至电解槽处，利用抬包盖上的压缩空气喷射器造成的负压将槽内铝液抽出。出铝小车上部有电子秤，可以准确显示出铝量。出铝抬包有效容积为12t，4台槽为一抬包，将抬包吊运至通道处由专用抬包运输车将抬包运至铸造车间。

3.1.1.6 阳极工作制度

随着电解生产的进行，铝电解槽的预焙阳极不断消耗，需要定期更换，每组阳极的设计更换周期为29天。阳极组装车间提供的新阳极组由阳极拖车或叉车运至电解车间出铝侧通道处的托盘上。更换阳极的工作由电解多功能天车上的机械手完成，为维持热平衡和防止氧化，更换后的新阳极由电解多功能天车上的加料装置在其表面覆盖18cm厚约300kg的新鲜氧化铝或破碎电解质，要使阳极表面上的覆盖料经常具有一定的形状。

电解槽每20天进行一次阳极转接，由电解多功能机组和阳极母线提升框架协助完成。

3.1.2 200kA铝电解工艺技术

3.1.2.1 生产工艺技术参数

生产工艺技术参数如表3-3所示。

表3-3 200kA铝电解生产技术条件

项目	数值	项目	数值
系列电流强度/kA	200±4	氧化铝浓度/%	2~3
电解槽工作电压/V	3.95~4.10	电解质分子比	2.2~2.5
电解温度/℃	940~960	极距/cm	4.0~4.5
电解质水平/cm	20~22	效应系数/次·(台·d)$^{-1}$	小于0.3
铝液水平/cm	18~20		

3.1.2.2 作业制度

铝电解生产的特点是全年连续运行，所以电解生产为全年365天连续生产。作业班制为每天三班，每班工作8h。

3.1.2.3 主要作业的工作制度

电解车间的主要操作为电解槽加工（包括正常加工、效应加工和非正常加工等）、更换阳极、出铝、提升阳极母线、换极加料及各种物料的运输等。

3.1.2.4 加工制度

由主控计算机和槽控机按设计程序自动进行，如表3-4所示。

3.1.2.5 出铝制度

正常槽每24h出铝一次，约1498kg。出铝抬包用电解多功能天车的出铝小车吊起，送至电解槽处，利用抬包盖上的压缩空气喷射器造成的负压将槽内铝液抽出。出铝小车上部有电子秤，可以准确显示出铝量。出铝抬包有效容积为5t，3台槽为一抬包，将抬包吊运至通道处由专用抬包运输车将抬包运至铸造车间。

表 3-4 200kA 系列铝电解生产加工参数

加工方式	指标名称	单位	数量	备注
正常加工	平均加料间隔	min	1.79	由槽控机根据氧化铝浓度控制
	每次加料量	kg	3.6	
效应加工	效应系数	次·(台·d)$^{-1}$	0.3	效应预报和熄灭由计算机控制
	效应间隔时间	h	80	
	效应的下料量	kg	54	
	计算机处理效应时间	min	小于5	超过5min未熄灭效应，由人工熄灭

3.1.2.6 阳极工作制度

铝电解槽的预焙阳极需要定期更换，每组阳极的设计更换周期为25天。更换阳极的工作由电解多功能天车上的机械手完成，为维持热平衡和防止氧化，更换后的新阳极由电解多功能天车上的加料装置在其表面覆盖18cm厚的新鲜氧化铝或破碎电解质，要使阳极表面上的覆盖料经常具有一定的形状。另外，电解槽每20天进行一次阳极转接，由电解多功能机组和阳极母线提升框架协助完成。

3.2 铝电解生产的启动与停槽

新建铝厂要进行电解铝生产首先操作是电解槽的启动，已经投产的工厂，电解槽生产到一定的周期，一般是4~7年时需要停槽大修；电解铝是采用直流供电槽以串联形式进行生产，生产事故和特殊情况如漏炉、限电、供电故障等都有可能造成单台停槽或多台停槽，停槽大修后的电解槽也要启动。所以，在这里首先介绍电解槽的启动与停槽。

由于电解槽是相互串联的，传统的启动与停槽时必须停止系列供电，处理短路口后再开通系列供电。采用“分流开关”不必停止系列供电，即可进行电解槽的启动与关停。

3.2.1 铝电解槽焙烧启动

3.2.1.1 概念

目的：焙烧新建或大修后的电解槽，使电解槽槽膛和阴阳极逐渐预热，并熔化电解质氧化铝，形成电化学反应的必要条件，逐步调整技术指标，使电解槽顺利地进入正常生产。

潜在危险：

(1) 电解质、铝液泼溅：当向槽内灌入液态电解质或向槽内灌入液态铝液时，可能发生泼溅事故。

(2) 烟气：当进行焙烧时，电解槽散发大量有害气体。

(3) 粉尘：当铺设焦粒时，会产生粉尘。

(4) 烫伤：热的工具、分流器、盖板或当从槽内拿出热钢板和从槽内撤出玻璃纤维毯时，可能发生烫伤事故。

(5) 跌落和挤伤：多功能天车吊运阳极、抬包等吊物时，可能发生跌落、挤伤事故。

(6) 爆炸：当一个分流器失效时，其余的分流器会通过比正常大的电流，这会导致分流器分离时在分离点爆炸。当潮湿或带水的工具接触液态电解质时，也会发生爆炸。

（7）磁场吸引：铁制工具可能在电解槽附近被吸附。

【事故案例】 2003 年 5 月 27 日凌晨 5 时 30 分左右，中国西北某铝厂电解一车间某某在给 163 号电解槽热灌电解质时，由于电解质溅出，将某某衣服烧着，造成背部皮肤烧伤。

焙烧可能出现以下不良现象：

（1）内衬温度分布不均匀导致内衬应力集中，从而导致阴极炭块裂缝。

（2）阳极炭块与阴极炭块之间接触不良导致局部过热。

（3）当内衬温度过高时，在电解槽内衬中的炭块与周围糊之间产生缝隙，会导致电解槽有漏铝的危险。当电解槽内衬预热温度没有达到目标值就往槽内加入液态电解质会导致炭块产生裂纹。

上述这些情况都会缩短电解槽寿命和增加正常生产操作时的困难。

3.2.1.2　铝电解槽焙烧启动方法

铝电解槽焙烧启动的方法有：（1）直接灌铝液的湿法焙烧启动；（2）焦粒或石墨粉焙烧（或石墨粉）启动；（3）燃气焙烧启动等方法。三种启动方法各有特点，就铝电解槽焙烧温度而言，专家对高温启动和低温启动的认识有所不同，以前沿用并认同高温启动，近年来出现了低温启动并被采用，作者认为低温启动有利于电解槽尽快进入正常生产和日常维护以及能够延长槽寿命。

以下简要介绍目前国内使用的三种焙烧启动方法。

（1）铝液焙烧启动法。

常规铝液焙烧启动法是采用铝液作为电阻体的电焙烧启动法，其基本方法是：先用电解质块砌好炉帮，然后灌入铝液后通电焙烧，在中缝和阳极四周及上部加盖冰晶石防止阳极氧化。焙烧 96h 后灌入液体电解质启动，并配合抬高阳极使电压稳定在 8 ~ 10V，启动 10 天内电压逐步达到正常生产电压，30 天内转入正常生产。

铝液焙烧启动法是 2000 年前自焙槽和预焙槽一直采用最多的一种焙烧启动法。

（2）焦粒焙烧启动法。

焦粒焙烧启动法是采用焦炭颗粒作电阻体的电焙烧启动法。该方法采用 1 ~ 6mm 粒度的焦粒以一定比例混合后，按一定的厚度均匀铺在阳极底掌下，在中缝和阳极四周及上部加盖冰晶石防止阳极氧化。阳极和阳极大母线采用软连接方式，通电后 6h 内分三次拆去分流器，72h 后炉底温度达 900℃以上时，拧紧卡具，拆下软连接器，灌入一定量的电解质启动，将阳极抬到一定的高度，8 ~ 10h 后再灌入电解质启动，启动 24h 后灌铝转入非正常期生产。这种方法是目前国际国内采用最多的焙烧启动方法。

（3）燃气焙烧启动法。

燃气焙烧启动法即采用天然气或煤气（液化石油气）等燃料进行预热的焙烧启动法。其基本原理是以高温烟气加热焙烧的一种方法，即采用燃气（天然气、液化石油气或雾化柴油）混合空气燃烧后，在空气过剩系数很低的条件下，高温烟气从燃烧器出来喷入炉膛，大小操作面及所有缝隙均加盖保温材料，65 ~ 72h 后阴极表面温度达到 920℃时，灌入电解质启动，启动 24h 后灌铝转入非正常期生产。该法为目前美铝参股的电解铝厂采用的主要方法之一，平果铝 2000 年采用液化石油气已成功焙烧启动了四台槽。

2010 年四季度郑州中实赛尔科技有限公司与河南中孚实业股份有限公司联合开发的

铝电解槽全自动温控燃气焙烧技术及成套装置，通过了中国有色金属工业协会组织的专家验收，专家一致认为：这一科技成果为铝电解焙烧新方法提供了依据和设计方案，可广泛应用于国内外同类铝电解企业。对电解铝企业节能降耗、降低成本、提高企业竞争力具有深刻的现实意义，拥有广阔的发展前景，对当前建设资源节约型企业和进一步推动我国铝行业电解综合技术水平的提高都具有十分重要的意义，整体技术达到国际先进水平。

铝电解槽全自动温控燃气焙烧技术及成套装置的开发，在焙烧过程中创造性地运用了"动态能量平衡"计算方法，准确地确定了焙烧过程的能量需求，优化设计了燃烧控制器；同时根据炉膛结构的空间特点，采用燃烧器与排气管道对列交错的布局方式，使槽膛热气流分布更加合理，确保了槽膛温度的均匀性。在焙烧过程中，采用多点检测，分散独立控制的方法，建立了燃气焙烧系统的燃烧控制模型，开发出了分区温度自动均衡成套控制系统，可以适应不同类型的电解槽，如新系列电解槽的焙烧启动及电解槽计划停槽后的二次启动。

下面介绍焦粒焙烧启动预焙电解槽的具体操作方法。

3.2.1.3 设备和工具（以400kA铝电解槽为例）

（1）个人劳保用品每人1套；

（2）ϕ15~20mm 钻头1个；

（3）力矩扳手1把；

（4）红外测温仪1个；

（5）长钎子4根；

（6）软连接24套；

（7）压缩空气分配器2个；

（8）25mm 深框架和棒1套；

（9）KSS 热电偶12根；

（10）倾倒电解质溜槽1个；

（11）粉笔1盒；

（12）3mm 厚木板与软连接相配套；

（13）钻孔机1个；

（14）3mm 筛子1个；

（15）手持测温仪2个；

（16）电解质取样夹2个；

（17）分流器6套、分流片48根；

（18）焙烧启动记录1本；

（19）停开槽装置（包括分流开关与主控制柜等）1套。

（注：3mm 厚木板用于断开阳极，大小足够用于绝缘下部软连接。）

3.2.1.4 使用的原材料（以400kA铝电解槽为例）

使用的原材料规格如下：

（1）钢板，厚度3mm 足够用于覆盖电解槽侧部；

（2）玻璃纤维毯，足够用于覆盖阳极之间的缝隙与中部缝隙；

（3）破碎电解质块，足够用于填充阳极与电解槽之间的缝隙；

(4) 冰晶石，足够覆盖电解质块；

(5) 碳酸钠，250kg 烟道端，250kg 出铝端；

(6) 焦粒，可以足够铺满整个阴极表面 25mm 的厚度；

(7) 石墨，数量足够混合 10% 石墨碎并覆盖角部阴极表面 10mm 的厚度，粒度在 3mm 以上，10mm 以下。

400kA 铝电解槽用料：0.9t 煅后石油焦粒、0.03t 石墨碎、47t 冰晶石、4.95t 碳酸钠、7t 电解质块、24 组阳极组、28t 铝液、22t 氧化铝、液态电解质 3 包，约 20t。

3.2.1.5 铺焦粒、挂极

A 使用工具

铁锹、扫帚、栅栏式框架、板尺、专业扳手、钢刷、阳极卡具、粉笔。

B 使用原材料

0.9t 煅后石油焦粒，0.03t 石墨碎（+1mm）。

C 操作步骤

第一步：工作前的准备。

(1) 根据焙烧启动计划确认需要启动的电解槽，如果有疑问，询问当班负责人。

(2) 根据前述要求汇集所需要的工具，检查确认设备和工具完好可用。

(3) 检查电解槽是否满足启动要求：1) 电解槽槽膛应砌筑完好，糊料已充分填满并正确压缩，如果糊料不够新鲜，检查是否能满足要求，如果不满足要求，将糊料刨出并重新扎糊；侧墙平整并且缝隙都能充分被灰泥填满，槽壳无变形。2) 电器连接无问题，通过锤子检查焊接情况。3) 清扫电解槽槽膛，确保无灰尘。

已清理过槽膛的电解槽如图 3-1 所示。

图 3-1 已经清理过槽膛的准备启动的电解槽

第二步：槽端部阴极上铺 10mm 厚的 10% 石墨焦粒层。

采用 10mm 框架工具，在每个端部的两组阴极上（阴极 1、2、23、24 号）铺满含 10% 石墨的焦粒层，如图 3-2 所示。

第三步：阴极上铺 25mm 厚的 10% 石墨碎的焦粒层。

采用 25mm 框架和工具在阴极表面铺设预先混合的 10% 石墨碎的焦粒层，包括中间通道，小心覆盖两个端部的阴极，如图 3-3 所示。

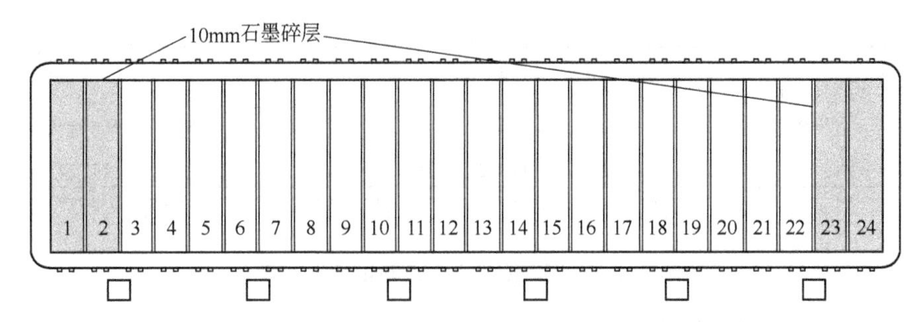

图 3-2 槽端部阴极上铺 10mm 厚的 10% 石墨的焦粒层
（在阴极 1、2、23、24 号上铺设 10mm 厚的石墨碎层）

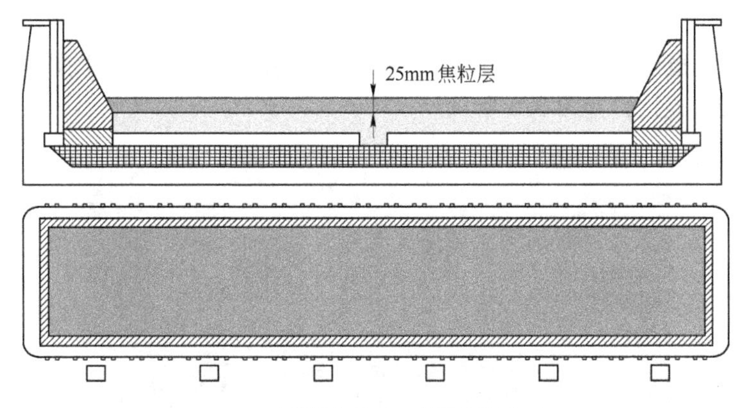

图 3-3 在阴极上铺 25mm 厚的 10% 石墨碎的焦粒层

第四步：安装热电偶。

在阴极表面钻 15～20mm 深的孔，以便安置 K 型热电偶。T1、T2、T3、T7、T8、T9 安置在阳极之间，T4、T5、T6 安置在中间通道处，如图 3-4 所示。

热电偶直接放置在阳极底下会导致短路，还会导致测量时产生噪声。T5 热电偶从阳极上部穿过应保证绝缘，避免损坏。

所有热电偶应安放在钢管中，钢管外部缠绕玻璃纤维毯作为保护。

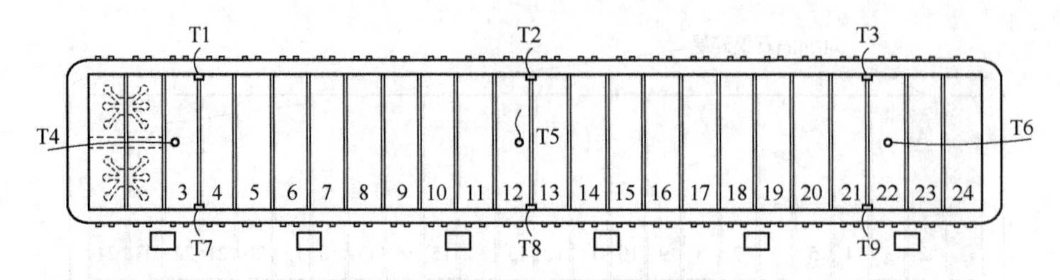

图 3-4　在槽底阴极上安装热电偶的位置

热电偶的把手和热电偶应当缠绕玻璃纤维毯作为保护。

第五步：挂阳极安装软连接。

使用工器具：活动扳手、专业扳手、钢刷、撬棍（ϕ12mm 的圆钢）、干净抹布、软连接 24 组。

400kA 铝电解槽设置有 24 组阳极，每组 2 块，共计 48 块阳极。按顺序逐一安放每一组阳极，并安装软连接，如图 3-5 所示。

图 3-5　已经安装部分阳极的电解槽

操作步骤如下：

（1）用钢刷和抹布清理软连接的两个压接面和大母线的压接面。

（2）将软连接上部用螺栓紧固在阳极导杆上，然后用撬棍将下部硬头往上撬，使软连接下部的压接面与大母线的压接面贴紧，再拧紧工字钢卡具。

（3）确认压接面是否压紧，若有较大缝隙，要将上下螺母松开重新安装。

（4）24 组软连接全部安装完后，复查并紧固一次工字钢卡具。

第六步：阳极外侧放置保护钢板。

所有的阳极都已安装好后，在阳极外侧放置 2～3mm 厚的钢板，以隔离电解质碎块和冰晶石粉料等填充料进入阳极底部，影响导电，同时钢板也有导电发热的作用。钢板需接触到阴极炭块上表面。钢板之间应保持至少 100mm 的重叠，如图 3-6 所示。实际操作中，由于启动后钢板拆除难度大，所以，有的改为硬纸板做隔离层，但硬纸板不导电。

第七步：铺设保温玻璃纤维毯。

在阳极上面铺设玻璃纤维毯，将阳极之间的间缝和中间通道覆盖好。不需要覆盖阳极钢爪，如图 3-7 所示。

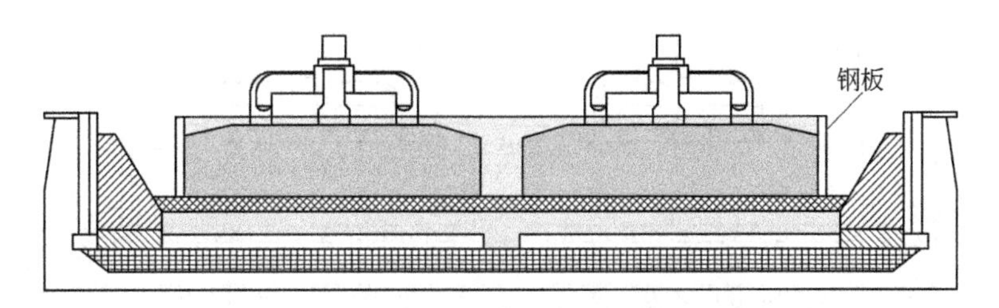

图 3-6 在阳极周围放置保护钢板示意图

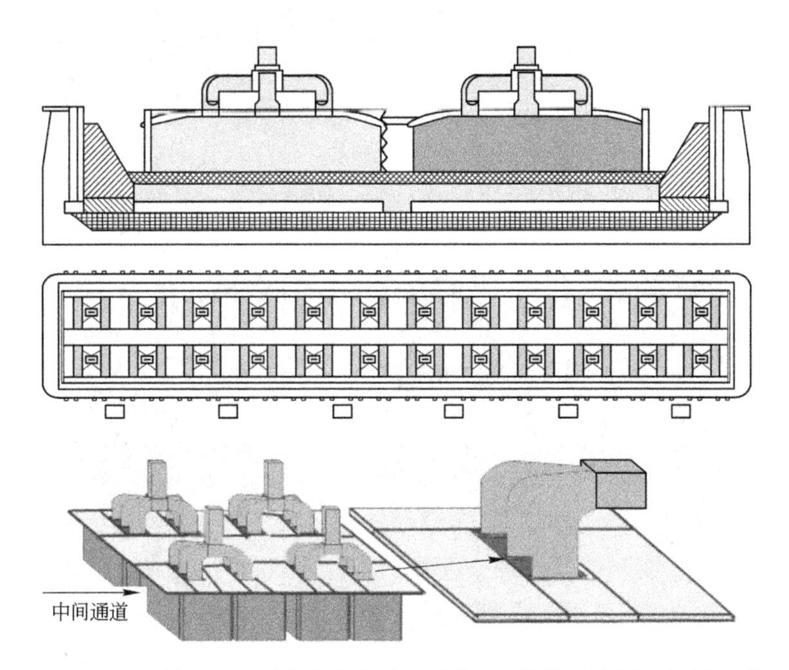

图 3-7 在阳极上面铺设玻璃纤维毯示意图（用玻璃纤维毯覆盖阳极缝隙与中间通道）

3.2.1.6 装炉

（1）在电解槽的大小面端部阳极周围的钢板与槽帮间装满破碎电解质块，然后采用冰晶石覆盖，在此之上再添加纯碱（大面每侧需要 750kg）覆盖。应确保这些物料无氧化铝，并注意不要将任何物料撒在中缝处。

（注意：纯碱在受热时会产生二氧化碳可能会导致爆炸，所以在焙烧和灌电解质时盖好盖板，以避免造成人身伤害。）

（2）将冰晶石铺设在阳极表面，注意不要铺设在中缝处的玻璃纤维毯上。

（3）装破碎电解质块、冰晶石、纯碱等，炉料全部装完后盖好罩板。

电解槽装炉示意图和已经装好的电解槽的照片见图 3-8。

3.2.1.7 安装分流器及分流片

A 安装分流器

将 6 组分流器压接面清理干净，并检查是否平整。先将分流器的一端用门型卡具固定在阳极大（水平）母线的压接面上，再将另一端用门型卡具固定在立柱母线上。确认压接处是否固定牢靠，若有松动要重新固定。

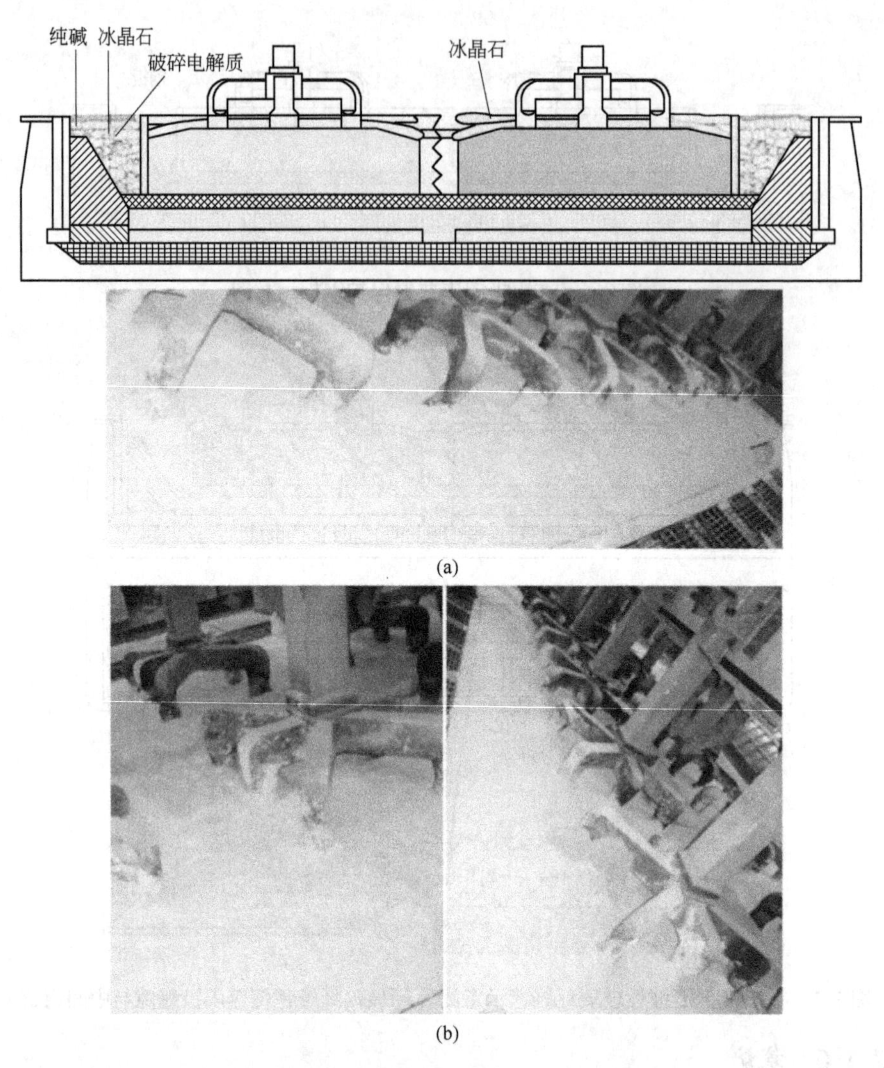

图 3-8 电解槽装炉示意图和已经装好的电解槽图片
(a) 冰晶石覆盖的阳极表面示范组图；(b) 已装好的电解槽

B 安装分流片

先将 24 组分流片压接部位用钢丝刷和砂纸处理干净，并检查是否平整。分流片的一端压在阴极槽壳外壳上，另一端压在阳极钢爪横梁上，每组阳极压 4 片。

已经安装好的分流器和分流片如图 3-9 所示。

3.2.1.8 通电

使用工具及材料：专业扳手、螺栓、螺帽、绝缘套管、绝缘板。

A 安装分流开关

将所需要的 6 组分流开关两端的母线片分别连接在电解槽短路口的立柱母线和短路母线上，并拧紧卡具螺栓，如图 3-10 所示。

连接分流开关与主控制柜之间的电缆。当所有的分流开关与主控制柜均已连接完毕，此时具备通电条件，如图 3-11 所示。

图 3-9 电解槽已经安装好的分流器和分流片

图 3-10 安装分流开关示意图

图 3-11 连接电缆示意图

B 通电

开通分流开关：确认系列通电准备就绪后，通电负责人搬动主控制柜开关至合闸红色位，即分流开关开始工作，控制柜上面显示面板上 6 个分闸显示的电压值约为 35mV，线路连接状态显示绿灯（即连接正常），这时短路口母线的大部分电流通过分流开关连接立柱母线进入到启动的电解槽。

安装短路口绝缘板：通过主控制柜显示与现场确认 6 组分流开关均已工作。操作人员即可开始使用扳手将短路口螺栓拧开并插入绝缘板拧紧螺栓，然后进行短路口绝缘测试，如果不合格必须更换绝缘套管或绝缘板再进行绝缘测试直至合格（图 3-12）。当所有短路口绝缘板均已安装完毕后，这时分流开关显示面板上的 6 个分闸显示的电压值约为 5mV（图 3-13），即表示大部分电流已经通过启动槽，通电成功。

图 3-12　电解槽通电后短路口已安装好绝缘板

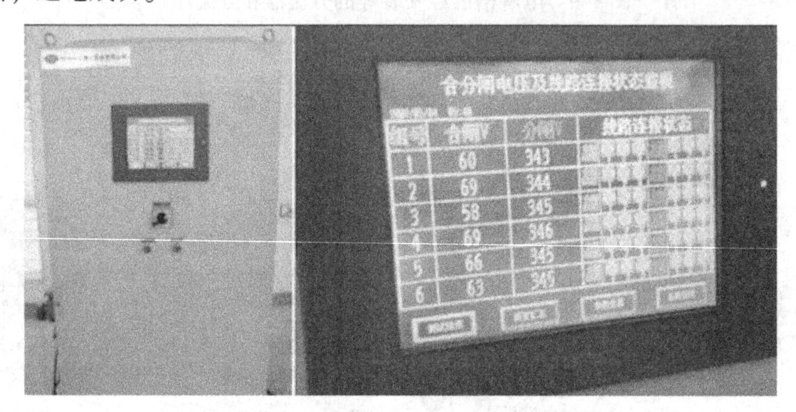

图 3-13　分流开关主控柜显示屏参数

C　拆除分流开关

当所有短路口绝缘板均已安装完毕后，启动槽，通电约半小时稳定后，开槽用分流开关具备拆除条件，即可拆除分流开关。通电负责人扳动主控制柜开关至分闸绿色位，即分流开关停止工作，然后由电工拆除所有的分流开关并送回原处。

通电操作结束后，通知电解计算机控制室。

3.2.1.9　焙烧

（1）焙烧参数控制。焙烧时间 24h，焙烧目标温度 930℃。

（2）焙烧曲线：在开始的 10h 内，温升约为 30℃/h，此后温升控制在 20℃/h，并按电压和温度控制分布图控制电压和温度。图 3-14 给出了焙烧时典型的电压和温度分布。

测量阴极温度：每 30min 测量和记录阴极温度分布，两个操作者分别从两面开始测量。目标温度与实测温度需要记录并保存在计算机中。

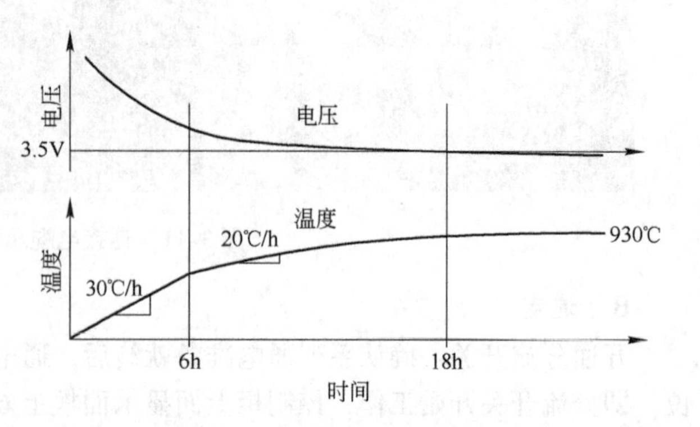

图 3-14　焙烧期电压和温度控制曲线

(3) 电压控制：通电焙烧时，冲击电压不得大于5V，否则立即暂缓升电流，电流稳定一段时间，电压降下后再升电流送电。现场巡视人员加强定点监视，重点监视软连接、分流器压接处，发现问题，立即汇报给总调，以决定是否降低电流或暂缓提升电流强度。

(4) 电流分布控制：多组阳极出现电流分布不均，可调整分流片，无法调整时，可降低电流强度。单组阳极钢爪发红，温度过高时，可考虑暂时断开，但断开时间不得超过40min。

(5) 巡视检查：通电初期，电解工要加强巡视，检查阳极工作情况，槽电压变化情况，分流器、分流片工作情况，有问题立即处理，比如采用吹风降温等方式。

(6) 阴极钢棒的检查和处理：焙烧过程中，现场巡视人员要密切注意阴极钢棒状况，如发现温度测量值过高，立即吹风降温，并向总调汇报。

当一个分流器失效时，其他的分流器会通过更多的电流，这会导致其他分流器分离。

(7) 阳极电流分布控制：每隔30min采用测量钎测量和记录阳极电流分布，实测值为阳极导杆上固定长度上的电压降，测量值与平均值之差称为偏差，偏差小于40%是可以接受的范围。偏差大于40%时，通过放松和压紧卡具来调整。如果测量值仍然过大，断开阳极30min并重新测量。

采用松开软连接螺栓的办法断开阳极，如果不能有效地减少通过的电流，通过在软连接和阳极母线间插入绝缘板来解决。

涂在软连接与阳极母线之间的接触面的导电膏在断开后会逐渐变成固体，这会导致软连接与阳极母线接触不良。在重新紧固之前，需要用铲子将凝固的导电膏铲出并涂抹上新的导电膏。建议不采用导电膏，软连接与阳极母线应该抛光。

3.2.1.10 启动

焙烧24h后，电解槽温度达到930~970℃时，就可以灌电解质启动。操作步骤如下：

(1) 拆除所有软连接和分流器：当阳极电流分布均匀，槽电压小于3.5V时，可以拆除所有软连接分流器、分流片。卡紧阳极卡具，拆除分流器；用粉笔标出阳极母线位置；确保电解槽电压处于非控制状态。

【事故案例】 拆除软连接时的爆炸事件：某厂2005年5月11日短路口爆炸事件：

过程：子夜0:40分左右，某台槽焙烧完成后准备启动，工人在拆除软连接时，未将阳极导杆和平行母线中间的绝缘纸抽掉，也没有紧小盒卡具，双面同时拆除软连接大约一半时，6个短路口有三个发生爆炸，导致系列停电。

处理措施：临时从西厂拉来临时短路母线，将该槽短掉，约4h后，系列恢复供电，损失不大，该槽后来在不停电状态下，屏蔽焊接短路口后，约一个月后重启。

教训：启动槽拆除软连接时，应先将绝缘纸抽掉，紧好小盒卡具并复紧，全面检查一遍后确认，才能拆软连接。电解铝厂应常备临时短路母线，并储备抢修工人，包括屏蔽焊工人。

(2) 启动条件：当平均阴极表面温度达到930℃（采用T4、T5和T6计算平均）时，电解槽具备灌入液态电解质的条件。在平均阴极表面温度达到970℃之前应灌入电解质。

(3) 安装溜槽：在电解槽出铝端安装电解质灌入溜槽，如图3-15所示。

(4) 拆除钢板：打开罩板，每次打开一侧罩板，将钢板取出，玻璃纤维毯可以保留在槽内，当所有的钢板取出后，盖好罩板。

（5）灌电解质：用天车把装满电解质的抬包运送至启动槽的溜槽前，然后在抬包上安装好倾动用手轮，如图 3-16 所示。

用长杆打开抬包吊臂上的卡板，打开吊臂上的卡板后抬包才可倾动，如图 3-17 所示。

用长杆打开抬包液体出口上的保险和盖子，打开液体盖子后才能倒出抬包内的液体，如图 3-18 所示。

灌电解质时要控制好抬包高度和倒入速度（图 3-19），速度不要过快，以免电解质飞

图 3-15　已安装的灌电解质溜槽

图 3-16　把装满电解质的抬包运送到启动槽前并装上手轮

图 3-17　用长钢辊打开抬包吊臂卡子

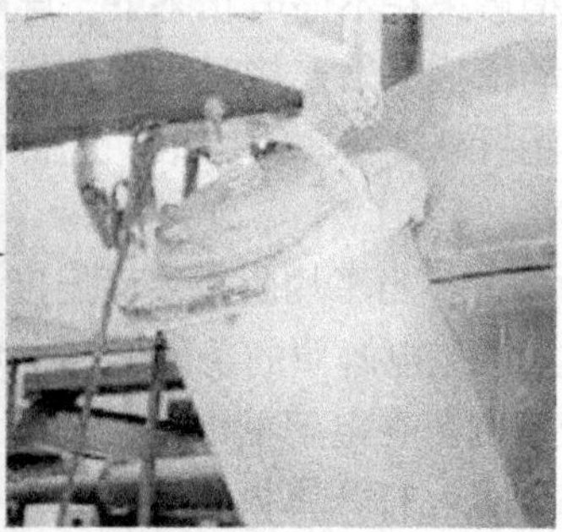

图 3-18　用长钢辊打开抬包出铝口保险和盖子

图 3-19　向启动槽灌入电解质

溅或撒到地面造成不必要的伤害（图 3-20）。同时准备好压缩空气冷却器，若发生电解质渗漏，可用于冷却电解槽。

(a)　(b)

图 3-20　新启动的电解槽（a）及电解质倒得过快造成飞溅——危险（b）

（6）提升阳极控制槽电压。

（注意：当烟道侧的电解质高度平均大于 20cm 后，在灌入电解质的同时提升阳极。特别小心不能将阳极提出电解质。进行提升阳极的操作者需特别注意停止提升阳极的请求（一个操作者在阳极提升的同时监测烟道端的电解质水平）。）

极距与电解质水平控制：当极距达到 12cm 后，停止提升阳极，并向槽内灌入电解质直至电解质水平达到 30～35cm。

电压控制：槽电压应在 7～8V 之间，目标值为 7.7V，如果电压大于 8V，停止提升阳极，当电压降至 7V 以下再提升阳极。此时，即表示电解槽成功启动。

3.2.1.11　启动后的管理

（1）建立槽侧部伸腿：添加 500kg 袋装纯碱，烟道侧与出铝侧两端分别加入 250kg 袋装纯碱，此后的两天，每班分别加入 50kg 纯碱。如果第一次分析结果分子比大于 2.70（过剩氟化铝 3.8%），则需要加入更多纯碱。每班取电解质试样并迅速进行分析，前 5 天应通过添加纯碱将分子比控制在 2.8～2.9 之间，以利于槽侧部伸腿（炉帮）的形成。

（2）槽温度控制：在最初的两个小时每隔 15min 测量记录电解质温度 1 次，然后每小时测量一次，如果电解质温度低于 975℃，每班增加 200mV 槽电压，如果电解质温度大于 990℃，每班降低槽电压 200mV。如果电解槽开始波动，将槽电压调回，然后添加固态电解质。

（3）电压、温度和加料速率控制：电解质高度应保持在 30 ~ 35cm 之间，如过高，需要抽出部分电解质。如果电压稳定保持在 5 ~ 6V 之间，温度保持在 975 ~ 990℃，投入电压控制。当电压由于氧化铝浓度过低开始上升，切换至 20% 加料速率，如电压持续上升，提升加料速率。电压、温度和加料速率如表 3-5 所示。

表 3-5　灌入电解质后电压、温度和加料速率的控制目标

班次	电压/V	温度/℃	加料速率	电解质高度/cm	分子比	注　释
1	4.8	990	低加料速率，可避免效应发生	30 ~ 35	2.8 ~ 2.9	如果电压迅速上升开始 1/2 加料速率
2	4.8	985	1/2 加料速率	30	2.8	当槽电压快速上升时切换到自动控制
3	4.7	980	自动控制	30	2.8	
4	4.5	980	自动控制	30	2.8	在灌入铝水后启用自动控制
5	4.5	980	自动控制	30	2.8	
6	4.5	980	自动控制	30	2.8	
7	4.4	980	自动控制	25	2.8	

注：在头 3 天每班检测和记录电解质温度。

（4）灌入铝水：在灌入电解质后 24h 灌入铝水 20t。

（5）清除炭渣：根据打捞炭渣，采用效应棒放置在阳极与阴极之间，以便炭渣排除。

（6）加覆盖料：在阳极与大面上添加约 20mm 厚的碎电解质覆盖料（第 2 班次）。

（7）分子比控制：在启动后 30 天内每天分析分子比，在前 5 天通过添加纯碱保持高分子比，在前 30 天内不添加氟化铝，添加纯碱可保证分子比高于 2.3，如图 3-21 所示。

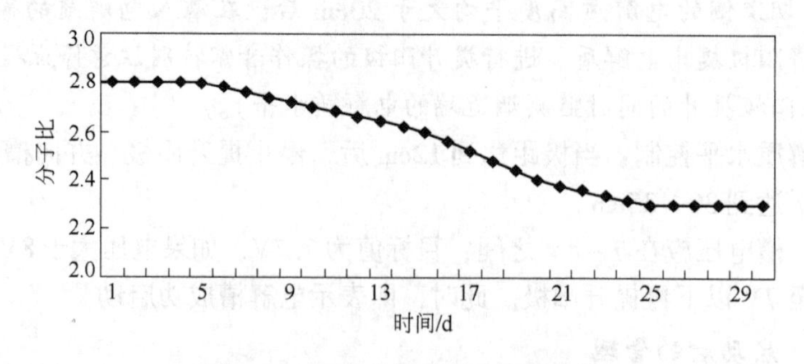

图 3-21　新启动槽分子比控制曲线

（8）灌入电解质后 5 天和 15 天进行电解槽全面检查。

3.2.1.12　异常情况及应急措施

新启动槽异常情况处理如表 3-6 所示。

表 3-6 新启动槽异常情况处理措施

	可能出现的异常情况	应急措施
焙烧期间	装炉时人造伸腿过长使阳极与炭粒接触不良	用砂轮机打磨阳极底掌直角呈斜边，或用砂轮机打磨多余伸腿直至合乎要求
	分流片钢带与风格板接触	用石棉板或绝缘板使其分离
	分流片或分流器钢带发红严重	吹风冷却
	阳极炭块钢爪发红	测阳极电流分布，根据情况采取扒料散热，吹风、喷水冷却或拧松软连接直至断开软连接，但断开时间小于40min
	电压摆动在0.5V左右	一般不准降阳极，可增加抬阳极间隔
	阴极钢棒温度高	吹风冷却，严重时可用布沾水冷却
	阳极炭块脱落	在启动前取出来换上新极，避免因空位造成电流过大或偏流
启动期间	阳极电流分布单极值高于平均2~3倍以上	松小盒夹具，用天车上提阳极0.5~1cm
	阳极钢爪横梁温度高于375℃	吹风冷却，稍松小盒夹具，但不应出现下滑
	阳极炭块脱落	用炭块夹将其取出换上热阳极
	阴极钢棒发红	吹风冷却，严重时可用布沾水冷却
	阳极炭块断层	用天车吊住阳极导杆，松小盒夹具，吊出阳极捞出炭块，视情况换热阳极
	阳极导杆下滑	用天车吊住导杆提到原画线位置，将小盒夹具拧紧
	槽壳发红	在槽壳发红处往槽膛加铝锭，吹风冷却，严重时可用布沾水冷却
	阴极钢棒窗口局部渗漏	在渗漏处往槽膛加电解质块并捣固，吹风冷却
	打壳气缸风管爆裂	提前准备风管及备品、备件，发现问题及时处理
	降负荷或停电半小时以内	降低铝水平，增加保温，减少换极次数，缩短换极时间，增加下料时间
	供料系统发生故障	制作料斗，人工加料
	多功能天车出现故障	用普通天车换极，出铝，用风镐、墩子打壳，人工下料
	焦粒与阳极底掌接触不良	必须按照要求进行铺焦作业，严格执行检测规范，不合格的必须重新调整
	阳极电流分布不均	把握焦粒质量，保证阳极底掌与焦粒的充分接触，检查阳极炭块及磷生铁的浇注质量，检查软连接压接效果，保证其充分接触
	钢爪发红发热	定期进行全电解槽阳极电流分布测量、温度测量，发现问题及时按照应急救措施处理
	分流钢带发红	保证焦粒与阳极底掌良好接触，并保证分流钢带焊接质量
	电压不稳	抬动电压时要点动，发现问题按应急措施处理
	阳极导杆下滑	检查小盒夹具是否拧紧，没有拧紧的要在抬动电压前紧固
	门型立柱下绝缘块烧坏	在启动前用隔热材料（如保温料、硅酸钙板等）保护起来
	灌铝时铝液飞溅	灌铝时用隔热板挡住
	阳极升降反向	检修完毕后必须检查，升降无误后方可使用
	供料系统漏料	检修人员及时检查供料系统各接口是否连接密封良好，发现问题及时处理
	天车钩与大母线提升框架脱离	在天车吊钩处制作一个临时钢链，工作时将其锁住，工作完打开

3.2.1.13 新厂或多槽启动

前面介绍了电解槽的焙烧启动操作。在实际生产中，有新建铝厂需要大范围多台槽启动或者因供电或事故造成大面积停槽需要启动。所以，需要启动的电解槽数量多，这样，车间必须做好详细周密的焙烧启动安排，可分组分批启动。

（1）先启动6台电解槽，这些槽将会作为母槽给后续采用新方法的电解槽提供电解质，这些电解质需要确保没有铝液，母槽应与启动槽之间临近，以便于快速传送电解质。在第一包与第三包之间的时间应控制在20min以内。

（2）下述的办法将用于后续已焙烧好的电解槽的启动：

在两周前确定母槽并事先准备好液态电解质。

启动前应准备好4包20~25t电解质，从母槽中抽取电解质并确保液态电解质中无铝液。

在尽可能短的时间内将电解质输送至需要的电解槽旁。

采用抬包车还是天车传送液态电解质取决于电解槽与母槽的位置关系。

倾倒每包电解质的时间应该尽可能短，小心不要倒得过快，以避免电解质从出铝侧溢出。

如果没有第4包电解质，抬包拖车应在倒完第一包电解质后，将抬包车放置在第一台母槽前准备运送抽取的第四包电解质。

3.2.2 预焙阳极铝电解槽停槽

电解槽停槽操作分为正常停槽和异常停槽。正常停槽是依据大修周期和电解槽生产状况需要进行关停的电解槽，异常停槽是生产出现异常情况，如出现电解槽漏铝、电解槽槽膛严重变形或严重破损、操作事故引起的系列供电断路、外部限电等情况时逼迫进行关停的电解槽。

3.2.2.1 概念目的

停槽的目的是将某台需要关停的电解槽断电，将其隔离在电解系列之外，维持系列的正常运行。

关停槽的影响：

（1）破损槽底部或侧部发生破损，熔体会与暴露在外的钢棒或槽壳接触污染铝液，影响产品质量，使电解槽生产效率降低，电耗增高。

（2）电解槽出现阴极电流分布极其不匀和阴极膨胀严重造成操作困难，严重影响电解槽生产。

（3）电解槽漏铝可能对电解车间造成重大损失。高温电解质液体和铝液可能熔断铝母线造成系列断路，电解质和铝液凝固后清理困难，甚至影响新槽的更换。

所以，需要关停的电解槽必须及时停槽，以免影响正常生产和造成不必要的损失。

潜在的危险：

（1）电解质飞溅：抽取铝液和电解质时，抬阳极至电解质水平之上，可能造成电解质飞溅。

（2）烫伤：热工具、使用气焊切割阴极钢棒时、盛电解槽箱子或盘子，可能造成烫伤。

（3）电击：切断电，可能造成电击事故。

（4）跌倒和碰撞：使用天车移动阳极、真空抬包、上部结构、槽壳、电流隔断开关；挖掘机挖掘和搬运壳面料、电解质块和铝块；槽壳周围钢隔板拆除后遗留的坑洞，地面上的压缩空气软管，爬到上部结构顶部断开和拆除氧化铝、氟化铝和压缩空阀门、爬到烟道出风管顶部、切断其与上部结构等操作都可能发生跌倒、碰撞事故。

（5）粉尘：采用压缩空气操作时，可能产生粉尘。

（6）爆炸：潮湿工具与熔体接触时，可能发生爆炸。

（7）磁吸：磁场吸引会导致钢制工具被吸引至槽上。

使用工具：天车、抬包、风动扳手、专业扳手、铝耙、漏铲、兑子、炭渣箱、大勺、连接紧固螺杆、螺帽、万用表、测定棒、电筒。

3.2.2.2 操作步骤

（1）计划停槽的前期作业：

1）确定停槽号后，一般安排在白班停槽，从停槽前 10 天起，使用高残极交换阳极。

2）停槽前两天，停止阳极交换作业。

3）停槽当天的零点班与净化供料车间联系，停止向该槽打料，并将阳极大母线抬至上限位。若阳极效应发生较多，用天车把两个小面的结壳打入槽内。

4）停槽前通知取样工取铝试样。通知总调、电解计算机控制室停槽的槽号。

（2）安装分流开关：将所需要的 6 组分流开关两端的母线片分别连接在电解槽短路口的立柱母线和短路母线上，并拧紧卡具螺栓，如图 3-22 所示。

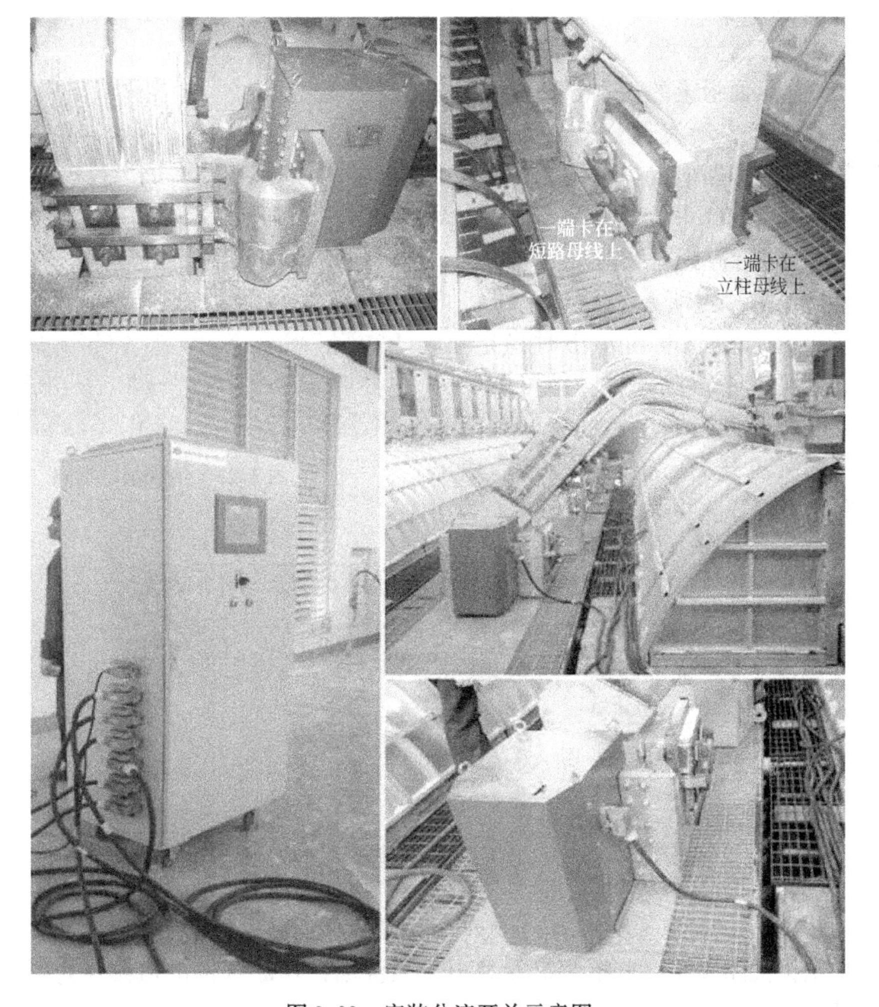

图 3-22 安装分流开关示意图

连接分流开关与主控制柜之间的电缆。当所有的分流开关与主控制柜均已连接完毕，此时具备断电条件。具备停槽时先切换排风量转换阀，开大排风量。

(3) 吸出电解质：测量电解质高度，停槽前1h开始吸出电解质，在吸出电解质过程中，要求缓慢下降阳极，使阳极下降速度和吸出速度吻合，阳极不得脱离电解质液面或铝液以免发生断路事故。吸出的电解质导入专用渣盘或分送到电解质水平低的电解槽。具体操作步骤与出铝操作基本相同，详见出铝操作相关步骤。

(4) 断电：电解质吸出操作结束后，此时槽电压应降到1V以下。电工开通分流开关，确认停槽断电准备就绪后，电工负责人搬动主控制柜开关至合闸红色位，即分流开关开始工作，控制柜上面显示面板上6个分闸显示的电压值约为35mV，线路连接状态显示绿灯（即连接正常)，这时短路口立柱母线的大部分电流通过分流开关连接短路口母线，进入到下一台电解槽。

拆除短路口绝缘板：通过主控制柜显示与现场确认6组分流开关均已工作。操作人员即可开始拆除短路口的绝缘板，先用压缩空气将母线、短路口处的压接面吹干净，拆除绝缘板时先松开紧固绝缘板的螺栓，然后取出绝缘板，再拧紧螺栓使短路母线与立柱母线接通，如图3-23所示。

当所有短路口绝缘板均已拆除完毕后，这时分流开关显示面板上的6个分闸显示的电压值约为5mV，即表示大部分电流已断开所需要停的电解槽，即断电成功（图3-24)。用万用表测量各短路口压接点压降，单片压降大于20mV时，进行再紧固处理。

图3-23 绝缘板已拆除

拆除分流开关：当所有短路口绝缘板均已安装完毕，启动槽通电约半小时稳定后，开槽用分流开关具备拆除条件，即可拆除分流开关。通电负责人扳动主控制柜开关至分闸绿色位，即分流开关停止工作，然后由电工拆除所有的分流开关并送回原处。

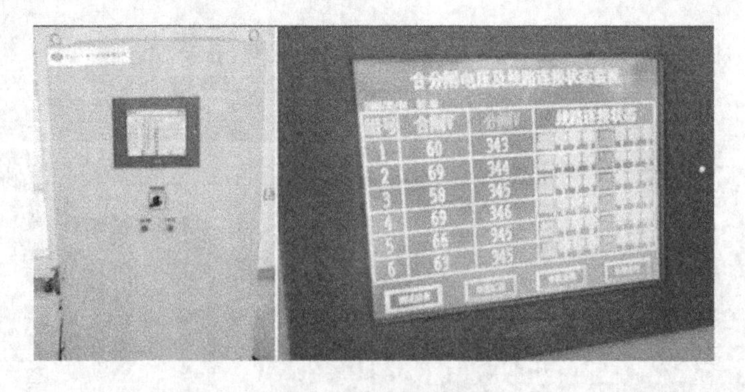

图3-24 分流开关主控柜显示屏参数

(5) 抬阳极关闭气阀：上抬阳极脱离电解质液面，切断该槽的风源停止供料，关闭槽上各阀门。

（6）出铝：

抬包出铝：先清除出铝端铝水表面的电解质结壳，吸出工指挥天车将抬包吸出管插入槽内吸出铝水，直至吸不出铝水为止。具体操作步骤详见出铝操作相关步骤，但是，要记住停槽是出铝时不操作操控机。

人工舀铝：打开需人工舀铝处的槽罩，用铝耙扒开浮料，指挥天车取出人工舀铝处的阳极。

扒出结壳块，使铝液露出。把大勺、炭渣箱放在停槽大面预热，用大勺在出铝端和炉底低洼处将铝舀入炭渣箱内。尽可能舀干净残铝。

（7）收尾作业：关闭排风阀，盖好槽罩；将停槽工器具等放回到原指定位置；做好停槽的槽号、日期、时间、电解质吸出量、铝水吸出量及舀铝量、短路口压接点压降等的记录。

3.2.3 临时停槽

电解槽发生严重破损、漏炉和其他特殊情况时，经调度指令实施临时停槽。

（1）发生漏炉时，首先由专人下降阳极，使电压保持在5.0V以内，以避免阳极脱离电解质液面或铝液而引起断路，并立刻报告调度室和有关领导根据漏炉程度，做好断电准备。

【应急措施】现场人员采取相应措施，保护母线及各种电缆。

操作工与天车工配合对漏炉处进行堵漏抢救，同时准备停槽工器具。确认抢救无效后，确定进行临时性停槽。

（2）抽取电解质：在吸出电解质过程中，要求缓慢下降阳极，使阳极下降速度和吸出速度相吻合，阳极不得脱离电解质液面或铝液以免发生断路事故。吸出的电解质导入专用渣盘或分送到电解质水平低的电解槽。具体操作步骤与出铝操作基本相同，详见出铝操作相关步骤。

（3）关停系列供电：电解质吸出操作结束后，调度人员与供电部门联系，关闭系列供电，使系列电流降至零负荷。

（4）拆除绝缘板：先用压缩空气将母线、短路口处的压接面吹干净，拆除绝缘板时先松开紧固绝缘板的螺栓，然后取出绝缘板再拧紧螺栓，使立柱母线与短路母线相连接，并通知电解计算机控制室切断该槽的控制。

（5）送电：短路口连接后确认可送电时，与总调联系开始送电，系列电流逐步升到正常值。

（6）抬阳极关闭气阀：上抬阳极脱离电解质液面，切断该槽的风源停止供料，关闭槽上各阀门。

（7）出铝：

抬包出铝：先清除出铝端铝水表面的电解质结壳，吸出工指挥天车将抬包吸出管插入槽内吸出铝水，直至吸不出铝水为止。具体操作步骤详见出铝操作相关步骤。

人工舀铝：打开需人工舀铝处的槽罩，用铝耙扒开浮料，指挥天车取出人工舀铝处的阳极。

扒出结壳块，使铝液露出。把大勺、炭渣箱放在停槽大面预热，用大勺在出铝端和炉底低洼处将铝舀入炭渣箱内，尽可能舀干净残铝。

(8) 收尾作业：关闭排风阀，盖好槽罩；将停槽工器具等放回到原指定位置；做好停槽的槽号、日期、时间、电解质吸出量、铝水吸出量及舀铝量、短路口压接点压降等的记录。

3.3 铝电解生产的日常作业

现代铝电解生产中主要的常规作业是出铝、更换阳极、抬升阳极母线、下料。现代电解槽下料系统是自动控制，人工操作的动作几乎没有，所以，这里对下料作业不做介绍。铝电解生产还有捞炭渣、熄灭阳极效应、日常巡视、取样分析、测量作业等一些电解槽维护辅助作业。

3.3.1 出铝

3.3.1.1 概念

目的：是为了维持电解铝生产工艺参数铝液高度在 210～240mm 范围内。不同槽型铝液高度的参数有所不同。

电解生产过程，要把电解槽阴极析出的铝液在一定的周期内排出，方可使铝电解过程保持稳定的技术条件以维持铝电解的连续生产。这就是铝电解必须有一个出铝作业，出铝作业是连接铝电解生产和铸造生产的一个中间环节。

出铝作业的方法较多，有真空法、虹吸法、流口出铝法。目前，在我国铝工业作业中多采用真空法，所以，本节着重介绍真空出铝法。

通常所说的出铝，是通过真空的方法，每天从电解槽中抽出一定量的铝液。抽出的铝液将会送至铸造车间铸锭。由于电解质和底部沉淀进入虹吸管会造成堵塞，影响出铝作业，所以正确的出铝操作可以保证从电解槽内抽取规定数量的铝液，避免抽出电解质造成损失。

真空出铝法原理：根据连通器液体各处液面压力相等的原理，压力高处的液体将自动向压力低处流动，直到两个液面的压力相等为止。真空出铝的原理是基于上述理论，出铝包的空气压很小，接近于真空（即相对于大气压力为负压），使得电解槽铝液面空气的压力（大气压 760mmHg）高于出铝包内空气的压力，电解槽内的铝液将向出铝包内流动，直到电解槽内的铝液面压力与出铝包内的铝液面压力相等为止。实际出铝过程中，出铝包始终是负压状态，所以，电解槽内的铝液连续不断向出铝包内流动，直到完成电解槽出铝任务量（计划出铝量）为止。

目前，电解铝厂大都采用喷射式抬包进行出铝，其原理是采用高速流动的压缩空气，把出铝包内的空气带出，使出铝包内形成负压，即构成真空包，从而实现真空法出铝的目的。真空出铝工作原理如图 3-25 所示。

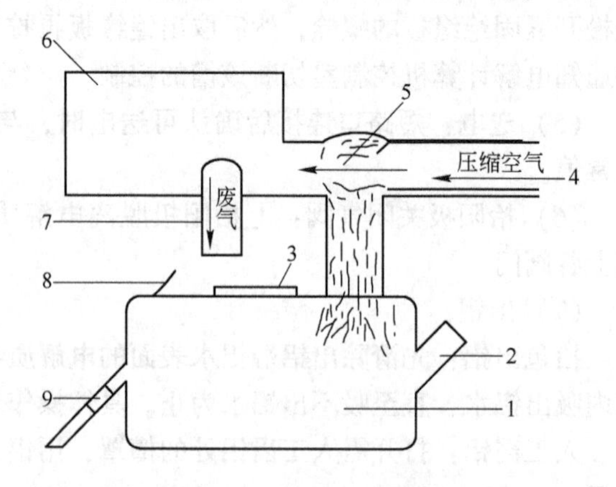

图 3-25　真空出铝工作原理

1—包体；2—出铝口；3—清渣口；4—高压风入口；5—喷嘴；6—气体缓冲箱；7—废气出口；8—铝液虹吸口；9—吸出管

真空包是用 8mm 厚的钢板制成的罐体，除上盖以外，内部均砌筑耐火砖。真空包的出铝口除了用于倾倒铝液外，还可作为吸铝时的观察孔。包盖用生铁铸成，与包体上的止口圈吻合，包盖可以装卸，用铁梁固定。真空包的形状不一样，容量也有所不同。

潜在的危险：

（1）电解质、铝液飞溅：出铝端打壳锤头打入结壳和电解质时、进行捞炭渣作业时、将出铝抬包包管置于熔体中时、将抬包管从熔体中取出时以及出铝作业时，可能发生电解质、铝液飞溅事故。

（2）烫伤：热的工具、热的抬包（特别是出铝管）、执行捞炭渣作业时、工具在电解槽工作时间过长时，可能发生烫伤事故。

（3）挤压：移动的抬包，可能发生挤压。

（4）跌落和绊倒：连接抬包与车间压缩空气的软管，可能造成跌落、绊倒事故。

（5）压缩空气伤害：连接压缩空气管路有泄露时会导致粉尘飞扬，也可能引起人身伤害。

（6）系列开路：出铝时，电压控制不正确时，特别是阳极升降开关操作反向时，有导致系列开路的潜在危险，这会导致爆炸和设备故障。

（7）爆炸：湿的、受潮的工具接触到熔体时，可能造成爆炸事故。

（8）磁场吸引：磁场吸引导致铁制工具被吸引至槽上。

出铝制度：电解槽每一天出一次铝。出铝误差为±40kg。不同槽型的出铝周期有所不同。

出铝前由工区进行一点法测量，确定出铝量，对天车工下出铝任务。电解各工区每天早晨将出铝任务单送至铸造任务单箱内，由衡量员根据出铝计量数，计算出每台槽实际出铝量，填写在出铝任务单上，车间办事员取回任务单后立即送计算站进行输入（计算机联网后自行输入）。

工器具：天车、抬包、兑子、漏铲、炭渣勺、石棉圈、铁锹。

3.3.1.2 操作步骤

（1）出铝周期和出铝量的确定。出铝的数量是根据电解槽的电流强度及电解槽生产所达到的电流效率而确定的，电解槽每昼夜铝产量 Q（kg）为：

$$Q = 0.3355 \times I \times \eta \times 24/1000$$

式中 0.3355——电化当量，g/(A·h)；

I——电流强度，A；

η——电流效率，%。

昼夜铝产量乘以出铝周期为出铝量。电解槽的出铝周期有的一天出一次，有的两天或三天出一次，个别还有三天出两次的，主要是依据系列电流强度的大小和铝水平的控制范围来确定，现代大功率电解槽一般都是一天出一次铝。按规定周期出铝称为进度出铝，特殊情况下的随机出铝称非进度出铝。

电流效率为93%时，400kA 的电解槽每天出产原铝 2996kg，200kA 的电解槽日产原铝 1498kg，如果不把生产出的原铝取出来，铝液水平会持续升高，将会严重影响电解槽的热平衡和磁流体稳定性，因此必须保持良好的铝液高度才能保证电解铝的正常生产。

（2）设备检查。

天车检查：操作工接到出铝通知后，首先对天车工作情况进行检查，特别是主钩

(35t) 是否正常。检查电子秤是否显示正常，天车打印机是否正常。

出铝包检查：操作工检查抬包消声喷嘴是否装好、软管是否完好，并用石棉绳密封好抬包盖，安装好观察孔玻璃。

(3) 栅格板上铺铝板：在出铝口门前的栅格板上铺设一块铝板，以免操作时的壳面料、炭渣、铝液掉落到地下室，见图 3-26。

图 3-26　在电解槽出铝口门前铺设一块铝板

(4) 打开出铝口壳面：电解工到电解槽出铝侧，在保持出铝门关闭的情况下，操作出铝口打壳系统手动控制阀进行打壳，出铝打壳往复动作进行一次需要 3s（听锤头打壳和回收的声音），注意观察位于上部结构的打壳锤头插入和返回动作。出铝打壳锤头完成打壳循环后方可再打开出铝端的槽门。打开出铝口过程如图 3-27 所示。

图 3-27　打开出铝口过程

(a) 出铝门关闭状态，操作打壳开关打壳；(b) 出铝门旁边的打壳开关；(c) 出铝口合格；
(d) 旋转式开关；(e) 外拉式开关；(f) 可工作的出铝口

(5) 清理电解质和炉底：用炭渣勺捞出铝口的结壳块和炭渣，同时挖出炉底沉淀，以免堵塞吸出管，如图 3-28 所示。

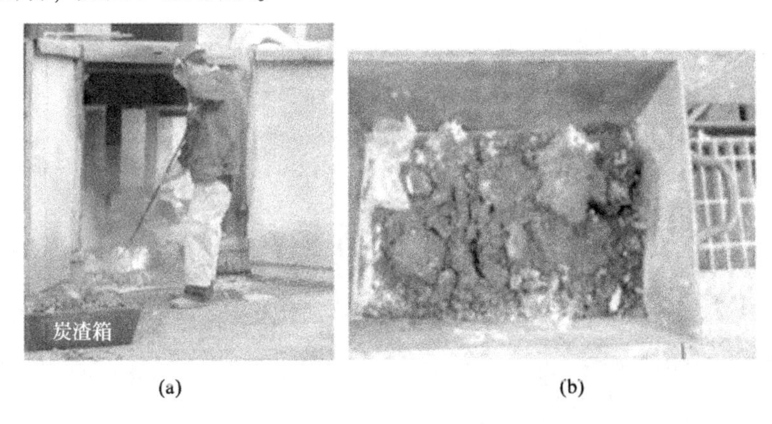

(a) (b)

图 3-28 清理出铝口的炭渣和电解质块
（a）捞炭渣操作；（b）炭渣箱

（6）操控机操作：按操控机的【出铝控】键，与计算机联系，让操控机启用出铝控制程序，如图 3-29 所示。

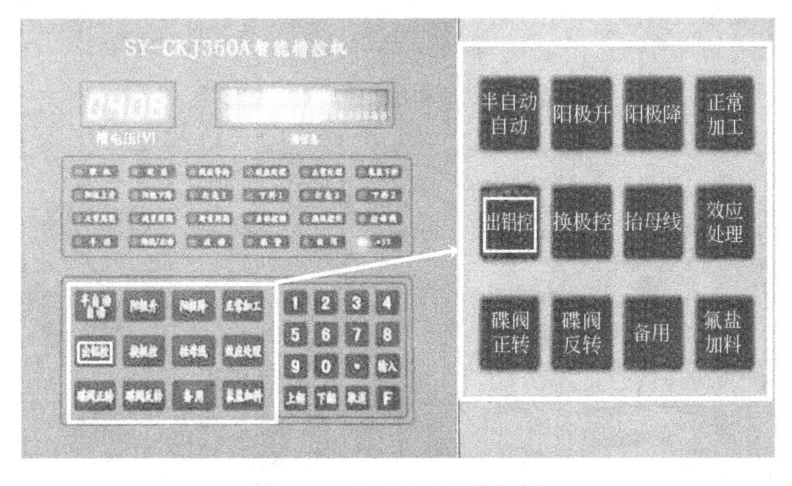

图 3-29 按下【出铝控】键

（7）连接风管：用天车钩锁住出铝包吊环并运送到出铝槽前，在抬包引射器进气口和排气口分别连接一根耐压胶管（一般排气口向上排空不必接胶管），并搭在横梁上，方便抬包移动。进气胶管的另一端接通压缩空气，排气胶管插入出铝槽旁边槽的风格板里以免压缩空气造成粉尘或伤害，如图 3-30 所示。

（8）出铝：操作天车吊线盒控制按钮，将吸出管对准出铝口，慢慢下至铝液中。根据电子秤的读数显示及该槽的出铝量，打开压缩空气阀门即开始抽铝，同时缓慢下降出铝包以免抽出电解质，出铝的同时要缓慢或点动下降阳极，以免发生断路现象，达到指示的出铝任务量时及时关闭压缩空气阀门即停止出铝，并打印记录附在出铝任务单上。

操作天车提升抬包使吸出管离开出铝口，运送出铝包准备进行下一台电解槽的出铝作业。当析出的铝水达到抬包容量时，把抬包运至抬包车上，放稳后脱开主钩运送到铸造作业区。出铝过程如图 3-31 所示。

（注意：出铝时不允许吸电解质，发生效应时立即停止出铝。）

图 3-30 在出铝抬包上接通压缩空气管

图 3-31 出铝过程

（9）收尾作业：用铁锹清理出铝口，关闭出铝端槽门。当班出完铝后，及时进行清包工作使之随时可用，以免影响下一班的正常作业。将所有的工具及出铝抬包放回原位，填写当班记录并将所有数据输入到办公室管理计算机里。

3.3.2 换极

3.3.2.1 概念

目的：换极就是更换工作周期已满的残阳极或产生缺陷的阳极，避免电解质熔化钢爪造成铝液污染，减少缺陷阳极对产品质量的影响。

电解铝生产中炭阳极为消耗品，由电化学反应和空气氧化所造成。阳极工作周期通常为28～30天，还有些阳极由于断裂或氧化等原因，寿命较短需要更换。

正确安装阳极对于保持稳定的极距非常重要。阳极安装不正确会影响电解槽的热平衡、电流分布、槽电阻、磁场稳定性等，操作不当会损坏电解槽的上部结构，例如阳极卡具或阳极母线。阳极覆盖操作是防止阳极氧化维持稳定的关键，对控制电解槽上部热损失非常重要。

潜在的危险：

(1) 电解质飞溅：天车打壳机构进行打壳时，残极从槽上提出时，捞炭渣、捞大块时，检查炉膛时，取出残极时，放置新阳极时，容易发生电解质飞溅。

(2) 烫伤：开槽罩板时，捞炭渣、检查炉膛时，取出残极时，可能发生烫伤事故。

(3) 挤压和碰撞：移动的多功能机、捞炭渣及检查炉膛时，易发生挤压和碰撞。

(4) 爆炸：潮湿工具接触到熔体时，可能发生爆炸事故。

(5) 磁场吸引：磁场吸引导致铁制工具被吸引至槽上。

换极制度：阳极更换周期为（29±1）天，每台槽每天更换一组阳极，最多不得超过2组，而且必须相隔8h，并且不在同一个区内。

使用工具：多功能天车、炉前耙、钩子、铝耙、棕刷、砂布、铁锹、90°测定棒、直尺、粉笔、专用扳手等工具。

3.3.2.2 操作步骤

(1) 新阳极质量检查及处理：专人检查要换新阳极质量，不合格应及时退换。

用棕刷将阳极导杆表面刷干净，要求清洁见本色。发现导杆有毛刺或接触面不平时，用砂布、凿子处理接触面，注意不能有凹凸或划痕，合格后方可安装到电解槽上。

(2) 平衡母线处理：根据阳极更换周期表找出将要更换阳极的电解槽号和阳极编号并确认。对所换阳极处的平衡母线表面用棕刷刷干净，要求表面光滑、平整。

(3) 打开槽罩：在所换阳极处，揭开5～6块槽罩，中间的槽罩放在对面槽槽罩上，两边两块槽罩放在邻罩上（图3-32）。用铝耙扒净阳极上的氧化铝浮料和边部可扒出的壳面块，使其呈扇形状。

(4) 打开阳极周边壳面：指挥天车工打开阳极两侧缝隙壳面，在大面距阳极10cm处打破该阳极壳面，破口宽度为10～15cm，长度为两块半阳极宽度的距离，如图3-33所示。

(5) 操作操控机：按操控机上的【换极控】键，与计算机联系，使操控机启用更换阳极控制程序，如图3-34所示。

(a)　　(b)

图 3-32　打开换极处的槽罩板（a）及在工作处的栅格上铺设铝板（b）

图 3-33　打开需更换阳极周边的壳面

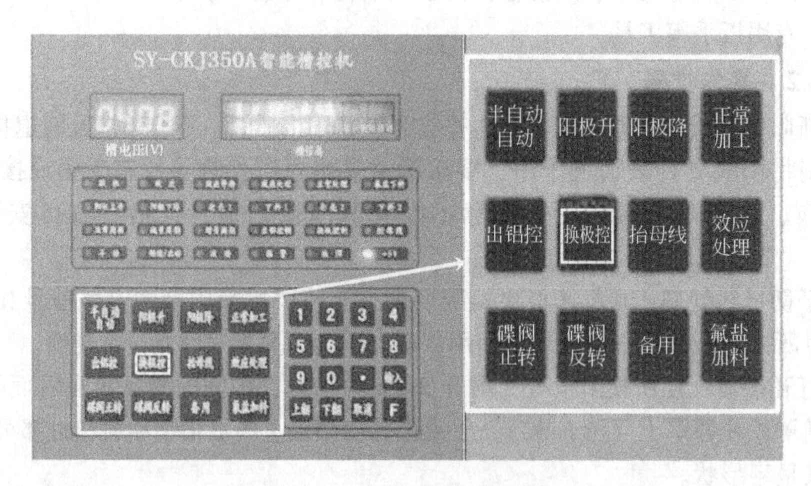

图 3-34　按下【换极控】键

（6）取出残极：天车工操作天车，下降阳极提升装置，卡住阳极导杆，操作阳极高度测量装置确定残极的相对位置，然后下降阳极扳手，旋松卡具。在电解工的指挥配合下，缓慢拔出残极。

把残极放到阳极托盘上，用多功能机组高度测量装置测量残极高度。如图 3-35 所示。

图 3-35 用天车提出阳极并放在托架上测量残极高度

在多功能机组运输残极时，电解工检查残极是否有掉块、长包、化爪、裂纹或其他异常现象并记录在工作表上，记住需同时记录槽号与极号。

测量完残极组高度后，将残极放置在残极托盘上，如图 3-36 所示。

（注意：残极取放和运输过程需要非常小心，地面操作人员应站在多功能机组司机能够看到的安全地方，以避免炽热物料掉落可能带来的伤害。）

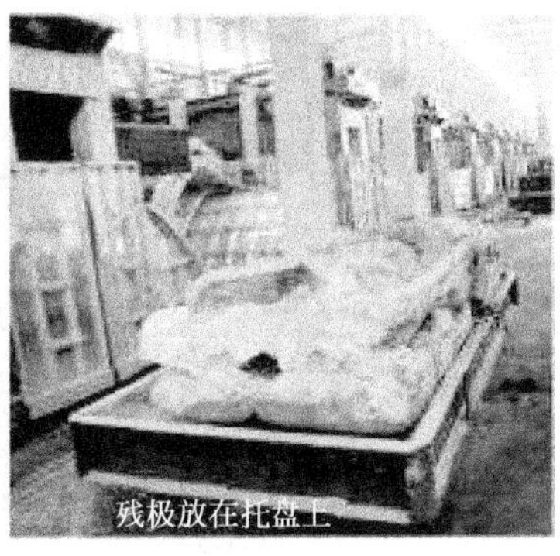

图 3-36 测量完残极组高度后，将残极放置在残极托盘上

（7）清理炉膛：用天车捞壳面块，天车工操作天车下降打捞壳面块抓斗，当抓斗打开后小心地降低抓斗直至抓斗的底部深入到铝液表面，然后提升抓斗 50mm，关闭抓斗以便将大块的电解质抓入抓斗中，随着抓斗的闭合同时提升抓斗，并将抓斗捞出的大块料送至电解质渣盆内，如图 3-37 所示。应尽可能地清理干净电解质表面漂浮的固体。

人工清理：检查炉底及沉淀、炉内炭渣量、阴极破损、邻极工作情况等，然后用大耙和漏铲清理炉底沉淀和表面炭渣，并用一点法测量铝液水平、电解质水平，如图 3-38 所示。

（8）安装新阳极：先测量新阳极高度，多功能机组到新极托盘前吊运新阳极并将其放置在阳极托架上，利用多功能机组的测高功能记录新极高度，并将高度输入多功能机组

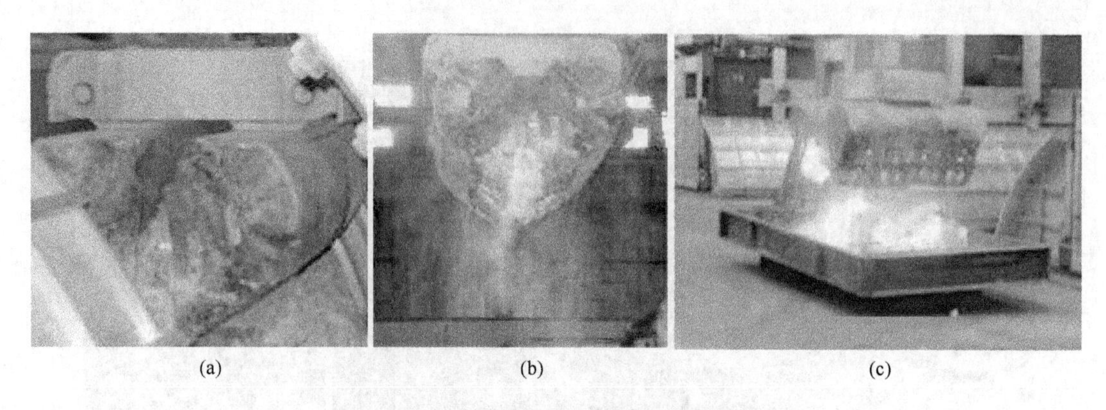
(a) (b) (c)

图 3-37 用天车抓斗清理炉膛内电解质大块

(a) 把抓斗伸入槽膛；(b) 闭合抓斗提出槽膛；(c) 把捞出的大块放入渣盘

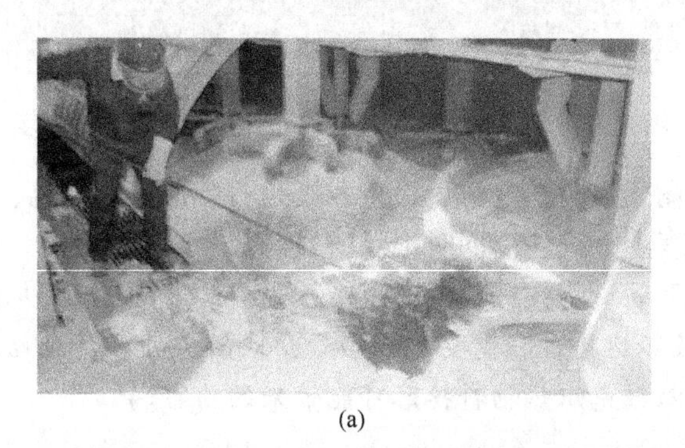
(a)

(b) (c)

图 3-38 人工清理炉膛示意图

(a) 正在进行人工清理电解质；(b) 换极时人工清理后的电解质；

(c) 还没有进行人工清理的电解质

的计算机（图 3-39），然后将阳极运送至需要更换的区域，小心将阳极放入槽内，避免将周围阳极覆盖料带入槽内，降低阳极直到设置位置。设置位置为新换阳极底部比原来的残极高 2cm，当新阳极准确定位后，下降阳极扳手，锁紧卡具并确保阳极导杆紧贴水平母线不下滑，然后松开提升机装置，收回提升机装置和阳极扳手，进行下一台电解槽的换极作业。

地面操作人员目测阳极安装质量：阳极组保持垂直，母线与阳极导杆之间有良好的接触。如果不满足要求，应及时与多功能机组司机一起修复。

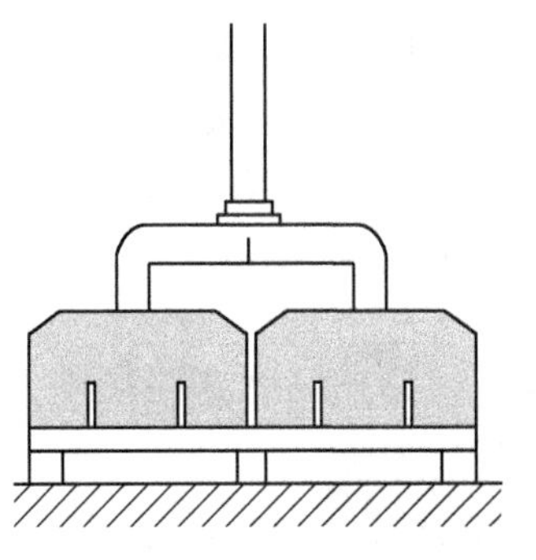

图 3-39 测量新阳极高度

(9) 保温处理：可以等新阳极周围的电解质结壳后添加覆盖料，一般情况电解工先用大块堵好新阳极四周较大的缝隙，然后加小块和碎电解质，最后天车工下降下料管，并在电解工配合指挥下给新极加上电解质粉料，保温料厚度为 16～18cm，即铝耙正好可以通过阳极钢爪横梁与保温料之间的空隙。新极与邻极一侧也加适量保温料，以保护新阳极不氧化，但不要将邻极钢爪埋没。用铝耙平整极上保温料，用铁铲整理边部块料，修整好边部。保温处理过程如图 3-40 所示。

图 3-40 换上新阳极后的保温处理

（10）收尾作业：用小风吹干净槽沿板积料，清理干净掉落到风格板、槽周围母线和卡在阴极钢棒头上的壳面块。盖上槽罩，用风吹干净工作面和大面，需仔细清扫槽沿板以便能够将槽罩板盖好，并做好导杆标识和记录，如图 3-41、图 3-42 所示。

标识：在新换阳极导杆上以阳极大母线下沿为准画线。

图 3-41　在新换阳极导杆上画线标识

(a)　　(b)

图 3-42　盖好的槽罩板

（a）槽罩放置示范；（b）盖好的罩板

（11）质量检验：新换阳极 16h 时测量阳极电流分布，检查电流承担量和阳极高度设置情况。所测电压值小于 1mV 和大于 4mV 的要进行调整。24h 时测量阳极导杆电压降，测量值大于 15mV 时要进行调整。

（12）异常情况处理：

1）天车定位系统出现故障：

天车定位系统出现故障时可采用人工卡尺定位。

天车拔出残极后，要在大面处下降阳极，由电解工依残极上的定位线用兜尺标定好，以此确定新极定位线。

天车工把拔出的残极放在托盘上后，吊回一块新极。在换极槽外下降新极，电解工根据兜尺定位线标定新极定位线，新极要比原残极高 1.5～2.0cm，角部极要高 3.0cm。

新阳极挂到电解槽上，操作工指挥确定阳极安装位置，使导杆上的画线对准大母线的下沿。

2）阳极脱落：

在巡视中发现阳极脱落或换极过程发现有阳极脱落，必须及时换出来。基本作业过程与正常换极作业相同。对于阳极导杆脱焊的情况，用钢丝绳绑好钢爪，用天车35t吊钩吊出；而对于碎脱阳极，对较大的脱落块，必须借助脱落夹钳吊出来，然后才能用天车抓斗打捞槽内小阳极块、结壳块。检查更换阳极周期表，确定装上高残极或新极。因脱落极无法用天车定位，在装新极时，用大钩摸邻极和所装极的底掌来确定安装位置。

3）修补炉帮：

电解槽所换极处侧部钢板或钢棒的温度较高时，装新阳极后安排砸边部，人工做炉帮。指挥天车砸所换阳极及相邻阳极共四块阳极的大面。天车工下降打击头砸大面时，电解工用铁锹往所砸处加壳面块，边砸边加。砸完边后，继续加块，收齐槽缘的壳面块，呈斜坡状。

（注意：在换角部极时，必须打捞炭渣。换极时根据槽况可添加冰晶石、捞炭渣等操作。）

3.3.3 提升阳极母线

3.3.3.1 概念

目的：在电解生产过程中，阳极炭块不断消耗。为了维持稳定的极距，需要不断地下降阳极母线，当阳极母线下降到下限的位置时，需要提升阳极母线维持正常的生产。

正确的阳极母线提升操作是非常重要的，可以确保阳极母线与阳极导杆之间良好的接触，避免阳极滑脱。不好的阳极母线提升作业会导致阳极滑脱、极距过高或过低，情况严重时会导致阳极母线与导杆之间接触面或卡具损坏。

潜在的危险：

（1）烫伤：接触热的罩板时，可能发生烫伤事故。

（2）压缩空气伤害：连接压缩空气管路有泄漏时会导致粉尘飞扬，也可能引起人身伤害。

（3）跌落和挤伤：在上部结构固定框架时，在槽上松紧卡具时及在槽上划参考线时，可能发生跌落和挤伤事故。

作业周期：一般为20天一个周期，当阳极升降标尺指针指向下限位时，提升阳极至标尺的上限位。

使用工具：天车、母线提升框架、专用扳手、粉笔。

3.3.3.2 操作步骤

（1）检查天车副钩、母线提升框架、要抬母线槽提升机构是否正常，如图3-43所示。

图3-43 检查母线提升框架

（2）打开要抬母线槽出铝端端盖，操作出铝打击头。

（3）天车工在抬母线工的配合下，吊起母线提升框架，保持框架两端水平，上升到上限位，然后移至要抬母线槽的上方，如图3-44所示。

图3-44 用多功能天车吊运母线提升框架并将框架支腿沿对应导向架降至槽上

（4）抬母线工擦去导杆上所有的线，然后重新沿水平母线下沿在导杆上画出定位线。

（5）按操控机【抬母线】按键，与计算机联系，启用抬母线程序，见图3-45。

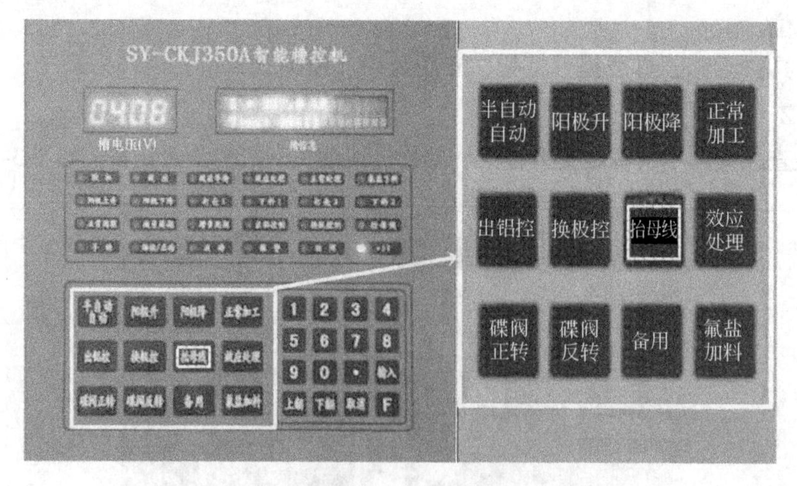

图3-45 在槽控箱按下【抬母线】按键

（6）天车工操作天车副钩，对准位置下降母线提升框架，使框架支腿进入导向架，夹住槽上全部阳极导杆，打开夹紧气阀使框架紧紧夹住阳极导杆，如图3-46所示。

(a)　　(b)

图 3-46　多功能天车夹紧全部阳极导杆，使框架支腿进入导向架
（a）阳极导杆处于夹紧状态；（b）框架支腿进入导向架

（7）地面操作工用风动扳手旋松卡具，使所抬槽的 24 个卡具全部松开。

（8）按操控机【升阳极】键，开始提升水平母线，当母线抬至标尺上限位时，停止抬母线，如图 3-47 所示。

图 3-47　阳极母线已经抬至上限位

（9）人工用风动扳手将阳极导杆卡具拧紧，在水平母线下沿画出定位线，松开母线提升机框架，确认抬母线后阳极是否有下滑现象，将其移至下一台要抬母线槽，如图 3-48 所示。

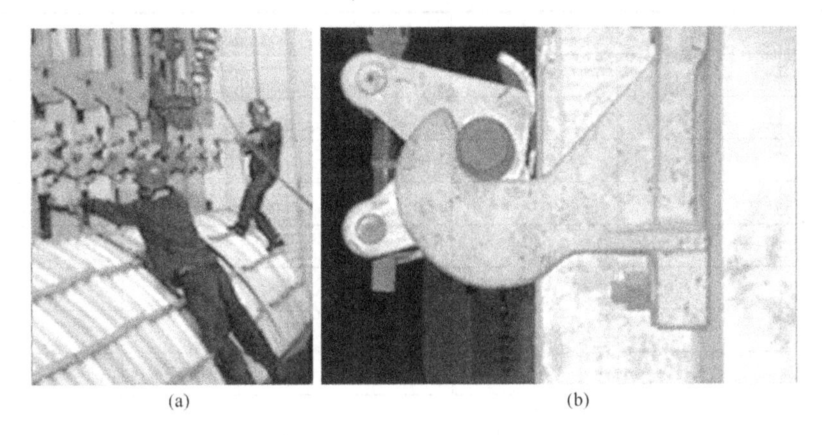

(a)　　(b)

图 3-48　人工紧阳极导杆卡具、画定位线
（a）画出定位线、人工拧紧卡具；（b）拧紧的阳极导杆卡具

（10）抬母线时不得在效应等待期间进行，若来效应必须立即停止作业，先熄灭效应，然后抬母线。

（11）抬母线时要注意槽电压、脉冲读数有无变化。

（12）松闭卡具时要在A、B两边对角进行，避免阳极提升机构偏斜。

（13）抬完母线后人工复紧卡具，测量导杆与母线的接触压降，使接触压降不大于15mV。

（14）做好记录和标识。

3.3.4 氧化铝浓度及分子比控制

为了控制氧化铝浓度和分子比，电解槽上部设有打壳下料装置。打壳下料装置包括打壳机构和定容下料器。根据系列电流强度的大小，电解槽上设置的打壳下料装置和定容器个数有所差异，200~400kA系列电流，电解槽上一般设有4~6个氧化铝料箱及1~2个氟化盐料箱，设有4~6套打壳下料装置和5~8个定容下料器，用于氧化铝及氟化铝的下料。

采用WL-XLQ系列无筒无刷定容下料器，电解生产所用原料（载氟氧化铝、氟化铝等）通过超浓相输送系统或氟化铝加料车加入到电解槽上部的料箱中，然后经过定容下料器按需加入槽中。计算机（槽控机）根据工艺状况，自动控制实现氧化铝和氟化铝的下料，即控制氧化铝浓度和电解质分子浓度，实现“按需加料”，使氧化铝浓度保持在2%~3%范围内，分子浓度控制在2.2~2.5范围内。

旧的分子浓度的控制采用在氧化铝输送管道中加入氟化铝，由于氟化铝混合不均匀，造成电解槽分子浓度高低不一，所以，新建项目不再采用。

要注意的是，分子浓度控制主要靠氟化铝加料车加入到槽上部的氟化盐料箱，或者是先加入多功能天车后再加入氟化盐料箱，然后通过定容下料器加入电解槽，所以，再生产过程中必须保证氟化盐料箱有足够的氟化铝，才能保证分子浓度的稳定。

目前，铝电解采用电解质过剩氟化铝指标代替分子浓度，过剩氟化铝一般控制为：6.5%~11%（分子浓度约为：2.5~2.2）。分子浓度和过剩氟化铝数值换算见表3-7。

表3-7 分子浓度和过剩氟化铝数值换算表

分子浓度	氟化钙/%	氟化镁/%	氟化锂/%	氧化铝/%	过剩氟化铝/%
2	5	1	1	3	15
2.1	5	1	1	3	13.17
2.2	5	1	1	3	11.43
2.3	5	1	1	3	9.77
2.4	5	1	1	3	8.18
2.5	5	1	1	3	6.67
2.6	5	1	1	3	5.22
2.7	5	1	1	3	3.83
2.8	5	1	1	3	2.5
2.9	5	1	1	3	1.22
3	5	1	1	3	0

3.3.5 熄灭阳极效应

3.3.5.1 概念

由于电解质内氧化铝含量过低降低了电解质导电性能，导致槽电压从正常值升高到8~35V，此现象即为阳极效应。阳极电流密度升高超过极限电流密度时，亦能引起阳极效应，所以，熄灭阳极效应时，首先是人工控制下料，阳极效应可能造成炉帮熔化，影响生产效率和产品电耗升高。

目的：为了消除效应，减少效应的不利影响。

阳极效应期间，氟离子在阳极放电，生成了碳氟化物，例如 CF_4 和 C_2F_6 气体以及 CO_2 和 CO。生成的这些气体富集在阳极底掌和侧部，形成了电的绝缘层，使得槽电压大幅升高到35V，有的甚至高达40V。发生阳极效应时电解槽高温发亮，发出嘶嘶响声，效应产生大量的热量，导致壳面塌陷，造成阳极严重氧化，持续的阳极效应能够融掉10mm的炉帮。

熄灭阳极效应的方法是快速向槽内添加氧化铝以提高电解质的导电性能，并快速赶走阳极底部的气体层。现代铝电解槽可以通过操控机上的自动效应熄灭程序完成，然而，在某些阳极效应不能自动熄灭的情况下，需要采用人工熄灭阳极效应。

潜在的危险：

(1) 电解质飞溅：将木棒插入角部阳极下的电解质内时以及从电解质中取出木棒时，可能发生电解质飞溅事故。

(2) 烫伤和烧伤：阳极效应和木棒产生的火焰，将木棒插入角部阳极下的电解质内时，从电解质中取出木棒时，都可能发生烫伤、烧伤事故。

(3) 烟尘：熄灭效应时排除的烟气，木棒燃烧时的烟气，可能产生烟尘。

(4) 爆炸：提升阳极开关或限位开关失控，操作失误，自控装置失灵，可能造成爆炸事故。

【事故案例】 2007年12月2日某厂电解车间43号电解槽发生阳极效应，操作工进行效应加工完毕后点动槽旁提升阳极按键，然后再点动按钮关停阳极提升，随后转身去拿效应棒准备人工熄灭阳极效应，此时，听到连续的两次爆炸声，即四个短路口有三个短路口母线发生爆炸。爆炸造成临近窗户破碎、短路口母线无法连接使用，两台电解槽被迫断电停槽，只能架设临时母线接通系列回路，造成系列停电约6h。由于停电时间较长加之冬天气候寒冷，所以，在系列回路恢复供电后约有90台电解槽无法正常生产，花费了约三个月时间进行二次启动，其中有6台电解槽依照大修程序进行大修后重新启动，当月产量与同期相比减少约4000余吨，比上年同期减产约40%。三道防线，即一道人工关停按键，二道阳极提升7s设有自动关停，三道阳极提升限位开关，未能阻滞爆炸事故的发生。事故现场见图3-49。

使用工具：效应棒、漏铲。

3.3.5.2 操作步骤

(1) 确定效应槽：根据厂房内设置的蜂鸣器响声和发生效应槽的指示灯，确定发生效应的电解槽，如图3-50所示。

图 3-49 熄灭阳极效应发生爆炸后的情景

(a) 爆炸的短路口；(b) 短路口爆炸槽的一角；
(c) 架设的临时母线；(d) 临时母线连接

图 3-50 效应槽指示灯已亮并且发射弧光

(a) 阳极效应指示灯亮；(b) 阳极效应发射的弧光

(2) 操控机控制：在效应槽操控机前，观察效应电压是否正常，效应处于何种状态。电压高于 40V 时点动开关，适当降低阳极，并确认操控机是否处于自动运行状态，打壳下料系统是否正常，如图 3-51 所示。

(3) 效应加工：打开出铝口炉门，打开壳面，进行效应加工。观察五个下料器下料情况，如不下料、堵料，则应关料阀，等效应熄灭后进行处理。

(4) 自动熄效应：效应加工完毕后，计算机控制系统通过母线提升机构将阳极反复

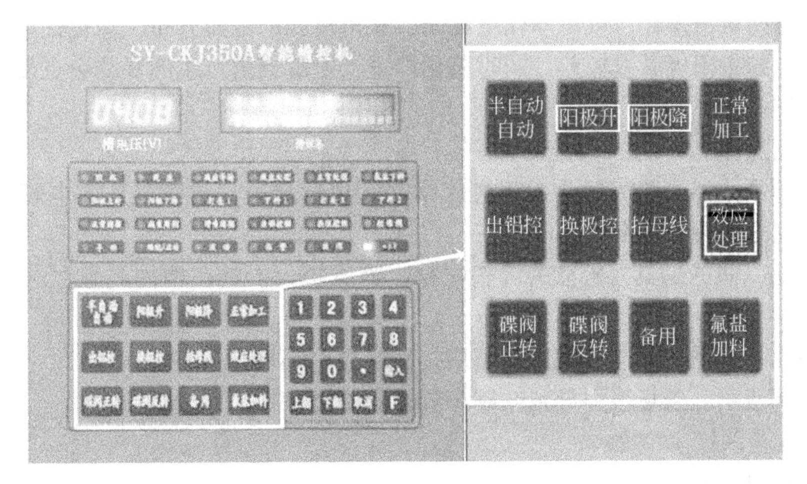

图 3-51 依据效应状况适时分别操作【阳极升】【阳极降】【效应处理】按键

下降和上升来熄灭效应。

若计算机在 3min 内未熄灭效应，则可以采用人工手动熄灭效应。

(5) 手动熄灭效应：效应加工完毕后，立即插入效应棒，并尽量插到阳极底掌下面，蜂鸣器不响、指示灯灭，即效应熄灭，拔出效应棒放入炭渣箱内，如图 3-52 所示。在操控机旁观察槽电压恢复情况。异常低电压时应抬阳极使电压高于设定电压 0.02V。

图 3-52 人工用木棒熄灭阳极效应

(6) 收尾工作：效应后对电解槽塌壳、冒火的地方及时封堵，然后将炭渣捞干净，盖好槽罩，清理现场，做好记录并录入到管理计算机里。

(注意：当发生效应后，如电压摆得厉害，必须等电压趋于平稳后方可插入效应棒。如果效应电压过低，可适当上抬阳极使电压趋于正常效应电压。)

3.3.6 捞炭渣

3.3.6.1 概念

捞炭渣是出铝、换阳极、测量等作业中的一个经常性操作。

目的：清理电解质，提高导电性能和电流效率。

电解质含炭渣导致电解质电阻增大、槽电压增高、电解温度升高并且降低电流效率，甚至导致阳极长包和电流分布不均。

日常执行捞炭渣操作，可以净化电解质，获得良好的电流分布、氧化铝溶解分布和电解槽热平衡。如果阳极质量较差，同时氧化严重，电解槽内产生的炭渣会更多，这时需要增加捞炭渣作业频率。

潜在的危险：

（1）电解质飞溅：打壳锤头向下进入结壳和电解质时，炭渣勺放入电解质中捞炭渣时，容易发生电解质飞溅事故。

（2）烫伤：热的工具、松散的炭渣颗粒、碎渣块、工具在槽内放置过久等可能发生烫伤事故。

（3）爆炸：潮湿工具与熔融态电解质接触时会引起爆炸。

（4）磁场吸引：磁场吸引导致铁制工具被吸引至槽上。

使用工具：漏铲。

3.3.6.2 操作步骤

（1）把漏铲放在阳极上预热2～3min，待预热完才能作业。

操作工手握漏铲手柄轻轻将漏铲或炭渣勺伸入出铝口内或打开的洞口，先把掉入槽内的结壳块捞出放在壳面上，然后伸入电解质里把炭渣从里往外拉三次，刮到出铝口或打开的洞口捞出，倒入炭渣箱内。

（2）捞完后，如果没有其他作业，关好炉门或盖好槽罩，清扫工作现场和地面。

（注意：漏铲不能伸入铝液内乱搅动，以免破坏铝液镜面而增加氧化损失。）

3.3.7 日常巡视作业

作业前的相关事项：

（1）劳动保护用品：上岗前必须穿戴好完整的劳保用品，衣服“三紧”，安全帽系下颚带，戴好口罩，准备好防护面罩及护袖护腿。

（2）作业长检查项目：检查现场情况及槽子有无电压摆异常情况、操控机有无故障，天车是否完好，有无压铝及压极，记录本、架子车是否完好并摆放在指定位置，确认各班设备工具，作业场所安全无隐患，应急工具是否齐全。

（3）操作工检查项目：专责槽有无病槽，槽电压是否波动，槽上部风动管网运行是否良好，打击头是否有粘连，电解槽内炭渣情况，槽周有无冒火塌壳。责任区卫生及责任区的工器具是否按定置管理要求摆放好，各种工具是否安全，可靠。

日常巡视作业如下：

（1）槽电压：巡视专责槽操控机电压、操控箱电压有无明显波动，电压在设置区限间内运行情况，如有异常问题马上报告区长或值班长，同时操控机上挂牌警示。操控机保持干净，百叶窗上下滑动无缺页或损坏。

（2）槽外壳和阴极：专人巡视槽侧部、阴极钢棒有无发红现象，检查阴极母线上有无铁工具搭接或接地现象。保持电解槽栅格板、散热带及阴极母线上无白料或电解质块，地下层换极区域大面和槽底地面的卫生。

（3）压缩空气系统：确认三联体过滤网、风压表工作正常，油杯内保持三分之二油量，气控柜、三联体保持干净，无灰尘，无油污，压缩空气风量压力表无损坏，所有压缩空气阀门无漏风。

(4) 工器具：确认工具架、效应棒架内工具及工业废品处置箱定置摆放整齐，工具手柄同向摆放。

(5) 槽两端及槽罩板：确认槽罩板摆放整齐无缝隙，槽沿板风格板与支撑角钢无搭接现象。分别打开专责槽出铝端和烟道端炉门，向里观察钢爪有无发红、冒火、氧化，出铝口有无氧化或左右邻极是否有老壳、有无覆盖料堆积现象，如存在上述不良现象要及时处理，处理完毕关好炉门盖好槽罩。保持出铝口、烟道端的平台、炭渣箱干净无杂物。

(6) 打壳下料系统：重点观察打击头是否粘连电解质和下料口是否有堵料情况，如有，应揭开一块该处的槽罩板，马上处理，清理完粘连点电解质后，盖整齐该处槽罩，同时将打击头被严重腐蚀或特别短的情况报告区长做好记录，并安排更换。

观察打击头是否打壳、下料器是否下料，然后到专责槽上部挨个检查打壳下料系统风管有无漏风或气缸是否缺螺丝或其他异常情况。

(7) 厂房：确认大面及烟道端小面无垃圾、无乱堆料现象，阳极托盘放在指定位置；通廊干净整洁，各种安全标志定置摆放并保持干净；厂房内各种电器控制柜柜门关闭无敞开；工区休息室、厕所卫生整洁无污物。

3.3.8 铝电解生产中的取样

3.3.8.1 概念

目的：电解质取样的目的是为了分析检测电解质分子比，为调整电解质分子比提供参考。

电解质成分是电解生产的重要控制参数，电解质成分显著影响电解槽的热平衡、过热度、电解质的导电性质和电流效率。

铝液取样的目的是为了获取电解产品铝样品，以供分析 Al、Fe、Si、Zn、Mg、Mn、Ga、Cr、P、V 和 Ti 的含量，尤其是 Fe 和 Si 的含量，以反映槽况好坏。

例如：底部磨损、破裂、阴极钢棒在出铝蚀坑处暴露且被熔铝腐蚀；高电解质水平，导致电解质熔化阳极钢爪；无侧部人造伸腿会导致熔铝腐蚀碳化硅耐火砖；没有炉帮、侧部炭块和耐火砖的保护，槽壳被腐蚀等可能造成致使 Fe、Si 等杂质金属含量偏高。

使用工具：取样工作用小推车、捞炭渣勺、铸样模子、铝液取样勺、试样袋、钢字号等，并确认工具完好可用。

潜在的危险：取样工作在电解槽的出铝口，取样接触的是高温熔体，所以存在有烫伤、爆炸、强磁场吸引的危险，需要注意防范。所以，工作时劳动防护用品必须穿戴齐全。

【事故案例】 2002 年 4 月 12 日 7 时左右，河南某铝厂电解二分厂某电解工在 2326 号槽取铝试料过程中，铝液在试料模中发生爆炸，造成该电解工双眼被飞溅的铝水烧伤。

3.3.8.2 操作步骤

(1) 打开出铝口壳面：到取样的电解槽出铝侧，在保持出铝门关闭的情况下，操作出铝口打壳系统手动控制阀进行打壳，出铝打壳往复动作进行一次需要 3s（听锤头打壳和回收的声音），注意观察位于上部结构的打壳锤头插入和返回动作，出铝打壳锤头完成打壳循环后方可再打开出铝端的槽门，如图 3-27 所示。

(2) 预热工具：每班只在取样的第一台槽时预热，后面的取样槽不再预热。打开出铝端的槽门，手执取样勺、盛铝模具和捞渣勺等工具，放置在出铝口旁边的阳极覆盖料上等待3min预热。同时启动相邻4台需要进行取样操作的槽打壳气缸开关，以确保启动开关前出铝端槽门是关闭的。

(3) 捞炭渣：出铝口上面漂浮的炭渣较多时，必须用捞渣勺捞取上面的炭渣方可取样。

(4) 电解质取样：按槽顺序用烘干的长柄铁勺在电解槽的出铝口电解质中层取出电解质，缓慢倒入事先预热过的铁质试料模内，待电解质凝固后取出，放入具有编号的试料盒内。

正常槽每月取样4次，新启动槽，在启动之日起每天取一次电解质试样，一星期后每三天取一次电解质试样，一个月后每星期取一次电解质试样。

电解质试料要求中间洁白无炭渣。

(5) 铝液取样：根据出铝安排，在电解槽的出铝口铝液的中层，用烘干的长柄铁勺取出铝液，缓慢倒入事先预热过的铁质试料模内，待铝水凝固后用钢字号打上取样槽槽号，再取出放入试样桶，见图3-53及图3-54。

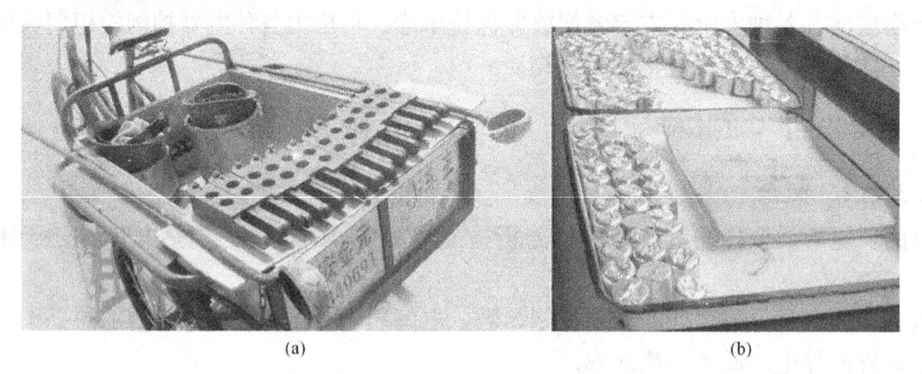

(a) (b)

图3-53 取样小车（a）和普铝试样（b）

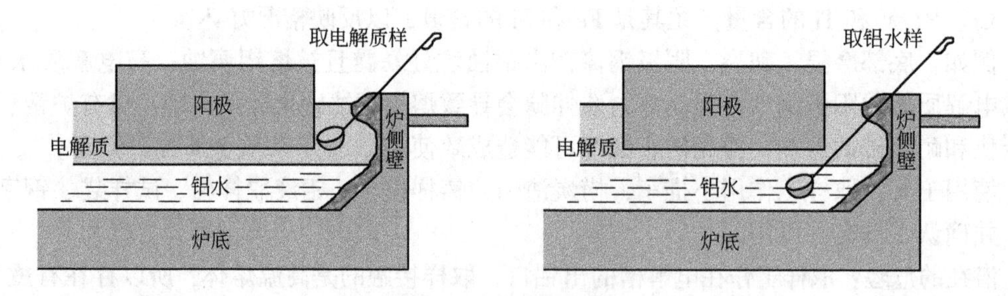

图3-54 取样示意图

铝试样要求中间没有电解质和炭渣的痕迹，两端面平整光滑，无气孔、裂纹和夹渣。

(6) 收尾作业：取完所有试样后及时关闭炉门，集中试样送中心实验室进行分析，并填写交样料记录，整理工器具放回原处待用。

3.4 电流分布测量

3.4.1 阳极电流分布测量

3.4.1.1 概念

目的：测量阳极电流分布的主要目的是为了检查各个阳极组的电流状况，从而发现问题以便采取措施，提高阳极工作质量。实际测量为阳极导杆一定距离上的电压降毫伏值。

（1）检查换极质量：通过测量24h电压分布曲线检查换极质量。

（2）检查启动槽阳极设置：通过24h电压分布可以体现阳极设置可能存在的问题。

（3）检查病槽状况：测量单组、几组或者全部阳极的电压，判断电解槽是否存在阳极开裂，底部长包和阳极氧化等的问题。

潜在的危险：测量阳极电流工作在电解槽大面，存在有电解质飞溅、爆炸、强磁场等危险。所以，工作时劳动防护用品必须穿戴齐全。

使用工具：阳极电流分布测定叉、万用表（打到直流200mV挡位）、机械式毫伏表（最好是有50mV和100mV两个挡位，正常情况接到50mV挡位）、记录本和笔。

测试必备条件：（1）槽电压要基本稳定，不出现明显大幅度的摆动；（2）测量槽无效应发生。

3.4.1.2 测量操作

手持阳极电流分布测定叉，正极测定棒与水平母线下沿平齐，正极的叉棒要接触上端，负极接触下端。两接触点放在阳极导杆中垂线上，测量叉与导杆平面垂直，如图3-55所示。

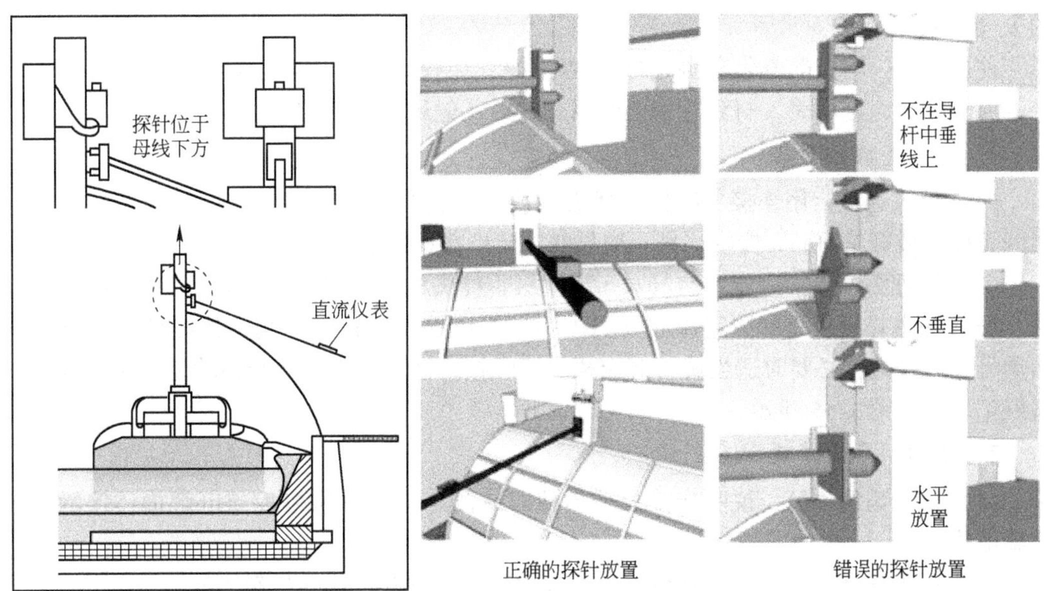

图3-55 阳极电流分布测量示意图

确认仪表显示值平稳后读数，测量完毕，填写好记录本相关内容。

3.4.1.3 异常情况及处理

（1）当毫伏表指针反方向摆动时，说明测量叉正负搞反了，需换个方向。

（2）仪表满偏刻度，说明连接线破损裸露，与电解槽体接触，要认真检查，做好绝缘。

（3）仪表没有指示，总在0位，说明毫伏表坏、接线断或接线接触不好。

（4）停限电或发生效应时，电流不稳，应停止作业。

（5）槽电压大幅度摆动时，要适当提升电压，让其基本趋于稳定，再进行测量。

（6）异常数据：测量数据与正常值偏差超过30%时，要及时报告值班长进行处理。

（7）当发现阳极电流分布有问题时，处理的措施包括重新设置阳极高度，更换新阳极，打掉结壳，清理炭渣等。因此，准确测出电流分布的真实值非常重要，有利于避免错误操作。

3.4.2 阴极电流分布测量

3.4.2.1 概念

目的：测量阴极钢棒电流分布的目的是检查每个阴极电流分布情况，找出病槽的原因是否为阴极钢棒破损；检查焦粒焙烧启动期间，电解槽阴极电流分布是否正常。

潜在的危险：在测量过程中存在碰撞、烫伤、爆炸、电击等可能，所以，工作时劳动防护用品必须穿戴齐全。

测量阴极电流分布是在电解车间的地下层测量，地下层槽壳外沿比较低，容易碰到头，也可能高温液体铝或电解质跑漏造成人身伤害；地下层布置有较多的阴极母线和连接导电体，当导电体层绝缘等级降低或劳动保护措施不完善，会导致测量人员被电击。执行测量操作的工作人员需要事先了解此项操作的危险，以便采取必要的安全防护措施。

使用工具：阴极电流分布测定棒（两铜棒，一长一短）、连接导线、机械式毫伏表（50～100mV）、万用表（打到直流200mV挡位）、记录纸和笔。

3.4.2.2 操作步骤

（1）仪表连接：用连接导线把毫伏表和阴极电流分布测定棒连接好，较短的测定棒接到正极，最好是50mV挡位，另一较长的测定棒接负极上。

（2）清理测量点：用压缩空气吹干净阴极钢棒头和阴极软带与槽周母线焊接处积料。

（3）测量：用较短的测定棒插到阴极钢棒头压接处，较长的测定棒插到阴极软带与槽周母线焊接处，必要时适当旋转测定棒，增强接触性。仪表显示数值稳定后读取数据并做好记录，如图3-56所示。

3.4.2.3 异常情况

（1）仪表满偏刻度，说明连接线破损裸露或测定棒碰触风格板与电解槽体接触，产生高电势。

（2）仪表没有指示，总在0位，说明仪表坏、接线断或接线接触不好。

（3）限电或发生效应时暂停作业。

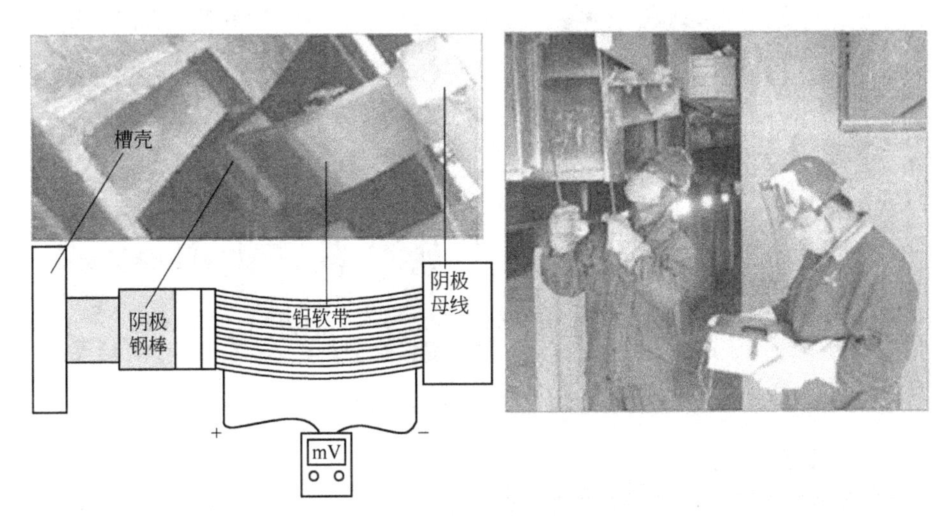

图3-56 阴极电流测量示意图

3.5 温度测量

3.5.1 电解质温度测定

3.5.1.1 概念

目的：测量电解质温度是为了检查电解槽的热状态。电解质温度是一个非常重要的控制参数，并显著影响电解质对氧化铝的溶解性和电解质的导电性。

影响电解质温度的参数有：(1) 覆盖料厚度、成分和粒度分布；(2) 极距、电解质高度、铝液高度；(3) 电解质成分、氧化铝加料制度；(4) 阳极质量，如阳极氧化、长包，炭渣，换极操作等。

潜在的危害：工作在电解槽的出铝口，存在烫伤、爆炸、强磁场吸引的危险，需要注意防范。所以，工作时劳动防护用品必须穿戴齐全。

测量工具：热电偶、测温表、炭渣勺、记录本等。

测量频次与时机：每台槽每天测试一次，依据电解槽情况可随时进行测定。可在电解质取样时或出铝前进行测试。特殊槽况不能测量：系列停电或降电流；发生阳极效应2h以内；出铝侧角部更换阳极8h以内。

3.5.1.2 操作步骤

(1) 打开出铝口壳面：到取样的电解槽出铝侧，在保持出铝门关闭的情况下，操作出铝口打壳系统手动控制阀进行打壳，出铝打壳往复动作进行一次需要3s（听锤头打壳和回收的声音），注意观察位于上部结构的打壳锤头插入和返回动作，如图3-27所示。

出铝打壳锤头完成打壳循环后方可再打开出铝端的槽门。如果炭渣较多应打捞干净炭渣。

(2) 接通数字式测温仪。把热电偶丝插入电解质中，深度约50~80mm，不得插入铝水中。当温度显示稳定后，填写该槽温度记录。

(3) 取出热电偶，关好炉门，如图3-57所示。

图 3-57　人工测量槽温图片

3.5.1.3　异常数据及处理

如果测出的温度与正常槽温度相差较大，即温度高于 970℃或低于 930℃时应重新测量，如果测量温度仍然相差较大，应更换热电偶或更换数字测温仪后重新测量。确认槽温不正常时，应及时向值班长汇报，查找原因采取相应的处理措施。

3.5.2　阴极钢棒及槽壳温度测量

3.5.2.1　概念

目的：测量阴极钢棒及槽壳温度是在电解槽生产不正常的情况下进行的，主要目的是：(1) 通过测量阴极钢棒和炉底温度，间接判断炉底的损蚀状况。(2) 通过测量阴极钢棒和炉侧壁温度，间接判断人造伸腿和炉膛侧部炉帮的形成状态。

潜在的危险：在测量过程中存在碰撞、烫伤、爆炸、电击等可能，所以，工作时劳动防护用品必须穿戴齐全。

测量阴极钢棒及槽壳温度是在电解槽生产不正常的情况下进行的，工作在电解车间的地下层测量，地下层槽壳外沿比较低容易碰到头；炉膛损蚀严重时高温液体铝或电解质有可能随时喷出造成人身伤害；地下层布置有较多的阴极母线和连接导电体，当导电体层绝缘等级降低或劳动保护措施不完善，会导致测量人员被电击。执行测量操作的工作人员需要事先了解此项操作的危险，以便采取必要的安全防护措施。

使用工具：红外线测温仪、记录本等。

3.5.2.2　操作步骤

(1) 清灰：测温前用压缩空气把测温点如阴极钢棒头上、炉壁钢板等的积灰清理干净。

(2) 测阴极钢棒温度：用红外线测温仪对准阴极钢棒头，从钢棒头外缘往里 5cm 左右的位置进行测温，温度显示值平稳时读数，做好记录。

(3) 测炉底钢板温度。

确定测量点：1) 初步判断的过热点；2) 常规测量点，在每两个工字钢之间的炉底钢板上分 A 面、中间、B 面，用粉笔标记好测量点位置，位置点在中线与中线与 A、B 面侧边间的等分线上。各测点基本在炉底均匀分布。

测温：用红外线测温仪对准各测量点依次进行测温，温度显示平稳后读数并记录。

（4）侧壁温度测量。

确定测量点：1）初步判断的过热点；2）常规测量点，两个加强钢板之间（也称为散热窗）的中心点。

测温：用红外线测温仪对准侧壁测量点依次进行测量。温度显示平稳后读取数值并记录。

3.6 铝电解两水平和极距测量

潜在的危险：

（1）电解质泼溅：出铝打壳气缸进行打壳动作时、将炭渣勺放入电解质中时、捞炭渣时、把测量两水平的测量棒放入电解质与铝液中时，容易发生电解质泼溅事故。

（2）烫伤：热的工具、测量两水平的测量棒黏附着电解质与铝液、捞出的炭渣等易发生烫伤事故。

（3）爆炸：带水的或湿的工具接触到熔融的电解质或铝液时会产生爆炸。

（4）磁引力：铁工具接触到槽子。有可能被吸附。

所以，在测量两水平和极距操作时劳保用品必须穿戴齐全。

3.6.1 两水平测量

3.6.1.1 概念

目的：测量两水平即电解质与铝液水平的目的是检查电解槽内电解质与铝水平值是否符合技术工艺标准，以便及时调整。

电解质水平与铝水平是电解槽重要控制参数，对于电解槽的热平衡氧化铝在电解质中的溶解行为、磁稳定性与铝液纯度有显著的影响。正确的两水平测量对于得到准确的电解质水平与铝液水平是非常重要的，两水平测试作用如下：

（1）电解槽工艺参数正常状况的标志，即电解质水平与铝水平。

（2）决定槽内添加液态电解质与固态电解质的数量、取出电解质的数量，即电解质水平。

（3）决定出铝量，即铝水平。

测量工具：测量钢棒2把、水平尺、1m长钢尺、记录本和笔、炭渣勺并确认可用。

测量频率：每台槽每天一次，在每天同一时间出铝前进行测量，效应时不测量。

3.6.1.2 操作步骤

（1）打开出铝口壳面：到取样的电解槽出铝侧，在保持出铝门关闭的情况下，操作出铝口打壳系统手动控制阀进行打壳，出铝打壳往复动作进行一次需要3s（听锤头打壳和回收的声音），注意观察位于上部结构的打壳锤头插入和返回动作，如图3-27所示。

出铝打壳锤头完成打壳循环后方可打开出铝端的槽门，目测检查出铝口的大小是否能够满足放置测量钢棒的要求，如果不适合，关闭出铝口门，重复上述操作。

（2）预热工具：每班只在测量第一台槽时预热，后面的测量槽不再预热。打开一扇出铝门，手执测量钢棒、捞渣勺放置在阳极覆盖料上，然后关闭出铝门直至出铝门接触到工具但不要挤压到工具，预热3min后打开出铝门取出工具，如图3-58所示。

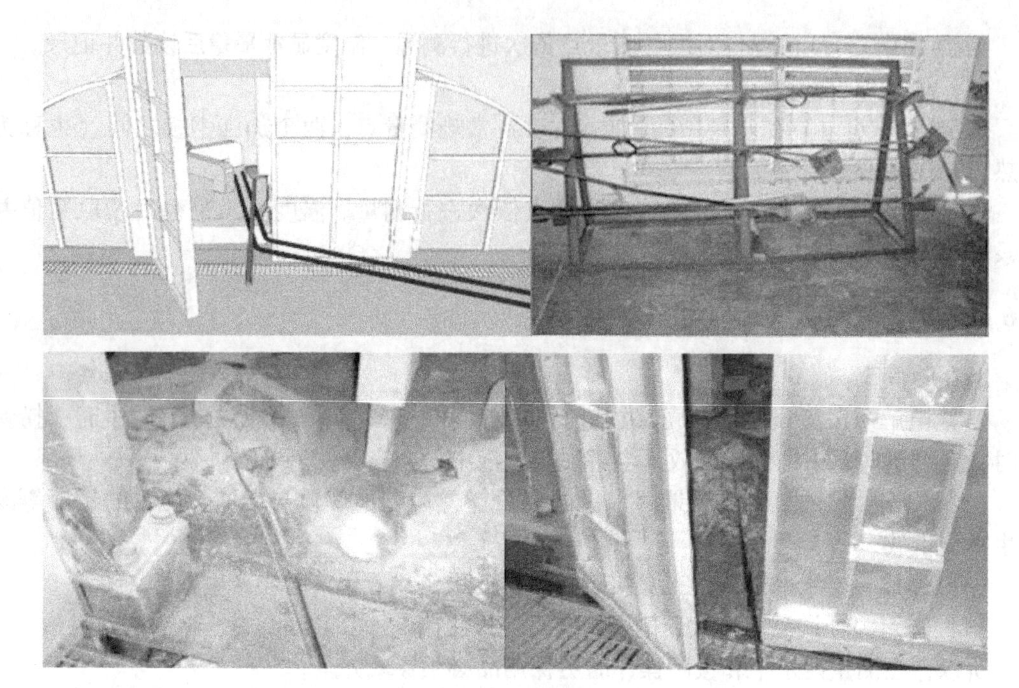

图 3-58 工具预热

预热工具的目的是除去工具表面的潮气，要确保所有的工具都不在出铝口上或出铝口内，以免发生爆炸。

在等待预热时，启动后面 4 台需要进行测量操作的槽打壳气缸开关，确保启动开关前出铝端槽门是关闭的。

(3) 清理出铝口：用炭渣勺清理电解质上面漂浮的炭渣和电解质块，直至满足两水平的测量要求。

测量两水平的电解质要求是可以看到液态电解质，在出铝口没有炭渣和电解质块。

(4) 黏附铝液与电解质：将测量钢棒放入电解槽内黏附铝液层与电解质层，一只手握住水平尺和测量钢棒（水平尺在测量钢棒上方），另一只手握住测量钢棒的手柄端，将测量钢棒插入出铝口触到槽子底部，调整测量钢棒角度使水平尺水泡处于正中，即测量钢棒上端水平并维持 10 ~ 15s，如图 3-59 所示。

图 3-59 人工测量两水平黏附铝液层与电解质层

(5) 取出测量钢棒测量:

10s后,取出测量钢棒并将热端放置在地面上并保持测量钢棒水平。测量者根据铝液层与电解质层黏附层不同厚度和颜色的标记,下段为铝水,上段为电解质,用钢板尺分别测量两段的垂直高度并记录。如图3-60所示。

图3-60 人工测量两水平操作示范

(注意:在铝液与电解质层间没有清晰的界面或测量钢棒上黏附层过多无法测量时,需要将测量钢棒重新放入电解槽内黏附铝液层与电解质层,重复操作前,必须先清理测量钢棒上原有的黏附层。)

在一个操作者拿出测量钢棒的同时,另一个测量者关闭炉门。

(6) 清理测量钢棒:手持测量钢棒反复在混凝土地面摔击以除去黏附在测量钢棒上的电解质与金属黏附层,以备用于下一台槽的测量。

下一台槽测量时,用另一根测量钢棒进行测量。采用两根测量钢棒可避免测量钢棒过热。如此反复地进行测量,直到所有计划测量的电解槽测量完毕。

(7) 测量收尾:完成计划的测量电解槽台数后,将工具放回工具室或工具箱里,并将测量的数据录入到计算机里。

3.6.2 极距测量

3.6.2.1 概念

目的:极距测量是检查正负极间的电解质距离,为调整阳极高度提供依据。

极距是铝电解生产的一个主要工艺参数,一般为4~4.5cm,极距的控制对电流效率有一定的影响。在实际生产中很少测量频率,现在大多数是以阳极压降或阳极导杆电流分布作为参考。

工具:天车、极距测量钢棒、水平仪、钢尺、铝耙、兑子(或钢钎)、炭渣勺、铁铲、记录本和笔。

3.6.2.2 操作步骤

(1) 打开槽盖板:打开测量极对应位置处槽盖板2块,放置在邻近槽盖板上。

(2) 扒料:用铝耙把阳极外侧浮料及块料向外扒干净。

（3）开洞口：操作工指挥天车，在对应位置打开直径为20cm左右的洞口。必要时，用兑子或钢钎规整洞口。若发现有较多炭渣，要用炭渣勺打捞干净。

如果壳面较薄，能直接用兑子或钢钎打出合适的洞口，这时可以不用天车。

（4）黏附铝液与电解质：将测量钢棒放入电解槽内黏附铝液层与电解质层，一只手握住水平尺和测量钢棒（水平尺在测量钢棒上方），另一只手握住测量钢棒的手柄端，将测量钢棒插入洞口，伸入槽内中间的垂直段紧靠阳极，中间的水平段触到阳极底掌，调整测量钢棒角度使水平尺水泡处于正中，即测量钢棒上端水平并维持10～15s。

（5）测量：取出测量钢棒，放置在槽沿板上，通过水平仪调整测量钢棒上端至水平。用钢尺测量钢棒前端垂直处铝水与电解质液分界处到测量钢棒中间平台间的距离，即为极距并记录，如图3-61所示。

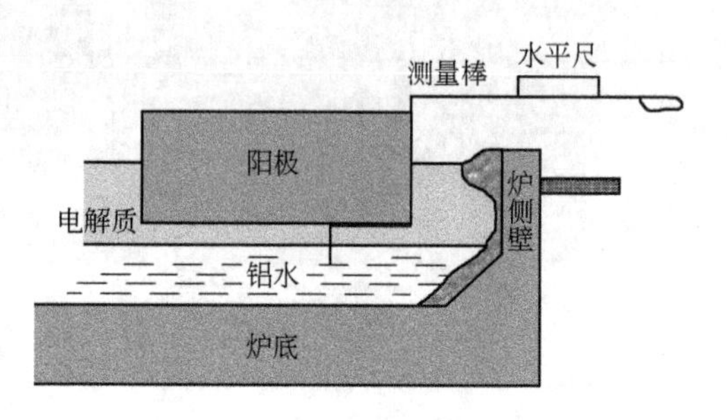

图3-61　极距测量示意图

（6）封洞口：用铁铲铲回扒出的块料并封填好洞口，块料不足时，指挥天车补加，并规整好边部，盖回槽盖板。

（7）收尾工作：完成计划的测量槽台数后，将工具放回工具室或工具箱里，并将测量的数据录入到计算机里。

3.7　电压降测量

3.7.1　铝电解槽电压降

电解槽电压降主要有：阳极电压降、母线电压降、电解质电压降、炉底电压降、阳极效应分摊电压降、连接母线均摊电压降等，设计值和部分实际生产测量值如下，未标明的均为设计值。

（1）阳极压降。

阳极导杆与阳极母线接点（接触）电压降：20mV，实际生产测量：10～96mV。

阳极导杆电压降：13mV，实际生产测量：13～27mV。

铝钢爆炸焊接头电压降：10mV，实际生产测量：16～30mV。

钢爪电压降：40mV。

钢爪与阳极炭块接点电压降：150mV。

阳极炭块电压降：120mV。

阳极电压降设计值一般为330 mV，实际生产测量为：377～412mV。

（2）母线电压降。母线电压降包括阳极母线和阴极母线的电压降，计算值为185mV，实际生产测量为：211～236mV。

（3）电解质电压降。电解质电压降包括氧化铝分解电压理论值1173mV和电解质电阻压降一般值3245mV。

（4）炉底电压降。炉底电压降包括阴极炭块和阴极炭块与阴极钢棒接点及阴极钢棒电压降等：380mV，实际生产测量：320～390mV。

（5）阳极效应分摊电压降。阳极效应分摊电压降是按每日每台槽0.3次的阳极效应系数计算分摊的电压：36mV，实际生产阳极效应控制比较好的企业，阳极效应分摊电压降为15~24mV。

（6）连接母线均摊电压降。连接母线均摊电压降（母线各接点和软连接等）：20mV。

以上电压降之和即为电解槽平均槽电压，设计值一般为4.18~4.22V。近年来，随着新技术、新工艺的采用，企业实际生产的平均槽电压已经降至3.95~4.05V。

3.7.2 阳极压降测量

3.7.2.1 概念

目的：测量阳极压降的目的是检查阳极各部分电压降，为分析阳极的安装质量，特别是极各连接点、组装、炭块的质量提供参考。其测量频次较少，实验槽测量频次较多。

将测量数据与设计值相比较，分析阳极电压降随时间变化曲线，初步判断阳极中存在的质量问题，为进一步提高阳极安装、组装、炭块质量提供改进依据。

使用工具：天车、压降测量棒（铜棒、铁棒）、毫伏表（50、100mV挡位）、万用表（打到直流200mV挡位）、连接导线、铝耙、兑子（或钢钎）、炭渣勺、铁铲、记录本和笔。

潜在的危险：

（1）烫伤：高温电解质、阳极组、阳极覆盖料、槽罩板、测量导杆，都可能导致烫伤。

（2）电解质飞溅：当测量位于下料口旁的阳极时，打壳和加料动作会导致电解质飞溅。

（3）电击：测量导杆脱落桥接两台电解槽、铁制工具桥接两台电解槽，会导致电击事故发生。

（4）粉尘：当清理测量阳极组表面时，可能产生粉尘。

（注意：（1）测量过程要求电解槽电压平稳，没有限电、无效应、无大幅度针摆现象。（2）测量棒要充分接触测量面，毫伏表数值显示稳定后读取数据。（3）插入电解槽的测量棒温度过高会影响测量值，要求测量棒冷却后再进行下一次测量，测量动作要尽可能快。）

3.7.2.2 异常情况

（1）仪表满偏刻度，说明连接线破损裸露与电解槽体接触或测量棒触及到阳极或风格板，产生高电势。

（2）仪表没有指示，总在0位，说明毫伏表坏、接线断或接线接触不好，也可能是仪表电量低，需要更换新电池。

3.7.2.3 操作步骤

（1）准备：确认测量槽号极号，用连接导线把两根阳极压降测量棒接好。

（2）打开测量极对应位置处2块槽盖板，放置在邻近槽盖板上。

（3）扒料：用铝耙把阳极外侧浮料及块料向外扒干净。

(4) 开洞口：操作工指挥天车，在对应位置打开直径为20cm左右的洞口。必要时，用兑子或钢钎规整洞口。若发现有较多炭渣，要用炭渣勺打捞干净。

如果壳面较薄，能直接用兑子或钢钎打出合适的洞口，这时可以不用天车。

(5) 测量阳极导杆压接面压降（V_1）：毫伏表正极测量棒触在阳极导杆压接面对应处水平母线的中心线上点①，负极测量棒触在阳极导杆压接面的垂直面等距离的中心线上点②，测出压接面电压降，如图3-62所示。

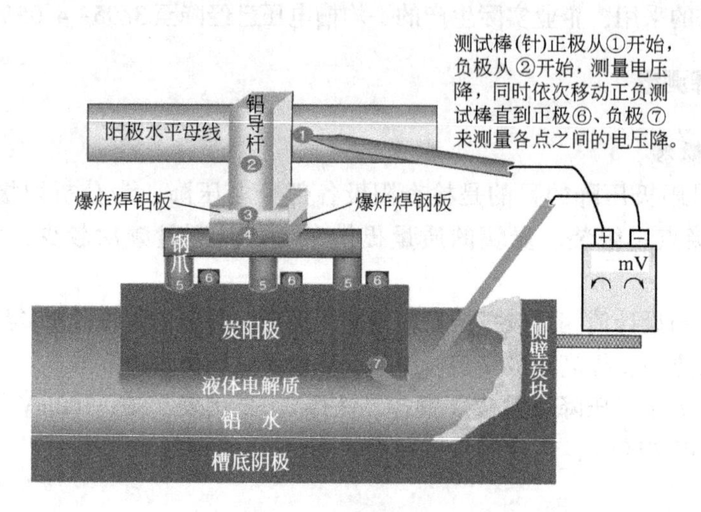

图3-62 阳极电压降测量示意图

导杆压接面压降也称为导杆接触压降，测量频率较高，是检查换极质量的一个重要参数。

(6) 测量导杆压降（V_2）：毫伏表正极测量棒触在阳极导杆压接面处下缘的阳极导杆正面中心线上点②，负极测量棒触在爆炸焊铝板上点③，测出导杆电压降，如图3-63所示。

图3-63 阳极电压降测量点分布

(7) 测量爆炸焊压降（V_3）：毫伏表正极测量棒触在爆炸焊铝板上点③，负极测量棒触在爆炸焊片的钢板的侧面上点④，测出爆炸焊电压降，如图3-63所示。

(8) 测量钢爪压降（V_4）：正极测量棒触在爆炸焊片的钢板上点④，负极测量棒分别触在本组各钢爪上点⑤。测出本组各钢爪的压降，平均值作为钢爪电压降，如图3-63

所示。

(9) 测量钢炭压降（V_5）：正极测量棒分别触在本组各钢爪上点⑤，负极测量棒分别触在对应钢爪处的炭块上点⑥，测出六个点的压降，平均值作为钢炭电压降，如图3-63所示。

(10) 测量炭块压降（V_6）：正极测量棒触在单阳极中间钢爪的炭块表面点⑥。负极带钩测量棒钩触在对应单阳极底掌下面点⑦，分别测出两块单阳极炭块的压降，平均值作为炭块电压降，如图3-63所示。

(11) 计算阳极压降：$V = V_1 + V_2 + V_3 + V_4 + V_5 + V_6$。

(12) 实测阳极压降：毫伏表正极测量棒触在阳极导杆压接面对应处水平母线的中心线上点①，负极带钩测量棒钩在阳极底掌下面点⑦，分别测两块单阳极电压降，平均值作为实测阳极压降。

(13) 封洞口：用铁铲铲回扒出的块料，封填好洞口。块料不足时，指挥天车补加，并规整好边部，盖回槽盖板。

(14) 收尾工作：完成计划的测量槽台数后，将工具放回工具室或工具箱里，并将测量的数据录入到计算机里。

3.7.3 炉底压降测量

3.7.3.1 概念

目的：炉底压降测量是为了检查电解槽工作状况是否良好，它是反映电解槽工作状况的一个重要参数，能够反映出槽底沉淀状况，主要是为了判断阴极是否发生了破损。

3.7.3.2 操作步骤

(1) 准备：确认测量槽号。用连接导线把两测量棒接好。

(2) 确定位置：

正规全炉测量：分别在A、B两面的1~2、3~4、5~6、7~8、9~10、11~12号阳极之间打开洞口。也可以根据实际需求，只测量上面12个测量点的其中一部分点。

常规测量位置：正极铁测棒插入出铝洞口处铝液层，正常槽负极铜棒插在下一台电解槽平衡母线上，对记录的数据进行修正；对于末端电解槽负极铜棒插在B面第二阴极钢棒上直接测量，测量值不需修正。

(3) 打开测量极对应位置处槽盖板2块，放置在邻近槽盖板上。

(4) 扒料：用铝耙把阳极外侧浮料及块料向外扒干净。

(5) 开洞口：操作工指挥天车，在对应位置打开直径为20cm左右的洞口。必要时，用兑子或钢钎规整洞口。若发现有较多炭渣，要用炭渣勺打捞干净。

如果壳面较薄，能直接用兑子或钢钎打出合适的洞口，这时可以不用天车。

(6) 测量：手执铁质测量棒正极呈45°左右的角度插入炉底。若炉底有结壳、伸腿长，测量棒可以稍倾斜。另一铜质测量棒负极插在阴极炭块对应的阴极钢棒头软连接铝带上，确认仪表显示值平稳后读取数据并记录，如图3-64所示。

理论上是将测量棒负极插在阴极钢棒头上，由于钢棒锈蚀接触效果不好，所以，一般实际测量时都是把测量棒负极插在阴极钢棒头软连接铝带上。国外也有将测量棒负极插在下一台电解槽平衡母线上，但是，采集的数据需要减去阴极母线和立柱母线压降，反而麻烦。

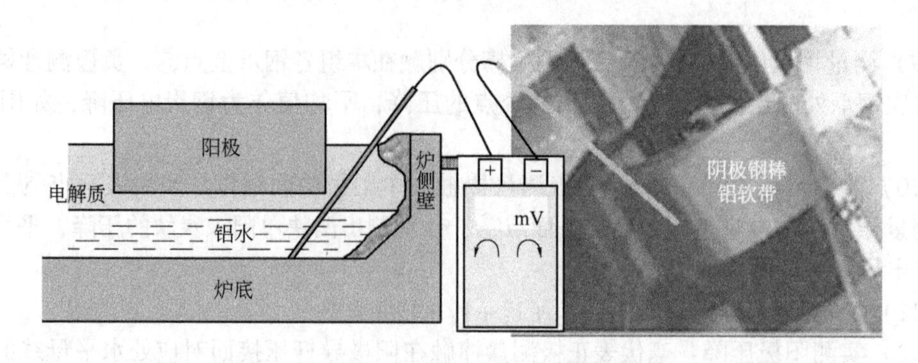

图 3-64 测量炉底电压降示意图

（7）封洞口：用铁铲铲回扒出的块料，封填好洞口，块料不足时，指挥天车补加，并规整好边部，盖回槽盖板。

（8）收尾工作：完成计划的测量槽台数后，将工具放回工具室或工具箱里，并将测量的数据录入到计算机里。

3.7.4 母线电压降测量

3.7.4.1 概念

目的：测量母线电压降首先是为了检查新建或大修后的电解槽的母线安装质量。其次就是为了分析电解槽电压降的组成，作为降低电耗的参考依据。

母线电压降包括：阴极软带、阴极母线、立柱母线、阳极软母线、阳极母线四部分的电压降。

3.7.4.2 操作步骤

（1）用连接导线把测量棒和毫伏表连接好，试测并确认测量棒的正负端。

（2）阴极软带电压降（V_1）测量：用测量棒正极插到阴极钢棒端头，负极插到阴极软带与槽周铝母线焊接处。仪表显示值平稳后读取数据并记录，如此依次测出 48 个点的阴极软带电压降，如图 3-65 所示。

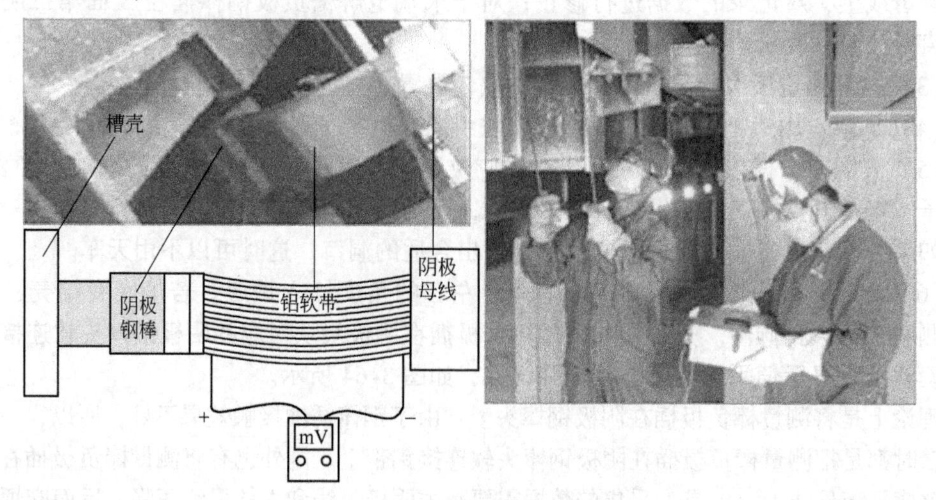

图 3-65 测量阴极软带电压降

计算48个点的平均值作为阴极软带电压降 V_1。

(3) 阴极母线电压降 (V_2) 测量：用测量棒正极插到阴极软带与槽周铝母线焊接处，负极插到槽周母线与下一台槽相对应的立柱母线焊接处。仪表显示值平稳后读取数据并记录，如此依次测出48个点的阴极母线电压降。

计算48个点的平均值作为阴极母线电压降 V_2。

(4) 阳极软母线电压降 (V_3)：测量棒正极插到阳极软母线与立柱母线焊接处（每立柱有两个点）共12个点。测量棒负极插到阳极软母线与阳极水平母线焊接处，仪表显示值平稳后读取数据并记录，如此依次测出12个点的阳极软母线电压降。

计算12个点的平均值作为阳极软母线电压降 V_3。

(5) 阳极母线电压降 (V_4) 测量：用测量棒正极插到阳极软母线与阳极水平母线焊接处（6个点），负极插到各阳极与水平母线压接面处（24个点），仪表显示值平稳后读取数据并记录，依次测出144个点的阳极母线电压降。

计算144个点的平均值作为阳极母线电压降 V_4。

累加上面四个部分的压降，则得出母线压降 (V)。

3.7.5 炉底隆起情况测量

3.7.5.1 概念

目的：炉底隆起情况测量是为了检查电解槽炉底变形，即阴极内衬表面凹凸情况，分析电解槽变形或沉淀状况对生产的影响。

使用工具：天车，炉底隆起测量棒，水平仪，钢尺，铝耙，兑子（或钢钎），碳渣勺，铁铲，记录本和笔。

3.7.5.2 操作步骤

(1) 确认测量槽号和测量部位：A、B面的1~2，3~4，5~6，7~8，9~10，11~12阳极间隙，然后打开测量部位处的槽盖板2块。

(2) 扒料：用铝耙把阳极外侧浮料及块料向外扒干净。

(3) 开洞口：操作工指挥天车，在对应位置打开直径为20cm左右的洞口。必要时，用兑子或钢钎规整洞口。若发现有较多炭渣，要用炭渣勺打捞干净。

如果壳面较薄，能直接用兑子或钢钎打出合适的洞口，这时可以不用天车。

(4) 确认炉底情况：用大钩确认炉底没有因天车开口过程打下去的结壳块，同时摸清炉底是否有结壳或长伸腿的情况，并记录。

(5) 测量：将水平仪放在测量棒上插入槽内，如图3-66所示，使测量棒上水平位移标记与槽沿板对齐。保持水平仪水平，在刻度尺上读数。用钢尺量出测量棒到槽沿板的距离，并记录。如此依次测出各测量点数据。

(6) 对照该槽验收时炉面平整状况数据，画出炉膛隆起的示意图，并分析隆起情况。

(7) 封洞口：用铁铲铲回扒出的块料，封填好洞口，块料不足时，指挥天车补加，并规整好边部，盖回槽盖板。

(8) 收尾工作：完成计划的测量槽台数后，将工具放回工具室或工具箱里，并将测量的数据录入到计算机里。

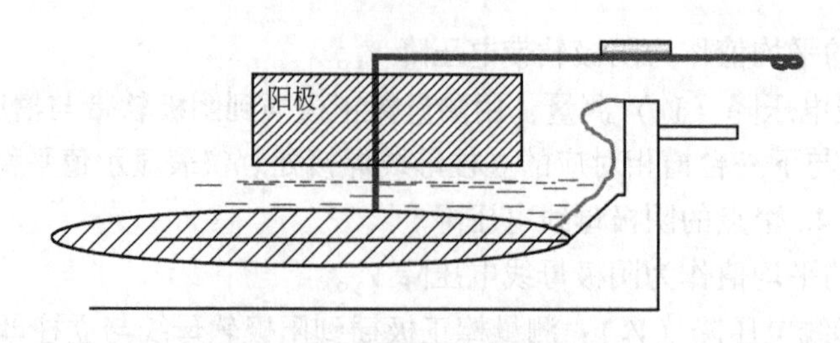

图 3-66 阴极隆起测量示意图

3.8 铝电解槽破损、漏炉的检测、维护和处理

3.8.1 电解槽破损的检测

根据化验分析报告，对原铝中铁、硅含量连续增高，铁含量大于 0.5% 以上、硅含量大于 0.20% 以上的电解槽；正常生产槽中铁含量一个月以上徘徊在 0.30%~0.50% 之间的电解槽或不明原因铁含量上升大于 0.50% 以上的电解槽，要对阴极钢棒温度及阴极电流分布进行检测、分析、判断。

3.8.1.1 阴极钢棒和槽外壳侧部温度测试

下列为各部位温度参考值。

阴极钢棒温度正常范围：180 ~ 250℃，当阴极钢棒温度不小于 280℃时，属异常温度；当阴极钢棒温度不小于 300℃时，属危险温度。

侧部钢板温度正常范围：220 ~ 380℃，当侧部钢板温度不小于 380℃时，属异常温度；当侧部钢板温度不小于 450℃时，属危险温度。

3.8.1.2 阴极电流分布检测

依据近期添加的原材料的杂质上升情况，进行阴极电流分布检测，检测的最大电压降值大于 30mV 或小于 5mV 时。

3.8.1.3 探测炉膛

阳极更换时摸清槽底情况，需做好槽底破损部位、破损程度的记录，并标识出示意图，同时注意观察侧部炭块受电解质和铝液冲刷和侵蚀的程度，以备查询。

在新开槽的启动过程和打捞炭渣时，若发现阴极起层后漂浮的炭块、人工伸腿等炭质异物，须做好记录，同时标识出示意图。

3.8.1.4 检查槽外壳

正常生产中注意观察电解槽外壳是否有向外膨胀现象，底部钢板是否有向下鼓出或角部裂开等现象。

根据以上检测数据值的变化，综合判断阴极破损部位。

3.8.2 电解槽破损的确定

3.8.2.1 原铝分析报告

根据原铝分析报告，对连续取样 5 次，铁含量超过 1% 并持续上升的电解槽，可确定电解槽已严重破损，新启电解槽除外。

3.8.2.2 阴极隆起和电压降

当阴极底部炭块出现大面积不规则隆起达10cm以上，同时阴极压降大于550mV，可以确定阴极底部已严重破损。

3.8.2.3 电解槽外壳

因电解槽内衬的隆起或膨胀会引起电解槽外壳严重变形，观察并测量到侧部槽沿板向外鼓出大于15cm，电解槽外壳裂纹大于10mm，结合侧部钢板的温度值以及观察到的槽壳发红现象，可以确定该槽严重破损。

3.8.3 电解槽破损的维护

3.8.3.1 破损修补

当确定电解槽破损部位后，即组织人员使用镁砂、镁砖块、氟化钙、壳面块和氧化铝沉淀块混合物进行补填。

根据不同情况可采取人工制造沉淀、风管冷却、砸边部等措施，必要时切断负荷过大的阴极钢头的铝软带。

电解槽修补后，原铝铁含量无明显好转且有上升趋势时，应进一步检查修补，并检查修补部位的准确性，同时继续查找准确的破损位置。必要时经生产主管部门同意，可将破损部位阴极铝软带断开，但最多只能断开2根。

如电解槽侧部发红，则采用风管吹发红部位冷却槽壳，配合砸边部的方法或侧部小修进行处理；如侧部块破损严重，除了采用上述方法外，要每小时巡视该处一次，并进行修补。

每次阳极更换时应及时摸查炉底情况，了解和掌握修补的状况，并根据测定的阴极电流分布、钢板钢棒温度等数据及原铝铁、硅含量的变化情况定期进行修补。

3.8.3.2 稳定技术条件

根据具体情况，适当提高铝液水平以维持生产平稳和较低的电解质温度，加强吸出作业管理，保持稳定的铝水平，防止过热。

加强效应管理，每次控制效应在5min以内，以免效应发生过频或时间过长，熔化填补材料。

保持稳定的生产技术条件，避免产生病槽，一旦有不正常的情况应立即设法消除。

3.8.3.3 禁止作业项目

禁止在电解破损处及其周围实施扒沉淀作业，禁止随意用铁钩刮炉底，以免碰伤破损处。

3.8.3.4 应急准备

对破损危险槽，必须准备好一套完整的停槽工具，包括临时母线，以便出现漏炉事故时能及时处理。

主要工器具：抬包、风动扳手、专用扳手、铝耙、漏铲、兑子、炭渣箱、大勺、连接紧固螺杆、螺帽、万用表、测定棒、电筒等。

采用3~5mm厚的U形型钢板保护好破损位置近处的阴极母线，防止漏炉熔断母线。

在该槽附近准备一些电解质块、袋装的氟化钙或氧化铝等原材料以防漏炉时塞漏洞用。

3.8.4 电解槽漏炉的处理

堵漏材料：电解质结壳块、氧化铝、氟化钙、氟化镁、镁砂、电解质沉淀物、扎固糊。

3.8.4.1 漏炉的分类

炉底漏炉：因电解槽的炉底或侧部破损严重，阴极钢棒熔化，铝液和电解质从阴极钢棒处流出所发生的漏炉。

侧部漏炉：炉底内衬完好，电解质液或铝液从侧部块的局部缝隙间漏出，烧穿电解槽侧部钢板发生的漏炉。

3.8.4.2 漏炉的处理

操作程序：汇报→保护阴极母线→脱开单组阳极→局部冷却→电压控制→堵漏→停槽准备。

汇报：发现漏炉时应立即向值班长和生产调度汇报，报明槽号、时间、漏炉类型和程度。值班长应尽快组织当班人员、天车迅速赶到现场抢修。

保护阴极母线：采用3～5mm厚的U型钢板保护靠近破损位置的阴极母线。

监控槽电压：专人监控槽电压，槽电压控制在5V以内；超过5V时应手动下降阳极，下降阳极控制极距以阳极不脱离电解质为准，防止阳极脱离电解质或铝水而发生开路。

脱开漏炉处阳极：揭开漏炉处槽罩，指挥天车松开破损漏炉处上方的1～2块阳极卡具，提起阳极。

局部冷却：操作人员采用风管对漏炉处做局部冷却处理，促使炉帮凝固。

堵漏：当确认为炉底破损严重而漏炉时，在保持电压不超过5V的情况下，先用结壳块和氧化铝扎漏炉处，向电解槽内添加氧化铝，同时用风管冷却，然后松开漏炉处1～2块阳极卡具，放下阳极，压住破损处，减缓泄漏速度。当确认为侧部漏炉，指挥天车砸漏炉处边部，边砸边加氧化铝和电解质块的混合物，先砸漏铝处，然后逐步向左右及小面延伸，同时用风管继续冷却漏处槽壳，强迫形成炉帮。

停槽准备：当发生严重漏炉时，应立刻报告总调度室，做好断电停槽准备，现场做好停槽准备的工器具有天车、抬包、风动扳手、专用扳手、铝耙、漏铲、兑子、炭渣箱、大勺、连接紧固螺杆、螺帽、万用表、测定棒、电筒等。需停槽时按停槽操作程序进行停槽。

3.8.4.3 注意事项

（1）加强统一指挥，注意安全，以防出现人身、设备事故。

（2）在下降阳极时以阳极坐到槽底为限，不要强行下降，以免损坏槽上部结构。

（3）对于炉底破损漏炉止不住的情况，应马上联系系列停电，以便停槽或修补后尽快恢复系列送电。

（4）事故抢救完毕应立即确定是否停槽大修，如果槽龄短、破损面积小，经修补可以恢复生产的，可采用镁砂、电解质沉淀物、扎固糊等修补好破损处，再恢复生产，否则做大修处理。

3.8.4.4 新槽漏铝处理

对于新槽在焙烧启动期间发生的漏铝，一般不轻易通知停电，先用压缩空气冷却漏点，组织人员摸清漏铝位置，然后用氧化铝和氟化钙或氟化镁的混合物堵住漏缝，同时在处理漏铝的整个过程也需派专人监护电压，使电压不得超过5V。

3.9 铝电解生产主要设备的维护保养

3.9.1 铝电解槽机械设备的维护保养

3.9.1.1 铝电解槽的日常检查

(1) 母线提升机：运行正常，无漏油，无异常声音。上部机构零部件完整、功能齐全；

(2) 打壳下料气缸：动作准确到位，无泄漏现象，打击有力；打壳气缸座、下料气缸座螺栓齐全、紧固；各连接部位及支座螺栓齐全、紧固。

(3) 气动系统及管路：各手动阀、电磁阀动作准确，管路无泄漏现象，压力正常，手动阀无损缺，动作灵活。

(4) 操控机：处于自动控制状态，运行正常。

(5) 槽盖板齐全无缺损。

3.9.1.2 电解槽清洁

电解槽清洁方式和要求见表3-8。

表3-8 电解槽机械设备的清洁方式和要求

设备部位	方式	维护要求	周期
减速箱、换向齿轮、传动杆蜗杆丝杆起重机	吹尘	无积尘、无积料	每周
打壳气缸、下料气缸、料箱	吹尘	无积尘、无积料	每周
气动管路、电磁阀、手动阀	吹尘	无积尘、无积料	每周
整个上部机构	清扫	无杂物	每周

3.9.1.3 电解槽日常点检要求

(1) 整个上部机构要求清洁卫生、无杂物。

(2) 零部件整齐，槽盖板定置摆放、无杂物。

(3) 对各润滑点按期加油，检查各活动部位的润滑状况。

(4) 螺栓紧固，小缺损件更换补齐等。

(5) 在上部机构维护过程中发现问题，及时联系维修人员进行检修，并做好记录。

电解槽日常点检要求见表3-9。

表3-9 电解槽日常点检要求

点检部位	点检内容
母线提升装置	检查减速器是否漏油，声音是否有异常
	检查所有螺栓是否齐全、紧固
	检查传动杆有无变形
	检查两面母线是否在同一高度

续表 3-9

点检部位	点检内容
打壳下料装置	检查所有螺栓是否齐全、紧固
	检查定容下料器有无漏料，动作是否正常
	检查打壳气缸是否有力及打击头磨损情况
	检查料箱各密封处有无漏料
气动系统及管路	检查各手动阀、电磁阀动作的准确性
	检查管路有无破裂及泄漏
	查看压力是否正常

3.9.1.4 电解槽机械设备润滑和保养

(1) 保持注油器具清洁；

(2) 保持油箱清洁，油质良好，油标醒目明亮；

(3) 保持油嘴、油环、注油孔齐全完好，过滤器、油雾器清洁有油；

(4) 保持润滑油路畅通，润滑到位，无泄漏。

电解槽各润滑点润滑要求如表 3-10 所示。

表 3-10 电解槽各润滑点润滑要求

润滑部位	润滑剂牌号	润滑方式	每次加油量	周期
减速器	150 号齿轮油	油壶	适量	3 个月
换向齿轮箱	3 号钙基脂	加油泵	适量	3 个月
蜗杆丝杠起重机	3 号钙基脂	加油泵	适量	3 个月
油雾器	20 号机油	油壶	适量	3 个月

注：定期维护：3 个月定期加油，重点部位检查与整改。

3.9.1.5 电解槽机械设备常见故障及排除方法

电解槽机械设备常见故障及排除方法见表 3-11。

表 3-11 电解槽机械设备常见故障及排除方法

部位	常见故障	产生原因	处理方法
打壳气缸	不动作	气缸头卡死	更换气缸头
		控制气源不到位	检查电磁阀
		气缸损坏	更换气缸
	锤头提不起来	活塞杆端部丝扣损坏	更换气缸
		连接销脱落	恢复连接销
下料气缸	不下料或漏料	气缸头卡死	更换气缸头
		气源不到位	检查电磁阀
		气缸损坏	更换气缸
蜗杆丝杠起重机	母线倾斜	蜗杆丝杠起重机坏	更换蜗杆丝杠起重机
	声音异常	连接链条坏	调平母线后更换链条

续表3-11

部　位	常见故障	产生原因	处理方法
母线挂钩	螺杆被电击断	母线与阳极导杆接触面间导电不良	清理接触面后更换螺杆
计数器	计数器失灵	软轴断	更换软轴
		计数器卡阻	处理计数器
手动阀、电磁阀	不动作	阀　坏	更换阀
	跑　风	线圈烧坏	更换线圈

3.9.2 铝电解12t真空抬包的维护保养

3.9.2.1 抬包使用前的检查

（1）检查机械电气：检查传动部分和手动机构是否转动灵活，机械、电气部件性能是否良好。轴承托架不得有气孔、砂眼、裂纹；各润滑点是否需要添加润滑油；减速机、横梁吊臂和吊耳是否良好，连接是否牢靠，螺栓是否紧固。

新内衬的真空抬包或检修后的真空抬包使用前必须对抬包内的耐火保温材料进行烘干预热。新内衬的抬包烘干温度要求600～650℃，烘干时间48h以上。间断使用的抬包预热温度要求达到300～400℃，预热时间不少于2h。

（2）检查气体管路：进气管、排气管不得有气孔、裂纹、灰渣等缺陷。

（3）检查内衬：整个内衬表面光滑，不得有裂纹、厚薄不均及掉块、破损现象。

（4）检查密封：真空抬包使用前必须对抬包盖、人孔盖、出料口盖、喷射器下法兰、窥视孔进行严格的密封检查。

（5）新台包检查：新真空抬包或检修后的真空抬包，吸铝前必须对喷射器、吸铝管进行检查、试验、调整，使吸铝管产生最大吸力后固定下来。

3.9.2.2 使用过程中的要求

（1）使用前认真检查，抬包经试验后，确认完好正常方可使用。

（2）出铝前抬包必须预热12h，等完全除去铝渣后方可使用。

（3）加热好的真空抬包，不允许用压缩空气或潮湿物品除灰，以免带入水分。

（4）吸铝时不能使抬包与阳极、槽体、母线、槽盖板接触，防止短路。吸铝液时，真空包管口不能高于电解质表面，应随电解质液面下降而下降。使用天车吊起的装满铝水或电解质的真空抬包，未经出铝工同意不准放下。当天车吊起的抬包被吊在半空发生故障时，操作工应注意指挥，严禁行人从包下通过。

（5）用天车或拖车运送抬包铝液或电解质时尽可能保持抬包平稳，避免抬包大幅度摆动及抬包内的液面波动。保持移动的抬包垂直，即液面水平，真空抬包的摆动或垂直度偏差不得超过±5°、敞口抬包不得超过±3°。倒完铝后及时清除包外的铝渣或电解质。

（6）倒出铝时要缓缓打开出铝口，不允许把脸直对观察口，以防铝液烧伤。用抬包灌铝或电解质时，要慢、准、稳，抬包不许忽上忽下，防止铝液溅出伤人。

（7）单槽出铝完毕，断开压缩空气，吊出真空包，出下个电解槽。真空包总重不能超过24t。当真空包皮重超过15.3t时，将抬包退回清包间进行清包。

（8）当班抬包使用工作完成后要进行清包。抬包清理完毕，检查抬包内衬有无损坏，如有损坏，及时修补或大修。修补部位要烘干，烘包时要注意天然气熄灭。

3.9.2.3 维护

（1）检查操作按钮启动和停止接触是否良好。

（2）电动机温度不超过40℃，轴承温度不超过70℃。减速机内油位不低于规定值。

（3）检查所有焊接件和焊缝是否有开裂现象，要随时进行检查。

（4）保持进气管、排气管畅通，若有堵塞现象应及时处理。

（5）及时更换磨损严重的吊环和弯曲变形的横梁及吊臂。

（6）转动链条要经常添加润滑油到规定的油位，并定期清洗更换润滑油，防止生锈，减少磨损。

（7）减速机停机超过24h后，在启动时应使内件充分润滑，方可带负荷运转。减速机在使用中如发现油温显著升高，外壳温升超过60℃或油温超过85℃时，以及产生不正常噪声时，应停止使用，排除故障后，更换新油使用。减速机在使用中如发现结合面渗油，打开涂密封胶，如发现油封漏油及时进行更换。

3.9.2.4 常见故障及排除方法

（1）传动装置有异声，传动部分缺少润滑油或齿轮磨损、蚀坑或打坏，应及时检查修复；

（2）堵管是因为包内真空度不够，吸管温度过低，应设法疏通或换管；

（3）真空度不够，是由于真空包的连接部分如包盖和吸出管法兰盘密封不好，胶管有重皮、双管堵塞或包体焊接处有砂眼漏气，应查明原因修复处理。

（4）定期检查射流器是否正常，若有堵塞现象应及时处理。

（5）减速机在使用中如发现结合面渗油，打开涂密封胶，如发现油封漏油应及时进行更换。

（6）定期对吊梁、吊环及短轴、吊臂、耳轴进行探伤检测。定期检查吊架组成中的吊梁、吊环及短轴、吊臂、包卡、耳轴是否正常，如有异常及时处理。

3.9.3 400kA 铝电解槽阳极母线提升机的维护保养

设备技术参数：单个夹具夹持重量：3.3t；夹持阳极导杆组数：24组；夹持炭块导杆截面180mm×200mm。

使用条件：设备绝缘值大于2MΩ，气源压力大于0.65MPa。

使用前检查：检查气路系统是否畅通、有无泄漏，并进行空气管炉排水；检查各连接处紧固件是否有松动，如有松动应拧紧。

3.9.3.1 使用要求

（1）调整多功能天车上的吊钩，将阳极母线提升框架调整至水平状态，并吊起至最上限，将框架吊至电解槽上方。

（2）通过快速接头与天车空气管道接通，气压不低于0.65MPa。

（3）天车控制打开夹具薄膜气缸，框架缓慢下落，6个支腿对准槽上部导向铁槽，24根阳极导杆套入卡具内，使框架落实放稳。

（4）操作气控操纵控制盒：

1）先操作顶部气缸旋钮至接通位置，使顶部气缸与压缩空气管路接通。24个卡具摆向中心，阳极导杆紧贴母线。

2）再操作夹具薄膜气缸旋钮至断开位置，使夹具薄膜气缸与压缩空气管路断开。24个卡具夹紧阳极导杆，此时绝对不能接通夹具薄膜气缸。

（5）操作移动滑车到各小盒卡具处，操纵升降气缸下降，使风动扳手卡套住小盒卡具螺杆，松开卡具。

（6）小盒卡具全部松开后进行提升母线作业，提升完成后操作移动滑车拧紧小盒卡具。

（7）作业完毕后必须将框架放到地面固定支架上。

3.9.3.2 阳极母线提升机维护

（1）框架上所有起吊件及相关焊接不得有裂纹、断裂和永久变形。

（2）每个夹具应自然垂直向下，并绕左右向内摆动。

（3）固定夹具架等地方的高强度螺栓预紧力矩应达到400N·m。

（4）滑动小车在滑板上能运行自如，不允许有卡阻现象。

（5）每天使用完毕必须将齿条、导轨擦干净，其余处应保持清洁。

3.9.3.3 润滑

（1）滑动架小车（2台），滚轮轴端油嘴24处，每周注黄油一次。

（2）夹紧机构的吊架与支撑架连接关节轴承处油嘴32处，每周注黄油一次。

（3）齿条2处，行走齿轮2处，导轨2处，每班擦机油一次。

（4）移动滑车气动马达安装座4处，使用一年后更换全部黄油。

（5）每周将油雾器内的水倒掉一次，加满30号机油。

3.9.3.4 注意事项

夹紧机构的摆动力可通过调整上部弹簧的预紧力来实现，头部夹紧力可通过调整压杆端头接头或调节弹簧的夹紧力来实现。

框架上气路系统各阀件必须固定在机架及车架上，气路压力不得小于0.65MPa，管路接头等地方不能漏气，如泄漏应及时拆下沿螺纹旋向缠绕1～2层生胶带，多缠反而密封不好。

框架的绝缘部分，每个接点电阻不得小于2MΩ，每月应检测一次，如绝缘电阻低于2MΩ，应更换相应的绝缘套管和绝缘垫片。

3.9.4 铝电解槽阳极提升装置维护保养

技术参数：（1）提升能力：100t；（2）工作行程0～400mm；（3）升降速度88mm/min。

电动机（型号为YEJ2160M-8（双轴伸制动异步电动机））：$N=9.0\text{kW}$；$n=720\text{r/min}$；电压：380V。

3.9.4.1 使用要求

拉杆升降行程为0～400mm，拉杆最大行程不得超出550mm。

3.9.4.2 维护

起重机运行后，四个吊点对角线应在一个平面上，经常查看各构件连接处的紧固件是否松动，是否出现异常声音，是否有漏油现象，电动机与联轴器应灵活无卡滞现象。如果发现异常应立即停车检查维修。

减速机采用220号润滑油，油面高度维持在箱体高度的1/4处，放油塞无泄漏。正常工作6~7个月更换一次，减速箱内润滑油约2kg。

检修安装时，以三角板图示位置为基准施工，使八个三角板位置一致。联杆必须移动灵活不得卡阻，不得用强制变形手段安装。

枢轴轴线相对于机构纵线的倾斜度不得大于0.1mm。

滚动丝杠最大调整范围为550mm。

两个联轴器的绝缘阻值，应不小于2MΩ，否则应及时更换绝缘。

3.10 智能槽控机的使用

3.10.1 智能槽控机基本功能

智能槽控机是铝电解计算机控制系统的执行设备，它由动力箱和逻辑箱两部分组成。

3.10.1.1 动力箱

槽电压表：实时显示某一台电解槽当前电压值。

手动/自动转换开关：进行手动/自动转换。

阳极升/降按钮：在手动方式下，按下相应按钮可进行阳极升/降。

打壳、加料按钮：按下相应按钮可进行6点同时打壳、加料操作。

紧急跳闸按钮：按下该按钮可以使380V电压断电，向右旋转按钮，该按钮恢复，此时再通电方可恢复380V电压。

3.10.1.2 逻辑箱

逻辑箱前面板由LED显示窗口、VFD显示屏、状态指示灯及轻触按键组成。

槽电压显示窗口：实时显示本槽当前电压值，单位：伏特（V）。

VFD显示屏：第一行可以实时显示当前系列电流值，单位：千安（kA）；第二行优先显示故障、报警信息，经操作可查询各种槽参数，其他时间默认显示当前时间。

各种状态指示灯：实时显示电解槽工作状态。

操作按键：按下相应按键，可完成相应操作；数字组合查询键可查询各种槽参数（详见参数表）和进行一些特殊操作。

3.10.1.3 智能槽控机基本功能

智能槽控机控制电解槽的基本依据是槽电压和系列电流信号，并根据设定的各种工艺参数进行解析运算，在自动状态下完成阳极极距调整、打壳、下料、效应处理、辅助加工和出铝、换极、边加后过程控制及故障自诊断等功能。也可在手动状态下由人工操作，完成抬母线等相应控制功能。槽控机通过CANBUS通信总线完成与中央控制室接口计算机的通信，实现电解槽实时数据监控及传送和接收来自上位机的指令。

数据采集：通过V/F和I/F转换器，精确在线采集槽电压及系列电流信号，采样周期：0.5s。

数据显示：智能槽控机具有槽电压、系列电流及多种参数显示窗口，对各种控制及操作状态配有指示灯，可清晰地为现场操作人员提供所需电解槽的重要工艺及控制信息。

按键操作：采用具有防尘、抗干扰、操作反应灵敏的薄膜轻触按键，进行信息查询、控制命令录入及提供人工参与操作的接口，方便现场操作者使用。

智能槽控机操作盘见图3-67。

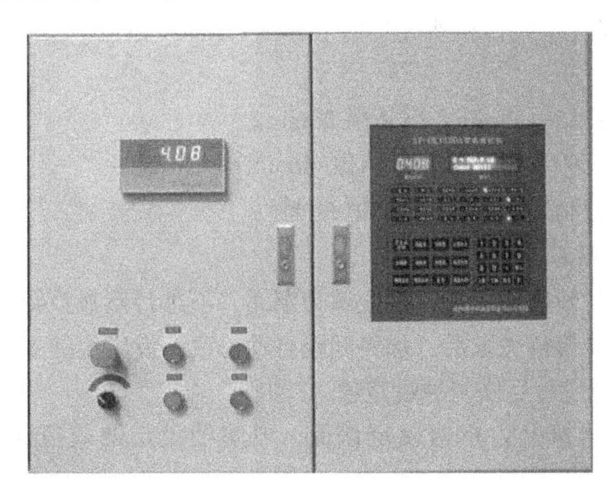

图3-67 智能槽控机操作盘

3.10.2 智能槽控机的自动控制

3.10.2.1 槽电阻控制

为使铝电解生产平稳，必须保持电解槽的能量平衡，槽电阻控制即是实现能量平衡控制的方法之一。智能槽控机将采集的槽电压和系列电流信号，根据槽电阻计算公式：$R=(V-E)/I$（其中：V表示槽电压；E表示反电势；I表示系列电流）计算得出。经过槽况解析，对槽电阻进行控制，自动调整阳极，保持最佳极距。

阳极极距调整受下列条件限制：

（1）系列电流超限：当系列电流超出限定可控范围时，槽控机在自动状态下不进行阳极极距调整。系列电流限定范围缺省设置为：±15kA，即当前系列电流大于或小于标准系列电流15kA时，不进行阳极极距调整。

（2）槽压可控范围超限：当槽电压超出限定可控范围时，槽控机在自动状态下不进行阳极极距调整。槽电压限定可控范围缺省设置为：下限3.5V，上限4.8V。

（3）小不灵敏区限定范围：电解槽在正常生产期间，槽电压在小不灵敏区范围内，不进行阳极极距调整。小不灵敏区上限缺省设置为：+30mV，下限缺省设置为：-20mV。例如，目标电压为4.05V，当前槽电压在：4.03～4.08V之间，不进行阳极极距调整。

（4）不灵敏区限定范围：电解槽波动时，槽电压不调整灵敏区范围自动转入大不灵敏区限定范围，在此范围内不进行阳极极距调整。大不灵敏区上限缺省设置为：+100mV，下限缺省设置为：20mV。

3.10.2.2 Al_2O_3浓度自适应控制

电解槽进入Al_2O_3浓度自适应控制时，即按需加料，实现电解槽的物料平衡控制。在Al_2O_3加料正常期内，允许阳极极距调整；在增减量期内，不进行阳极极距调整，其槽电

阻变化可视为槽中 Al_2O_3 浓度的变化。Al_2O_3 浓度自适应控制有以下系列参数可调整：

控制周期调整系数：修改该值可改变减量进入增量的拐点。

>0：降低全系列（本接口机所连接的电解槽）Al_2O_3 浓度。

<0：提高全系列（本接口机所连接的电解槽）Al_2O_3 浓度。

0 为系统默认值。

正常期限定时间：15 ~ 35min，默认值 20min。

减量期限定时间：40 ~ 120min，默认值 60min。

增量期限定时间：25 ~ 50min，默认值 40min。

3.10.2.3 等待效应期间

电解槽依据设定的效应间隔进入效应等待期间，不进行阳极极距调整，直至效应发生或效应等待结束。效应等待失败后，加料间隔自动修改为设定值的 1.25 倍，AE 效应间隔自动修改为 13h，效应发生后恢复原设定值。

效应间隔：可根据槽况为单槽设定该值，电解槽设定的效应间隔将自动进入效应等待。

等待效应持续时间：0 ~ 240min，默认值 120min。

3.10.2.4 加料控制

为使铝电解生产平稳，电解计算机控制系统提供两种运行操作模式：一种是在启动初期或生产状态异常期执行常规控制；另一种是进入正常生产阶段转入 Al_2O_3 浓度自适应控制，以维持电解槽的物料平衡控制。

根据槽电阻与电解槽氧化铝浓度对应关系曲线，在一定区域内槽电阻的变化反映了电解槽氧化铝浓度的变化。智能槽控机根据设定的加料间隔自动完成打壳、加料操作，并自动追踪槽电阻斜率变化，实时调整氧化铝加料速率，使电解槽处在较低浓度的可控范围内，保持其物料平衡。

A 正常加料 NB

常规控制：按照设定的加料间隔。例如：采用交叉下料方式定时加料，每点加料量 0.9kg，则两点每次加料量为 1.8kg，3 点每次加料量为 2.7kg。

自适应控制：根据槽中氧化铝浓度变化，按已设定的加料间隔为基准，进行正常期、减量期及增量期自动切换，实现按需加料，此时加料间隔不是恒定值。

B 效应时快速加料 AEB

效应发生时，氧化铝浓度达到最低，智能槽控机根据槽况及时快速补充槽中氧化铝量，自动进行效应加料处理方式（AEB）。例如，五点同时下料，每点下料量 0.9kg，则每次下料量为 4.5kg。

C Al_2O_3 浓度修正

依据槽电阻变化定期检测、修正槽中 Al_2O_3 浓度变化。

D AE 趋势的预加料处理

当检测到槽电阻变化超过某一临界值时，在自动状态下槽控机会发出 6 点同时加一次料的命令。

3.10.2.5 氟化盐加料控制

电解槽配置了氟化盐定容加料器，智能槽控机根据中央控制室内上位机给出的氟化盐加料间隔，完成氟化盐自动加料，可实现氟化盐的有效添加。

3.10.2.6 特殊操作过程控制

电解槽在出铝后、换极后、边加后及抬母线过程控制，为保证电解槽的稳定生产，需通过附加电压等方式补充能量，维持电解槽的能量平衡。

A 出铝后过程控制

(1) 通过智能槽控机键盘“出铝”键给定“出铝”信号，即进入该控制过程。

(2) 出铝后附加电压值：0～500mV，默认值100mV。

(3) 出铝后附加电压时间：0～200min，默认值20min。

出铝后拉长NB时间：0～60min，默认值5min，即5min内加料间隔为设定值的1.3倍。

(注意：出铝操作最长时间为6min；对波动槽峰值电压高于4.8V建议人工辅助电压控制。)

B 换极后过程控制

(1) 通过智能槽控机键盘“换极”键给定“换极”信号，即进入该控制过程。

(2) 换极后附加电压值：0～500mV，默认值200mV（分三级附加）。

(3) 换极后附加电压时间：0～200min，默认值60min。

(4) 换极后停NB时间：0～60min，默认值10min。

C 边加后过程控制

通过智能槽控机键盘“备用”键给定“边加”信号，即进入该控制过程。

D 抬母线操作

此项操作为人工操作，即对某电解槽需进行抬母线操作时，将槽控机动力箱“手动/自动”开关置位在手动状态，然后按下逻辑箱上的“抬母线”键，使用动力箱上的手动开关完成抬母线过程。

(注意：抬母线结束后，需人工将手动状态转换成自动状态。)

E 非正常生产阶段的监控

对焙烧、启动非正常生产阶段进行监视和控制，根据电解生产工艺要求在相关阶段，将槽控机动力箱“手动/自动”转换开关置在手动位置，或关闭动力箱电源，禁止阳极动作、Al_2O_3加料、AlF_3加料操作等；对启动期间的启动槽效应电压可选择播报（计算站设置）。

3.10.2.7 异常槽况处理

A 效应

(1) 效应持续时间不大于1min判断为闪烁效应，槽控机不认为该槽真正发生效应，故不对效应已发时间清0。

(2) 效应发生2min、4min、8min后启动AEB快速加料处理。

(3) 效应判定电压：8V（在接口机中可调）。

(4) 效应后加料次数：1~6次，默认值2次，4.5kg/次。

B 波动

当电解槽由于某种原因发生波动时，智能槽控机可自动诊断出该槽波动的原因，波动特征值灯闪烁，并据此进行波动自动处理；若波动自动处理未能消除波动，将会给出波动报警指示或广播提示。

C 与上位机通信

智能槽控机通过CANBUS现场工业控制与中央控制室内计算机间进行通信，实时传送电解生产及控制信息，接收来自上位机指令，并在智能槽控机上设有通信状态指示灯，便于现场操作者观察通信是否正常。

若通信中断，则不能向中央控制室发送任何槽况信息及接收各类命令。例如：不能实时播报效应等异常信息，不能接收任何电解槽工艺控制参数的修改。此时智能槽控机仍可依据已有控制参数独立完成对电解槽的控制，但应立即查找故障，尽快恢复系统通信。

D 故障自诊断

智能槽控机具有对自身硬件设备故障的诊断功能，并提供两种硬件设备自诊断功能：一是软件定时和随机诊断；二是智能槽控机面板上设有“自检”按键，可人工操作检测。所有故障信息同步传送至上位机，及时方便地为操作者提供设备工作状况，可有效避免由于智能槽控机自身故障所带来的误操作，并采取相应保护措施。

3.10.3 逻辑箱面板信息

面板上部有1个数码显示窗口（左）和1个VFD显示屏（右），数码显示窗口显示当前槽电压，VFD显示屏第1行显示当前系列电流，第2行显示当前时间、槽故障信息和槽参数。

槽电压显示窗口：04.08表示当前槽电压为4.08V。

系列电流显示窗口：287.4表示当前系列电流为287.4kA。

参数显示：通过逻辑箱上组合数字键选择相应参数，即可显示相应内容。

默认显示当前时间，00：11表示0点11分；如果有故障或者报警则优先显示；通过组合数字键可选择查看相应槽参数或者执行某些操作。

智能槽控机逻辑箱面板见图3-68。

3.10.3.1 逻辑箱状态指示灯和显示信息

A 手动指示灯

亮：表示智能槽控机在“手动方式”，此时逻辑箱上操作按键无效，参数左/右移除外。

闪：表示智能槽控机为“半自动方式”，此时逻辑箱上操作按键有效。此时出铝、换极和边加特殊控制过程操作无效。

灭：表示智能槽控机为“全自动方式”，此时动力箱与逻辑箱上操作按键无效，出铝、换极和边加特殊过程操作除外。

B 联机指示灯

闪：表示智能槽控机与中央控制室内计算机联机操作通信正常。

图 3-68 智能槽控机逻辑箱面板

灭：表示智能槽控机与中央控制室内计算机脱机工作，智能槽控机按已有参数进行控制。

C 效应指示灯

亮：表示电解槽发生效应。

灭：表示电解槽未发生效应。

D 效应处理指示灯

亮：表示智能槽控机正在进行效应加工下料处理。

E 正常处理指示灯

亮：表示智能槽控机正在按照加料间隔进行 1、3、5 与 2、4 点交叉打壳、加料操作。Al_2O_3 加料量 3 点 2.7kg/次、2 点 1.8kg/次。

F 氟盐下料指示灯

亮：表示智能槽控机正在进行氟盐下料操作，氟盐下料最小值：3.6kg/次。

G 阳极升指示灯

亮：表示智能槽控机正在进行阳极升操作（半自动/自动方式），手动方式下进行阳极升操作，该灯无显示。

H 阳极降指示灯

亮：表示智能槽控机正在进行阳极降操作（半自动/自动方式），手动方式下进行阳极降操作，该灯无显示。

I 打壳 1 指示灯

亮：表示智能槽控机正在执行 1、3、5 点同时打壳操作（半自动/自动方式）；手动方式下进行打壳操作，该灯无显示。

J 加料1指示灯

亮：表示智能槽控机正在执行1、3、5点同时加料操作（半自动/自动方式）；手动方式下进行加料操作，该灯无显示。

K 打壳2指示灯

亮：表示智能槽控机正在执行2、4点同时打壳操作（半自动/自动方式）；手动方式下进行打壳操作，该灯无显示。

L 加料2指示灯

亮：表示智能槽控机正在执行2、4点同时加料操作（半自动/自动方式）；手动方式下进行加料操作，该灯无显示。

M 效应等待指示灯

亮：表示智能槽控机正在进行效应等待，此时电解槽停止加料，禁止阳极极距调整。

N 正常周期指示灯

亮：表示智能槽控机进入正常周期，此时可以调整阳极极距，并按设定的加料间隔加料。在 Al_2O_3 浓度常规控制时，该灯无显示。

O 增量周期指示灯

亮：表示智能槽控机进入增量周期，即过量加料，此时不调整阳极极距，并按照显示的加料间隔加料。在 Al_2O_3 浓度常规控制时，该灯无显示。

P 减量周期指示灯

亮：表示智能槽控机进入减量周期，即欠量加料阶段，此时不调整阳极极距，并按照显示的加料间隔加料。在 Al_2O_3 浓度常规控制时，该灯无显示。

Q 换极后控制指示灯

亮：表示智能槽控机正在进行换极后过程控制，当设定的“附加电压保持时间”到，该过程自动结束且指示灯灭。

（注意：此过程仅在“自动”方式下有效。）

R 出铝后控制指示灯

亮：表示智能槽控机正在进行出铝后过程控制，当设定的“附加电压保持时间”到，该过程自动结束且指示灯灭。

（注意：此过程仅在“自动”方式下有效。）

S 抬母线控制指示灯

亮：表示智能槽控机正在进行抬母线过程控制，当设定的“抬母线设定时间”到，该过程自动结束且指示灯灭。

（注意：此过程仅在“手动”方式下有效。）

T 波动状态指示灯

亮：表示电解槽处于摆动（高噪声）状态。

闪：表示电解槽处于波动预警（低噪声）状态。

当电解槽恢复正常后，该灯自动熄灭。

U 焙烧/启动灯

亮：表示电解槽处于焙烧阶段。

闪：表示电解槽处于启动阶段。

上述各阶段由接口机设置（详见接口机使用手册）。当接口机取消该过程后，该灯自动熄灭。

V 报警指示灯

亮：表示电解槽料空信号报警、打壳设备及定容器加料设备异常报警（详见报警说明）。

当报警情况消失后，该灯自动熄灭。

W 故障指示灯

亮：表示智能槽控机发生故障（详见故障代码表）。当故障被修复后，该灯自动熄灭。

X +5V 电源指示灯

亮：表示智能槽控机主板工作电源正常，当该灯熄灭，表示 +5V 电源有故障，需维护。

3.10.3.2 VFD 显示屏

逻辑箱右上角的绿色冷光显示屏即为 VFD 显示屏，屏幕可分为上下两行。

第一行：总是显示当前系列电流，当电流与系列设定电流差值超过 ±10kA 时，第一行将闪烁显示当前系列电流波动偏大。

第二行：在默认状态下，如果没有故障或者报警，则会显示当前时间。

在默认状态下，如果出现故障或者报警，则会显示当前故障或者报警。如果有多个故障或者报警，该行则循环显示当前所有故障和报警。

在进行查询时，该行显示当前查询内容，显示时间为 2min，当超过 2min 后，显示上述默认状态下的内容。

3.10.4 动力箱按键操作

3.10.4.1 手动/自动

当动力箱“手动/自动”转换开关处在“手动”位置时，表示智能槽控机不能进行自动控制，完全由人工控制。“手动方式”下动力箱上操作按钮有效，“紧急跳闸”红按钮除外。

3.10.4.2 阳极升/降

“手动方式”下谨慎使用该按键。智能槽控机在“手动方式”下，按下该键即可做阳极升或降动作，此时升降操作无硬件/软件保护。

当需对槽控机进行人工操作时，在纯手动方式下（槽控机动力箱“手动/自动”转换开关置位在手动处），此时进行手动阳极升或降操作时要同步观察槽压变化，且在操作结束时确认槽压不再继续升高或下降方可离开。若发现槽压继续升高或下降应立即检查按钮是否卡住，并反复按动按钮使其松开或按下“紧急跳闸”按钮。

（特别注意：在停止阳极升降操作时，发现阳极仍在动作，请迅速按下“紧急跳闸”

按钮。)

3.10.4.3 打壳

在“手动方式”下，按下该按钮，即可做一次5点同时打壳操作。

3.10.4.4 加料

在“手动方式”下，按下该按钮，即可做一次5点同时 Al_2O_3 加料操作，每次4.5kg。

3.10.4.5 紧急跳闸

在紧急情况时按下该按钮，主电源380V跳闸，电解槽暂时失去自动控制。

3.10.5 逻辑箱按键操作

当动力箱“手动/自动”转换开关置在“自动”位置时，逻辑箱上相关按键有效。

3.10.5.1 半自动/自动键

按下逻辑箱“半自动/自动”键，“手动”灯闪烁，表示智能槽控机为“半自动方式”；再次按下该键，“手动”灯灭，表示智能槽控机为“全自动方式”。

在“半自动”方式时，逻辑箱上“NB处理”、“AEB处理”、“阳极升”和“阳极降”及“氟盐加料”按键有效。

3.10.5.2 阳极升/降键

逻辑箱在“半自动方式”下，按下“阳极升”或“阳极降”键，即可使阳极升或降，对应指示灯亮。

此时进行阳极升或降时，受智能槽控机升降超时自动保护限制，即当升或降超时，智能槽控机可自动切断阳极电机电源，不会无限制升或降。当槽电压高于槽压可控范围上限时，不能进行升操作；当槽电压低于槽压可控范围下限时，不能进行降操作。

3.10.5.3 正常加工键

逻辑箱在“半自动方式”下，按下“NB处理”键，“正常处理”灯闪烁，表示智能槽控机按设定的加料间隔定时加料，若取消此功能应再次按下“NB处理”键，“正常处理”灯灭。

“自动方式”下此键无效。

整流所需对系列电流进行调整或设备出现故障时，应立即通知电解计算机控制室。当电流降至“停NB电流”以下时，智能槽控机自动停止加料；若系列电流信号设备出现故障，此时电解生产系列电流虽然正常，但槽控机采样值为0，应及时通知电解车间将槽控机逻辑箱设置为“半自动状态”，并按下“NB处理”键，即进入定时加料控制。

3.10.5.4 效应处理键

逻辑箱在“半自动方式”下，按下“AEB处理”键，则做一次效应处理，即五点连续两次加料，加料次数可由接口机修改。“自动方式”下此键无效。

3.10.5.5 氟盐加料键

逻辑箱在“半自动方式”下，按下“氟盐加料”键，则做一次氟盐加料操作。

“自动方式”下此键无效。

3.10.5.6 换极键

逻辑箱在“自动方式”下，按下“换极”键，对应指示灯亮，即进入“换极后过程控制”；再次按下“换极”键，“换极”灯灭，则取消此操作。

“自动方式”下此键有效。

3.10.5.7 出铝键

逻辑箱在“自动方式”下，按下“出铝”键，对应指示灯亮，即进入“出铝后过程控制”；再次按下“出铝”键，“出铝”灯灭，即取消此操作。

“自动方式”下此键有效。

3.10.5.8 抬母线操作

在纯手动方式下，按“抬母线”键，“抬母线”灯闪烁，表示可进行抬母线操作，此时槽控机按设定间隔正常加料，抬母线操作结束后，再次按下“抬母线”键，“抬母线”灯灭，该操作结束。

3.10.5.9 打壳键

逻辑箱在“自动方式”下，按下“打壳”键，电解槽进入5点同时打壳状态。

“自动方式”下此键有效。

3.10.5.10 碟阀正/反转

按下这两个键可调整碟阀角度，在按下该键的同时，当前碟阀角度在VFD显示屏的第2行显示。

3.10.5.11 自检操作（数字组合键）

使用数字组合键盘输入对应的信息号（自检代码“100”，详见参数信息表），槽控机自动检测其内部硬件设备，若有故障将显示相应故障代码，维修人员操作此键，槽提供检修依据。

“手动方式”下此键无效。

3.10.5.12 辅助加工（数字组合键）

使用数字组合键盘输入对应的信息号，代码功能如下：

代码150：表示同时进行1次5点打壳操作（打壳1、2同时动作）。

代码151：表示进行1次单点打壳操作（打壳1动作）。

代码152：表示进行1次单点打壳操作（打壳2动作）。

3.10.5.13 逻辑箱数字组合按键

使用槽控机逻辑箱右下角小键盘进行输入时操作步骤如下：

（1）通过直接输入数字键查询；

（2）按下“F”键，此时进入功能选择操作；

（3）现在VFD显示屏显示“Inputcode：0”。

接下来输入要选择的功能的序号（详见后面的功能序号说明），依次输入小键盘上的数字键（0~9）。例如，想查询设定电压（序号编号为10号），则依次输入小键盘的“1”键和“0”键，此时VFD显示屏会显示“Inputcode：10”。输入序号最大限制在100，当超过100后则序号清0，回到步骤2。

当输入完要查询的功能序号后，按下小键盘的“输入”键，VFD显示屏显示要查询的信息或者槽控机进行相应的操作。例如，要查询设定电压（序号编号为10号），按下“输入”键后，VFD显示屏会显示“10#Vs=4.08V”，其中，“10#”表示功能编号，“Vs=4.08V”为查询信息（假设当前设定电压为4.08V）。

通过“上翻”、“下翻”键进行查询：通过按小键盘的“上翻”、“下翻”键也可以进行查询，可循环翻页，每次查询上一个或者下一个编号的信息。该功能只能进行查询功能，不能进行操作功能，例如：自检。“上翻”查询最小到0号信息，再翻页则显示99号信息；“下翻”最大到99号信息，再翻页则显示0号信息。

3.10.5.14 “取消”键

当按下“取消”键，VFD显示屏第二行显示上述默认状态下的信息，即时间。

当逻辑箱信息灯中的“故障”和“报警”灯亮的时候，表示有故障或者报警信息，这时也可以通过按“取消”键恢复到默认状态下进行查询。

3.10.6 智能槽控机使用注意事项

3.10.6.1 槽压信号异常判断

逻辑箱上的槽压显示有时会出现短时（3~5s）7~9V的电压值，而此时动力箱上槽压表仍为4V左右的正常值，这是智能槽控机在对内部设备进行自诊断，不会影响电解槽控制及数据采集。

当动力箱槽压显示与逻辑箱槽压显示值相差大于30mV时，应通知智能槽控机维修人员对槽压信号进行校对，以保证控制的准确。

3.10.6.2 设备检修时部门间的联系

维修人员在检修或关闭智能槽控机前，若槽控机正在进行阳极升、降、打壳或加料动作时，应等待这些动作执行完成后再操作；若槽控机工作在增量期，应在关机前手动加料一次；若检修时间过长，应在检修过程中进行间隔加料，或通知电解操作人员手动加料。当“联机”灯不亮时，槽控机仍可进行控制，但不能及时与中央控制室内的计算机进行数据交换，此时智能槽控机维修人员应及时检修。

3.10.6.3 设备巡视制度

定期对智能槽控机硬件进行巡视，以保证槽压信号采集准确。

定期对打壳、加料设备进行巡视，以保证Al_2O_3下料准确。

3.11 铝电解技术经济指标计算

铝电解生产的主要经济技术指标有产量指标如铝液产量和普铝产量及合金产量等、基数指标如生产槽日和电流强度等、效率指标如电流效率和整流效率等、工艺参数如槽电压和分子比等、物料单耗如氧化铝单耗和冰晶石单耗及阳极单耗、电单耗如铝液交直流电和铝锭综合交流电单耗等、质量指标如品级率和产品合格率及槽寿命等。

铝电解厂通常状态是大部分电解槽处于正常生产期，而按大修计划或其他原因修好的新槽通电启动后处于非正常生产期。正常生产槽和新启动槽的技术经济指标的完成情况是有差异的。为了准确地反映铝电解生产的技术经济效果，应该分别计算正常生产槽的指标和新启动槽的指标，而且还要将这两种指标合并为综合指标。铝行业规定，企业向上级报告的统计指标应该是综合指标。

正常生产指标，反映的是铝电解槽正常生产时期的各项指标。在正常生产期内，各项技术条件都已经稳定，并且达到优良的生产指标。

新槽指标，也称为启动后期指标，是指电解槽从启动次日算起的若干天内的指标(目前新槽期为一个月)。

综合指标，是汇总正常生产槽指标和新启动槽指标计算出的综合指标，是上级对企业制订计划和考核的依据。

电解槽同时有两种以上电流强度的企业，为便于同行业同类型槽对比，要求分别按照不同电流强度系列计算各项技术经济指标。

3.11.1 铝电解产品产量

3.11.1.1 铝产品产量

铝电解产品按用途及铝含量分为铝及铝合金，如重熔用铝锭、炼钢及铁合金用铝锭、重熔用铝稀土合金锭、电工圆铝杆及铝合金等，以及经进一步深加工的精铝、高纯铝等。

A 电解槽出铝量

电解槽出铝量是指从电解槽内吸出供铸造用的铝液的重量，习惯上称为出铝量。通常是根据电解的出铝周期按照出铝任务单实际吸出的铝液数量，以磅称衡量数为准，计算单位为吨（单槽产出量常采用千克表示）。出铝量是计算电解铝液产量的基础。以前称作原铝，因国外通常将氧化铝电解生产的铝锭称为原生铝简称原铝，目前规定电解铝液简称为铝液。

B 电解铝液产量

电解铝液（以下简称铝液）产量是铝电解槽实际产出的、计入电流效率的金属铝量。铝液产量是电解铝生产管理上一个极为重要的产量指标，是计算一系列技术经济指标的基础。

C 铝产量

铝产量是指经过铸造成型符合产品质量标准并办理了入库手续的商品产品数量（含自用量)，计算单位为吨。

原（生）铝产量，是指用氧化铝-冰晶石融盐电解法生产出经铸造的最终铝及铝合金铸锭产品，计算单位为吨。

（说明：国内一般称为电解铝产量，国外一般称作原铝（原生铝）产量，为与国际一致，2004年全国经济普查统一规范为原铝产量。)

原铝产量包括：重熔用普通铝锭、重熔用电工铝、重熔稀土铝锭、铝圆杆、铝合金扁铸锭、铝合金圆铸锭、铝母线、铝合金铸轧带、重熔用铸造铝合金锭、脱氧铝等。

重熔用普通铝锭，也称普通铝锭（简称普铝)，是指铝液经过铸造得到的（供重熔用）铝锭，产品质量满足GB/T 1196—2008标准要求。

炼钢及铁合金用铝，也称脱氧铝，是指供炼钢脱氧用和部分铁合金用铝产品。产品质量符合YS/T 75—1994（2005）标准要求。

重熔用电工铝，是指铝液经过铸造而得电工用普铝。产品质量符合GB/T 1196—2008

标准要求。

重熔稀土铝锭，是指用氧化铝-冰晶石-稀土化合物融盐电解共析法生产出的铝液经过铸造而得到的稀土普铝产品。

铝圆杆，是指铝液经过连铸连轧生产出的线材产品如电工铝盘条、铝钛硼丝等。电工铝圆杆要求应符合《电工铝圆杆》（GB/T 3954—2008）标准的规定。

铝合金扁铸锭，是指铝液经过配料净化，在线精炼等工艺过程生产出的供铝加工厂压延用的大规格铝及铝合金扁铸锭产品，在加工企业通常称为板锭。铝合金扁铸锭的质量应符合《变形铝及铝合金扁铸锭》（YB/T 590—2006）标准要求。

铝母线，是指铝液经过铸造生产出的用于电解槽导电连接母线的铝产品。

铝卷板，是指铝液经过连铸连轧等工艺过程生产出的板材产品或板坯，标准称为铝合金铸轧带材。产品应符合《铝及铝合金铸轧带材》（YS/T 90—2008）标准的要求。

铝导杆，是指铝液经过铸造生产出的用于电解槽阳极导杆的铝产品。

铝合金圆铸锭，是指铝液经过配料净化、在线精炼等工艺过程生产出的供铝加工厂挤压用铝合金圆铸锭，如 LD31（6063 合金）合金等。铝合金圆铸锭的质量应符合《变形铝及铝合金圆铸锭》（YS/T 67—2005）标准要求。

铸造铝合金锭，是指铝液经过配料净化等工艺生产的铸造件用的铝合金产品。产品必须符合《铸造铝合金锭》（GB/T 8733—2007）标准要求。

需要注意的是，铝电解厂直接用铝液生产铝合金产品时，应根据合金中的铝含量折算出铝产量，铝合金产品产量则另列。实际应用中，如若合金添加金属量较小，也可以不计算折合量，直接以合金量计产量。

3.11.1.2 铝液产量与电解铝产量的关系

当在报告期生产的铝液用于铸造时，原（生）铝产量与铝液产量之差即铸造损失量（亦称铸造损失率或氧化烧损）。铸造损失量的大小视其品种、工艺而定。

3.11.2 基础指标——生产槽日、生产槽、槽日产量、平均电流强度

3.11.2.1 生产槽日

一台电解槽工作一昼夜称为一个生产槽日。我国铝行业规定，启动和停槽当日（不论何时）不计生产槽日。生产槽日是铝电解生产重要的进度指标，电解槽的生产槽日分为正常生产槽日、新启动槽日和综合槽日。一般新启动的电解槽从启动次日算起延续若干天称为新槽槽日（或称为新启动槽日、启动后期槽日）。

$$综合生产槽日 = 正常生产槽日 + 新槽槽日$$

3.11.2.2 平均生产槽

平均生产槽是指报告期内平均每日的生产槽台数。计算公式如下：

$$平均生产槽(台/天) = \frac{报告期生产槽昼夜(个)}{报告期日历天数(天)}$$

式中，报告期生产槽昼夜为报告期内逐日累计值，包括正常生产槽日和新启动槽日（下同）。

3.11.2.3 槽日产量（或称槽昼夜生产率）

槽日产量是指平均每台电解槽一昼夜产出的原铝数量。计算公式如下：

$$槽日产量(kg/槽日)=\frac{报告期铝液实际产量(t)\times 1000}{报告期实际生产槽日}$$

在编制生产计划或进行统计预测时，槽日产量也可以按下式计算：

槽日产量（kg/槽日）$=0.3355\times 24$（h）$\times$平均电流强度（A）$\times$电流效率（%）$\times 10^{-3}$

3.11.2.4 平均电流强度

平均电流强度是指通入铝电解槽的直流电流强度的平均值。按照报告期长短，分为日、月、季、年平均电流强度。

A 日平均电流强度

根据企业具备的计量手段不同，日平均电流强度可以分为以下三种计算方法。

(1) 只有电流强度指示仪表，未配置电流小时计、直流电量表和电压小时计的供电机组，按照等距间隔时间抄录的电流强度指示数计算平均电流强度。计算公式如下：

$$日平均电流强度=\frac{各次记录的电流强度之和}{记录次数}$$

（注："等距离间隔时间"即每次记录的时间间隔必须相等，一般不能超过1h。）

(2) 安装配置有电压小时计和直流电量表的供电机组按下式计算：

$$日平均电流强度(A)=\frac{直流电量(kW\cdot h)\times 1000}{日电解系列平均电压小时值(V\cdot h)}$$

式中，分子项必须是直流电度表上的指示数；分母项指供电小时电压累计值。

(3) 若无直流电量表，则以交流电量乘以整流效率求得直流电量，计算公式如下：

$$日平均电流强度=\frac{用于电解系列的工艺交流电量\times 整流效率\times 1000}{日电解系列平均电压\times 24}$$

B 累计平均电流强度

(1) 准确地计算出直流电量的企业，均应采用下式：

$$月(年)平均电流强度=\frac{\Sigma 日(月)直流电总量\times 1000}{\Sigma 日(月)系列总电压}$$

(2) 只有电流强度指示仪表的企业，累计平均电流强度可以用日或月平均电流强度为变量，用生产槽日加权，求加权算术平均数。计算公式如下：

$$月平均电流强度=\frac{\Sigma(平均电流强度\times 每日的生产槽日数)}{月度生产槽日之和}$$

$$累计平均电流强度=\frac{\Sigma(月平均电流强度\times 每月的生产槽日数)}{累计的月生产槽日之和}$$

3.11.3 效率指标——铝液电流效率、整流效率、电解工实物劳动生产率

3.11.3.1 铝液电流效率

铝液电流效率是指铝电解生产中原铝的实际产量与理论产量的比值，以百分数表示。计算公式如下：

$$铝液电流效率=\frac{铝液实际产量}{铝液理论产量}\times 100\%$$

式中，铝液实际产量是电解槽的净出铝量，即出铝量扣除生产班组为调整产品质量和技术条件而领回的周转铝、铝渣、切头等，加开槽在产铝量，减停槽在产铝量。企业在日常的

统计工作中铝液实际产量应按下式计算：

铝液实际产量 = 电解槽出铝量 + 开槽在产铝量 − 停槽在产铝量 − 向电解槽中加入的周转铝、铝渣、切头等实物量

在编制生产计划或进行统计预测时，铝液实际产量（t）也可按下式计算：

铝液实际产量 = 0.3355 × 24 × 平均电流强度 × 生产槽日 × 电流效率 × 10^{-6}

铝液理论产量是指一定电流强度的铝电解槽，通电 24h，理论上能在阴极析出的铝量。原铝理论产量按下式计算：

铝液理论产量 = 0.3355 × 24 × 平均电流强度 × 生产槽日 × 10^{-6}

（注：0.3355 为铝的电化当量（即 0.3355g/(A·h)）。

按照法拉第定律，电解析出 1 摩尔当量的任何物质所消耗的电量是相等的，为 96485C，一般计算时常用 96500C，这个电量称 1F，又称为法拉常数。1C 为 A·s（安培·秒），工业上常用 A·h（安培·小时）表示。

铝的电化当量计算如下：

$$\frac{26.98154/3}{96500/3600} = 0.3355 \ (\text{g}/(\text{A}\cdot\text{h}))$$

铝行业规定取 0.3355 为计算值，亦即通过 1A·h 电量，理论上析出 0.3355g 铝。）

计算电流效率应注意下列问题：

（1）铝液理论产量的累计数有两种计算方法。第一种方法是按照日（月）的电流强度计算日（月）的理论产量，然后逐日（月）相加求出累计数；第二种方法是按照累计电流强度计算累计理论产量。在生产槽数变化不大的情况下，两种方法计算结果偏差很小。

（2）一个铝电解厂如果有两个系列以上，全厂的铝液实际产量和铝液理论产量应为各系列产量之和。

（3）有些铝电解厂从电解槽直接生产铝合金（如稀土铝合金等）时，其铝液实际产量原则上应按铝合金中铝含量计算。

3.11.3.2 整流效率

整流器输出的直流电量与输入的交流电量的比值称为整流效率，整流效率越高，得到的直流电量越多，其转换损失越小。计算公式如下：

$$\text{整流效率} = \frac{\text{整流器输出的直流电量}}{\text{输入整流器的交流电量}} \times 100\%$$

式中 整流器输出的直流电量 = 供电电流小时累计值/24 × 供电电压小时累计值；

输入整流器的交流电量 = 供给电解各系列的交流电量。

整流效率应该经常测定，按测定值作为相应指标的计算依据（满负荷生产可以按设备铭牌整流效率计算）。

3.11.3.3 电解工人实物劳动生产率

电解工人实物劳动生产率是指报告期内平均每个电解工人所生产的铝产量。计算公式如下：

$$\text{电解工人实物劳动生产率} = \frac{\text{报告期交库铝产量}}{\text{报告期电解工人平均人数}}$$

式中，报告期电解工人平均人数包括电解车间、净化、铸造、氧化铝输送及铝合金产品多品种生产车间（如合金、铝板卷等）的工人人数。

$$月电解工人平均人数=\frac{报告月初电解工人人数总和+报告月末电解工人人数总和}{2}$$

$$季电解工人平均人数=\frac{季内各月电解工人平均人数之和}{3}$$

$$年电解工人平均人数=\frac{年内各季电解工人平均人数之和}{4}$$

企业可以根据实际情况合理调整，但原则上不大于以上取值范围。

3.11.4 生产工艺技术参数——槽电压、铝水平、电解质水平、效应系数等

3.11.4.1 效应系数

阳极效应是融盐电解所固有的一种特殊现象。冰晶石-氧化铝融体电解，当电解质中 Al_2O_3 浓度低于一定值时，在阳极上发生阳极效应。

阳极效应系数是指在铝电解过程中，平均每个槽日发生阳极效应的次数。计算公式如下：

$$效应系数=\frac{报告期发生阳极效应次数}{报告期生产槽日}$$

随着铝行业自动控制水平的提高，电解槽已实现了浓相输送，模糊控制，因此效应系数控制在较低水平，也是节能降耗的重要途径，这也是当前铝电解科技攻关的重点之一。

3.11.4.2 工作电压

工作电压（净电压）通常称为槽电压，是指每台电解槽槽控箱上的伏特指示计上所指示的电压值，或指并联安装在电解槽上的电压表（伏特计）所指示的电压值。工作电压不含公共连接母线分摊的电压和效应分摊的电压。计算公式如下：

$$工作电压=\frac{每日各电解槽伏特指示计的平均电压总和}{生产槽日数}$$

工作电压的高低，取决于电解槽的结构、工作制度和操作水平等，现代槽一般在3.95～4.10V。

3.11.4.3 平均电压

平均电压是指每个槽日的工作电压及分摊的电压平均值，它由工作电压、分摊的效应电压、分摊的电解槽间连接母线电压组成。计算公式如下：

$$平均电压=\frac{报告期电解系列电压总和-停槽短路口分摊电压-焙烧启动电压-新槽补偿电压}{报告期生产槽昼夜}$$

式中，报告期电解系列电压总和=报告期总电压（供电电压计小时累计值），V/24h；停槽短路口分摊电压按规定（或按实测值）计算，一般按0.3V/日计算；

$$焙烧启动电压=\frac{焙烧启动电量}{平均电流\times 24}$$

焙烧启动电量一般按设计值（或实际值）计算，焙烧启动电压一般按30V/日计算；

新槽补偿电压指启动后若干天内的补偿电压，一般按30V计算。

平均电压值在小数点后要四舍五入后保留三位小数。

为了体现企业的生产管理水平，取消扣减项中的各项电压，直接采用电压小时计仪表计量数值计算的电解槽平均电压更能反映客观实际。

3.11.4.4 铝水平

铝水平是指铝电解槽内经常保留的具有一定高度的铝液。铝水平的保持高度视槽型、电流强度以及工艺条件而定，统计时按实测值，即

$$报告期铝水平=报告期实测值（取平均数）$$

3.11.4.5 电解质水平

电解质水平是指与铝液同时经常保留在电解槽内的具有一定高度的电解液。电解质溶液起着熔化氧化铝的作用。统计时，电解质水平按实测数，即

$$报告期电解质水平=报告期实测数（取平均数）$$

3.11.4.6 分子浓度

分子浓度就是电解质中的氟化钠与氟化铝分子数比值的简称。统计时电解质中的分子浓度按化验结果进行计算，即

$$报告期电解质中的分子浓度=报告期化验值（平均数）$$

目前，铝电解采用电解质过剩氟化铝指标代替分子浓度，过剩氟化铝一般控制为：6.5%~11%（分子浓度约为：2.5~2.2）。

3.11.5 主要原材料单耗——氧化铝、氟化盐、阳极块单耗

为了真实地反映电解生产消耗和管理水平，即方便行业对比，又与成本核算一致，在消耗指标计算中采用以中间产品铝液和最终产品电解铝（原生铝）两种途径。

各种原材料的消耗应该是在这些原材料的收、耗、存平衡的基础上计算的。

3.11.5.1 铝液、电解铝（原生铝）氧化铝单耗

铝液、电解铝（原生铝）氧化铝单耗是指报告期内生产每吨铝液、原（生）铝所消耗的氧化量。公式如下：

$$铝液氧化铝单耗=\frac{报告期氧化铝消耗总量}{报告期铝液产量}$$

$$电解铝氧化铝单耗=\frac{报告期氧化铝消耗总量}{报告期电解铝产量}$$

3.11.5.2 铝液、电解铝（原生铝）阳极块毛耗

铝液、电解铝（原生铝）阳极块毛耗是指报告期内生产每吨铝液、电解铝所消耗的阳极块总量。计算公式如下：

$$铝液阳极块毛耗=\frac{报告期消耗阳极块总量}{报告期铝液产量}$$

$$电解铝阳极块毛耗=\frac{报告期消耗阳极块总量}{报告期电解铝产量}$$

（1）阳极只有一种规格时：

报告期消耗阳极块总量=每块阳极重量×报告期生产用阳极块块数（进电解全部阳极块总块数-挂极用阳极块块数）

（2）阳极有两种以上规格时：

报告期消耗阳极块总量 = ∑报告期某种规格阳极块单重 × 报告期生产用阳极块块数

3.11.5.3 铝液、电解铝（原生铝）阳极块净耗

铝液、电解铝（原生铝）阳极块净耗是指报告期内生产每吨铝液、电解铝消耗的阳极块净耗量。计算公式如下：

$$铝液阳极块净耗 = \frac{报告期阳极块净耗量}{报告期铝液产量}$$

$$铝电解阳极块净耗 = \frac{报告期阳极块净耗量}{报告期电解铝产量}$$

式中，报告期阳极块净耗量 = ∑报告期某种规格阳极块净重 × 报告期生产用阳极块块数，其中，阳极块净重 = 阳极块毛重 - 残极重量。

阳极块残极的重量在阳极规格尺寸基本不变的情况下经测定后确定一个值，在一段时间内应保持相对稳定。

3.11.5.4 铝液、电解铝（原生铝）氟化盐单耗

氟化盐为冰晶石、氟化铝、氟化钠、氟化钙、氟化镁等消耗的总称。

铝液、电解铝氟化盐单耗是指报告期内生产每吨铝液、电解铝所消耗的氟化盐量。计算公式如下：

$$铝液氟化盐单耗 = \frac{报告期氟化盐消耗量}{报告期铝液产量}$$

$$电解铝氟化盐单耗 = \frac{报告期氟化盐消耗量}{报告期电解铝产量}$$

式中，报告期氟化盐消耗量是指报告期内供给电解生产用的冰晶石、氟化铝、氟化钠、氟化钙、氟化镁等消耗的总和，不包括电解槽焙烧、启动的补偿用料。

（1）冰晶石单耗，是指报告期内生产每吨铝液、电解铝所消耗的冰晶石量，不包括电解槽启动用料。计算公式如下：

$$铝液冰晶石单耗 = \frac{报告期冰晶石消耗量}{报告期铝液产量}$$

$$铝电解冰晶石单耗 = \frac{报告期冰晶石消耗量}{报告期电解铝产量}$$

（2）氟化铝单耗，是指报告期内生产每吨铝液、电解铝所消耗的氟化铝量，不包括电解槽启动用料。计算公式如下：

$$铝液氟化铝单耗 = \frac{报告期氟化铝消耗量}{报告期铝液产量}$$

$$铝电解氟化铝单耗 = \frac{报告期氟化铝消耗量}{报告期电解铝产量}$$

（3）氟化钠单耗，是指报告期内生产每吨铝液、电解铝所消耗的氟化钠量，不包括电解槽启动用料。计算公式如下：

$$铝液氟化钠单耗 = \frac{报告期氟化钠消耗量}{报告期铝液产量}$$

$$铝电解氟化钠单耗 = \frac{报告期氟化钠消耗量}{报告期电解铝产量}$$

(4) 氟化钙单耗，是指报告期内生产每吨铝液所消耗的氟化钙量，不包括电解槽启动用料。计算公式如下：

$$铝液氟化钙单耗=\frac{报告期氟化钙消耗量}{报告期铝液产量}$$

$$铝电解氟化钙单耗=\frac{报告期氟化钙消耗量}{报告期电解铝产量}$$

3.11.5.5 天然气单耗

近年来为了节约能源，铝电解企业采用一次能源天然气，铸造车间和炭素阳极生产均采用天然气。由于炭素阳极已经进行过成本核算，所以，计算铝电解天然气消耗不包括炭素阳极生产消耗的天然气。计算公式如下：

$$铝液天然气单耗=\frac{报告期天然气消耗量}{报告期铝液产量}$$

$$铝电解天然气单耗=\frac{报告期天然气消耗量}{报告期电解铝产量}$$

3.11.6 电耗——铝液直流电及交流电单耗、铝锭综合交流电单耗

3.11.6.1 铝液直流电单耗

铝液直流电单耗是指报告期内生产每吨铝液所消耗的直流电量。

理论式：$$铝液直流电单耗=\frac{平均电压}{0.3355\times 电流效率\times 10^{-3}}=2.98\times\frac{平均电压}{电流效率\times 10^{-3}}$$

原式为：$$铝液直流电单耗=\frac{iut\times 10^{-3}}{0.3355irt\times 10^{-6}}=\frac{u}{0.3355\times 电流效率\times 10^{-3}}$$

式中 i——电流强度，A；

u——平均电压，V；

t——电解时间，h；

r——电流效率，%。

生产统计上铝液直流电单耗通常采用下式计算：

$$铝液直流电单耗=\frac{报告期电解原铝消耗的直流电量}{报告期铝液产量\ (\mathrm{t})}$$

式中，报告期电解原铝消耗的直流电量=直流电总量-停槽短路口分摊电量-焙烧启动用直流电量。

直流总电量通常是按照电压数值分配的，系列总电压可以区分为正常生产槽电压、停槽短路口电压和焙烧启动电压，所以直流总电量也应该依电压分解为上述部分。

在计算直流电耗时，可以依据计算正常指标、启动后期指标（非正常期）和综合指标的需要，选用不同的直流电量，计算出不同的单耗指标。

为了体现企业的生产管理水平，取消扣减项中的短路口和焙烧启动消耗等电量，直接采用电表计量数值或计算数值更能反映客观实际。

以上两个公式，在日常统计工作中，铝行业规定采用第二种。理论计算式仅作为审核铝液直流电单耗和分析铝液直流电耗升降原因的一种方法。

铝液直流电耗的倒数称为电能效率，表示每千瓦时电能实际生产铝的克数。

3.11.6.2 铝液交流电单耗

铝液交流电单耗是指生产每吨铝液消耗的交流电量，既反映电解槽的技术状况和工艺操作水平，又反映整流效率，也称为可比交流电耗。计算公式如下：

$$铝液交流电单耗=\frac{报告期系列交流电量}{报告期铝液产量}$$

说明：报告期电解铝液消耗交流电量＝电解用交流电总量（即输入整流器的交流电总量）－停槽短路口分摊交流电量－焙烧启动用交流电量。

（注意：式中各扣减部分的途径要与铝液直流电单耗计算式中的扣减部分途径一致。）

铝液交流电单耗也可用下式计算：

$$铝液交流电单耗=\frac{报告期铝液直流电单耗}{整流效率}$$

3.11.6.3 电解铝（铝锭）综合交流电耗

电解铝（铝锭）综合交流电耗是以单位产量表示的综合交流电消耗量，即用报告期内用于电解铝生产的综合交流电消耗量除以报告期内产出的合格电解铝交库量。计算公式如下：

$$电解铝综合交流电耗=\frac{报告期综合消耗交流电量}{报告期交库电解铝总量}$$

式中：

（1）分子项报告期综合消耗交流电量包括电解铝生产全部用电量，含电解工序用交流电量；电解工序、铸造工序的动力及照明用电：如电解的通风排烟和烟气净化设施，氧化铝输送设施，铸造的混合炉（保持炉）、熔炼炉、扒渣机、堆垛机、天车等设备用电；分摊的辅助、附属部门用电：如为电解服务的供电车间、机修车间、电维车间、计算机室、化验室等用电及分摊的线路损失等。

（2）分母项报告期交库电解铝总量是指电解铝商品产量与自用量之和。

该指标的分子、分母项计算口径应该一致，待入库的周转铝量波动较大时，对电解铝综合交流电耗将有较大的影响，应尽量避免。

（注：（1）由于电解铝耗电分为直流、交流两部分，为综合反映不同类型电量使用情况，通常需要计算电解铝综合直流电耗和电解铝动力电耗指标情况。

（2）目前大部分企业铝产品品种较多，如生产铝线坯、铝导杆、铝母线、铝卷板、铝合金扁铸锭、铝合金圆锭、铸造合金锭等，且产量占电解铝总产量的比重不断上升，因加工工序及设备的区别，其耗电量高于普通电解铝耗电量，使电解铝综合交流电耗偏高，不利于同行业对比。因此当一个企业的电解铝品种较多时，还应按产品和工艺计算各品种综合交流电耗。）

$$重熔铝锭综合交流电耗=\frac{报告期重熔铝耗综合电量}{报告期重熔铝锭产量}$$

$$某种铝产品综合交流电耗=\frac{报告期某品种铝产品综合耗电量}{报告期某品种铝产品产量}$$

式中，各企业可根据多品种生产的工艺技术条件合理进行分摊，以利于同行业同品种进行对比和对电解交流电耗、生产某种铝产品的装备用电、净化及动力等辅助用电进行分摊。如果生产某种铝产品的装备用电有单独计量仪表，以铝液用量分摊净化及动力等辅助用电量比较合理。

3.11.7 质量指标及槽寿命

3.11.7.1 Al99.70以上品率

Al99.70以上品率是指报告期生产的经检验合格交库的铝产量中含铝99.70%以上的铝锭占全部铝锭产量的百分比。计算公式如下：

$$铝锭\ Al99.70以上品率 = \frac{报告期含铝99.70\%以上铝总量}{报告期铝产量} \times 100\%$$

式中：

（1）只生产重熔铝锭的企业：

分子项指报告期交库铝锭中Al99.70以上的总量。

分母项指全部交库铝锭总产量。

（2）生产多品种的企业：

分子项指报告期交库铝锭中含铝99.70%以上的总量，包括普铝中含铝99.70%以上铝锭、电工铝、铝线坯、铝导杆、稀土普铝中含铝99.70%以上的铝锭等。

分母项指与分子项同品种的全部交库铝锭量。铝合金扁铸锭、铝合金圆铸锭、铸轧板卷、铸造铝合金锭、炼钢及铁合金用铝（脱氧铝）等不参与本指标计算。

3.11.7.2 铝合金综合合格率

铝合金综合合格率是指报告期经检验符合产品质量标准的入库铝合金产量占全部铝合金数量（合格品数量与不合格品数量之和）的百分比。计算公式如下：

$$铝合金综合合格率 = \frac{报告期交库铝合金合格品产量}{报告期全部铝合金数量} \times 100\%$$

式中：

（1）分子项指报告期生产的经检验合格入库的铝合金产量。

（2）分母项指报告期生产的全部铝合金数量，包括经检验合格品的入库量和产生的不合格品数量。

企业根据铝产品品种可分别计算铝合金扁铸锭和圆铸锭、铝板卷、铝母线、铸造铝合金合格率等。

3.11.7.3 铝铸造损失率

铝铸造损失率，也称铸造损耗率或氧化烧损，是指铝液在铸造过程中损失的铝量，亦指从电解铝液到铝产品铸造过程损失的金属量。计算公式如下：

$$铸造损失率 = \frac{铸造过程金属铝损耗量}{电解铝液量} \times 100\%$$

式中，铸造过程金属铝损耗量，在企业产品计量设施齐全的条件下，应该建立严格的铝产品收、耗、存平衡，即投入产出平衡制度，并按下式计算：

$$\begin{aligned}铸造过程金属铝损耗量 = {} & 期初在产铝结存量 + 本期铝液产量 - 入库铝产量 - \\ & 期末在产铝结存量\end{aligned}$$

在实际操作中，如果产品单一且期末期初结存量相差不大的企业，也可按下式计算：

$$铸造损失率 = \left(1 - \frac{报告期铝产量实际数量}{报告期铝液实际数量}\right) \times 100\%$$

式中，分子、分母项的实际产量均包括合格品和不合格品数量。

多品种产品铸造损失率的计算公式为：

$$\text{铝合金产品铸造损失率} = \left(1 - \frac{\text{铝合金产品实际数量}}{\text{铝合金产品铸造用铝液} + \text{合金添加量合计}}\right) \times 100\%$$

式中，分子、分母项的合计中均包括合格品和不合格品数量，分子、分母项的计算途径必须一致。工艺相同的品种合并计算取值后应保持一定时期不变。

铝合金铸造烧损参考值如下：

普铝（含脱氧铝、电工铝等重熔用铝）电炉为0.5%以下，油气炉为0.7%以下；铝母线、铝导杆、电工圆铝杆（铝线坯或铝盘条）、铸造铝合金锭为2%以下；挤压用铝合金圆铸锭、压延用铝合金扁铸锭、铝合金铸轧板卷为2.5%。

3.11.7.4 大修电解槽平均寿命

大修电解槽寿命是指一台电解槽从焙烧启动到停槽大修整个生产阶段运行的时间。

$$\text{大修电解槽平均寿命} = \frac{\sum \text{报告期大修槽实际运行时间}}{\text{报告期大修槽台数}}$$

3.11.8 开、停槽和在产铝的规定

3.11.8.1 开、停槽指标计算的特殊规定

本规定所涉及的开槽是指新建电解槽的开槽、大修理后的开槽和二次启动的开槽。

大修槽及二次启动槽停槽时，规定在产铝不作产量交库，如特殊情况大量停槽，且较长时间不能恢复生产者例外。

在新系列启动投产、大修槽启动投产和二次启动投产时，不论是采用铝水焙烧还是采用炭粉（或称焦粉）焙烧，均规定从启动次日起开始计算生产槽日和其他指标；停槽时，不论一天24h内何时停槽，停槽当日均不计算生产槽日。

电解槽焙烧启动规定每台槽补偿30V／日电压，超出部分列入正常生产用电。

目前，有些企业焙烧启动期间采用给电量的办法，即每台槽给一定的直流电量（设计规定或企业规定），倒算电压也是可取的，但焙烧、启动、启动后期总电压不得超过规定值。

停槽短路口电压降每槽每天为0.3V，目前，短路口生产实测电压降约30~60mV。此数不包括在焙烧、启动及启动后期电压中。

新槽槽日：从启动次日算起30天为启动后期，此期间电流效率按实际出铝量计算，原则上不低于80%。

新建电解槽启动用的冰晶石、氟化钠、氟化钙、炭阳极不计入正常生产消耗。大修启动、二次启动用料原则上计入生产消耗，其大修费用中包含启动用料的费用，为防止重复计算，可以不计入正常生产消耗。

新槽根据电流强度大小，启动槽用冰晶石额定值见表3-12。

3.11.8.2 在产铝的规定

电解生产按照预定的程序出铝，大型电解槽通常每天出一次铝，中型槽每天或每隔一天出一次铝。每次出的铝量差不多等于该期内产出的铝量。出铝后，槽内保留一定数量的铝液。这部分铝称为在产铝。

在产铝在投产初期按电流大小给一个额定数，新建铝厂或拟改造（自焙槽改预焙槽）铝厂等，原则上按设计值确定，在产铝额定值参见表3-12，各企业根据实际情况可适当调整。

表3-12 启动槽用冰晶石和在产铝额定值

槽型/kA	新建槽用冰晶石/t	大修槽用冰晶石/t	在产铝/t
60～70	7	5	4
71～75	8	7	5
80～90	9	8	6
100～110	12	10	7
120～135	14	12	8
140～160	17	14	9
180～190	21	18	10
200～250	26	22	12
260～290	28	23	18
300～350	30	25	20
400	50	40	30

4 电解铝及铝合金铸造

4.1 铝及铝合金简介

4.1.1 概述

在铝及铝合金材料加工厂一般都设计有熔炼与铸造车间（或分厂），有的称为熔炼车间（或分厂），生产铝及铝合金板材、棒材、管材、线材、型材及锻件、冲压件等产品所需的各种板锭、圆锭、方锭、空心锭等。而在铝电解厂也设计有铸造车间（或分厂），一般只生产重熔用铝锭，并供给铝及铝合金材料加工厂及制品厂，这样造成铝锭二次重熔产生的能源浪费和铝的氧化烧损比较严重。为此，一些铝电解厂，特别是一些新建铝厂生产铝及铝合金加工厂及制品厂的熔铸车间的部分产品，以减少资源和能源的浪费，同时可降低铝加工厂及铝制品厂的生产成本和环境污染。

2006 年全世界用原铝铸造扁锭和铸轧带坯生产的板、带、箔占其总产量的 46%，我国的比例约为 22%。我国 2012 年的中期目标值是 45% ~ 50%，远期目标是达到 70% 左右。

所以，目前在电解铝厂的铸造车间生产的产品除普通重熔用铝锭外，主要的发展方向是为下游产品提供半成品。就我国而言，目前的半成品主要有铝及铝合金扁铸锭、圆锭、方锭、铝圆杆、铸轧带材等，这些都属于变形铝及铝合金。另外，还有普通重熔用铸造铝合金锭和锻压及压铸用的各种坯锭、圆锭、方锭等。

为满足用户对这些产品性能的要求，就必须从熔炼设备、铸造设备着手，对熔炼工艺、铸造工艺等过程进行合理的控制，特别是熔炼过程对熔炼温度、合金的化学成分及杂质含量的控制，铸造过程对浇注温度、铸造速度、冷却速度等工艺参数的控制，从而保证铝及铝合金的化学成分。在此基础上，才能进一步保证产品的结晶组织和性能，以保证产品满足用户进一步加工的需要。因此，作为电解铝厂的铸造工，首先应该了解铝及铝合金的化学成分、性质、用途及熔炼铸造工艺特性等，以此指导生产实践，生产出符合标准并满足用户要求的产品。

4.1.2 铝及铝合金的分类

铝及铝合金一般分为工业重熔用铝、铸造铝合金、变形铝合金，但大多数教科书及培训教材按照后两种分类划分，把工业铝划分为变形铝合金和铸造铝合金两大类。

按照铝电解厂的生产方式可把铝及铝合金分为精铝（高纯铝）、普通铝锭（重熔用铝锭）、电工铝锭、稀土铝合金锭、变形铝合金锭、铸造铝合金锭。这些铝及铝合金普通块锭均作为铝加工厂或铝制品厂的原料需要进行二次熔化后再加工。而电解铝厂直接铸造的铝及铝合金扁铸锭、圆锭、方锭、铝圆杆、铸轧带材可以作为铝加工厂的坯料进行加工，不需要二次重熔，有些可以作为产品直接被使用。

按照铝及铝合金的加工方法和铝与其他元素形成的二元相图来分，可把铝及铝合金分为两大类，即铸造铝合金和变形铝合金（常用分类），如图4-1所示。

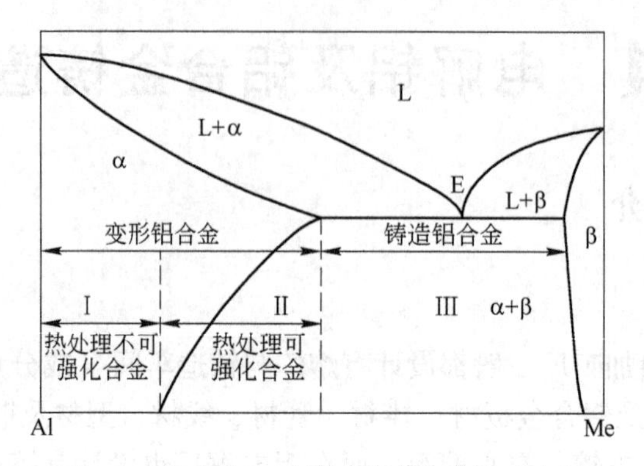

图4-1 铝合金二元相图的合金分类示意图

4.1.2.1 铸造铝合金

一般来说，铸造铝合金中所含元素的量要高一些（例如Al-Si合金的硅含量为4.5%~13%），并具有较多的共晶体，有较好的铸造性能，但可塑性低，不宜进行压力加工，可用于铸造工程机械等铸件或其他制品、器具等，如仪表壳、减速机箱体、水泵外壳、电动机转子和风扇，内燃机活塞和汽缸、油箱、油泵和轮毂等。

根据在铝基体上加入的主要合金元素，国家标准《铸造铝合金锭》（GB/T 8733—2007）把铸造铝合金分为8个系列69个品种，如表4-1所示。

表4-1 铸造铝合金分类

组　别	牌号系列	品种数量
Al-Cu系	2××.×	7
Al-Si-Cu或Mg系	3××.×	41
Al-Si系	4××.×	12
Al-Mg系	5××.×	5
Al-Zn系	7××.×	2
Al-Ti系	8××.×	—
Al-其他金属系	9××.×	2
备用组	6××.×	—

铸造铝合金锭的化学成分见附录1（GB/T 8733—2007），铸造铝合金的铸造性能见表4-2，铸造铝合金的物理性能见表4-3，铸造铝合金的力学性能参见有关参考书，铸造铝合金国内外牌号及代号对照见附录2。这里除附录1所列合金采用新代码外，其余表所列合金和本书的文字叙述均采用原有代码。

表 4-2 铸造铝合金铸造性能

合金名称	合金代号	适合的铸造方法			抗热裂性	气密性	流动性	凝固疏松倾向	
		S	J	Y					
Al-Si 合金	ZL101	√	√	×	优	优	优	良	
	ZL101A	√	√	×	优	优	优	良	
	ZL102	√	√	√	优	良	优	优	
	ZL104	√	√	√	优	优	优	优	
	ZL105	√	√	×	优	优	优	优	
	ZL105A	√	√	×	优	优	优	优	
	ZL106	√	√	×	优	优	优	优	
	ZL107	√	√	×	良	良	良	良	
	ZL108	×	√	√	良	良	优	中	
	ZL109	×	√	×	良	良	优	中	
	ZL111	√	√	×	良	良	优	中	
	ZL114A	√	√	×	优	优	优	优	
	ZL115	√	√	×	良	良	优	良	
	ZL116	√	√	×	优	优	优	优	
	ZL117	×	×	√	中	中	优	中	
Al-Cu 合金	ZL201	√	×		中	中	中	中	
	ZL201A	√	×		中	中	中	中	
	ZL202	√	√		良	良	良	良	
	ZL203	√	×		中	中	中	中	
	ZL204A	√	×		中	中	中	中	
	ZL205A	√	×		中	中	中	中	
	ZL206	√	√		中	中	中	中	
	ZL207	√	√		良	良	良	良	
	ZL208	√	√		中	中	中	中	
	ZL209	√	×		中	中	中	中	
	201.0	√	×		中	中	中	中	
	206.0	√	×		中	中	中	中	
Al-Mg 合金	ZL301	√	√	×	中	较差	中		
	YL302	√	√	√	好	中	中		
	ZL303	√	√	√	中	较差	中		
	ZL305	√	×	×	中	较差	中		
Al-Zn 合金								收缩率/%	
								线收缩	体收缩
	ZL401	√	√	√	良	较差	良	1.2~1.4	4.0~4.5
	ZL402	√	√	×	中	中	良	—	—

注：√为适合的铸造方法，×为不适合的铸造方法。

S—砂型铸造，J—金属膜铸造，Y—压力铸造。

表 4-3 铸造铝合金物理性能

合金名称	合金代号	热处理状态	密度 /g · cm^{-3}	固相线及液相线温度/℃	电阻率 /μΩ · m	电导率 IACS/%	热导率 (25℃) /W · (m · K)$^{-1}$	线膨胀系数 (20 ~ 300℃) /K^{-1}	比热容 (100℃) /J · (kg · K)$^{-1}$
Al-Si 合金	ZL101		2.68	557 ~ 613	0.0457	39	150.7	23.5×10^{-6}	879
	ZL101A		2.68	557 ~ 613	—	40	150.7	23.5×10^{-6}	879
	ZL102		2.65	577 ~ 600	0.0548	39	154.91	23.3×10^{-6}	837
	YL102		2.66	574 ~ 582	—	31	121	—	—
	ZL104		2.63	555 ~ 595	0.0468	37	113	23×10^{-6}	754
	YL104		2.63	557 ~ 596		29	113	—	—
	ZL105		2.71	546 ~ 621	0.0462	36	159.1	24×10^{-6}	837
	ZL105A		2.71	546 ~ 621	—	39	159.1	24×10^{-6}	837
	ZL106		2.73	552 ~ 596	—	30	121	23.2×10^{-6}	—
	ZL107		2.80	516 ~ 604	—	27	109	23.5×10^{-6}	963
	ZL108		2.68	—	—	159.1	—	—	
	ZL109		2.71	538 ~ 566	0.0595	29	117	20.9×10^{-6}	—
	ZL110		2.89	—	—	—	—	25.4×10^{-6}	—
	ZL111		2.71	552 ~ 596	0.0595	32	128	22.9×10^{-6}	963
	YL112		2.72	538 ~ 593	0.075	27	108.8	22.5×10^{-6}	963
	YL113		2.73	558 ~ 571	—	23	92	22.1×10^{-6}	—
	ZL114A		2.68	557 ~ 613	—	40	152	23.6×10^{-6}	963
	ZL116		2.66	557 ~ 596	—	39	151.7	23.4×10^{-6}	—
	ZL117		2.65	—	—	—	—	—	—
	YL117		2.73	505 ~ 650	—	27	134	—	—
Al-Cu 合金	ZL201	T4	2.78	548 ~ 650	0.0595	—	113.0	—	837.4
	ZL201A	T5	2.83	548 ~ 650	—	—	—	26.4×10^{-6}	879
	ZL202	T6	2.80	—	—	—	—	—	837.4
	ZL203	T5	2.80	548 ~ 650	0.0433	35	154.9	—	837.4
	ZL204A	T6	2.81	544 ~ 633	—	—	—	27.31×10^{-6}	—
	ZL205A	T5 T6 T7	2.82	544 ~ 633	—	25	105 113 117	27.6×10^{-6} 25.9×10^{-6} —	888 888 —
	ZL206	T7	2.90	542 ~ 631	0.0649	—	154.9	23.9×10^{-6}	—
	ZL207	T1	2.80	—	0.053	—	96.3	26.7×10^{-6}	—
	ZL209	T6	2.82	544 ~ 633	—	25	113	25.9×10^{-6}	—
	ZL201.0	T6	2.78	535 ~ 650	0.054	—	121.4	24.7×10^{-6}	921
	ZL260.0	T4	2.80	542 ~ 650	—	—	121	—	921
	BAJI10	—	2.81	548 ~ 650	0.058	—	122	26.6×10^{-6}	879

续表4-3

合金名称	合金代号	热处理状态	密度/g·cm^{-3}	固相线及液相线温度/℃	电阻率/μΩ·m	电导率 IACS/%	热导率(25℃)/W·(m·K)$^{-1}$	线膨胀系数(20~300℃)/K^{-1}	比热容(100℃)/J·(kg·K)$^{-1}$
Al-Mg合金	ZL301		2.55	452~604	0.0912	21	92.1	27.3×10^{-6}	1046.7
	ZL303		2.60	550~650	0.06	—	125.60	27.00×10^{-6}	963.00
Al-Zn合金	ZL401		2.95	545~575	—	—	—	27.00×10^{-6}	—
	ZL402		2.81	570~615	0.0493	40	138	25.6×10^{-6}	963

4.1.2.2 变形铝合金

变形铝合金的强度和塑性一般较高，可通过锻造、滚轧、辗压、挤压等方法给铝合金施加外力，即压力加工法，使其产生变形而成为各种不同形状、尺寸、性能的材料或制品。

根据化学成分和热处理特点的不同，变形铝合金分为不可热处理强化的铝合金和可热处理强化的铝合金，具体分类和代号如下：

工业纯铝——代号为1×××，

Al—Cu系列——代号为2×××，

Al—Mn系列——代号为3×××，

Al—Si系列——代号为4×××，

Al—Mg系列——代号为5×××，

Al-Mg-Si系列——代号为6×××，

Al-Zn-Mg系列——代号为7×××，

Al-Fe系列——代号为8×××。

不可热处理强化的铝合金不能用淬火和时效的热处理方法使其强化，它们只能通过冷加工硬化的压力加工方法来提高机械强度。这类合金见表4-4、表4-5。

表4-4 不可热处理铝合金

	组别	合金系	旧代号	新牌号系列
不可热处理的铝合金	工业纯铝	Al: 99.5%的原铝	L	1×××
	防锈铝	Al-Mn系合金	LF	3×××
		Al-Mg系合金	LF	5×××

表4-5 可热处理铝合金

组别	合金系	旧代号	新牌号系列
硬铝	Al-Cu-Mg	LY	2×××
	Al-Cu-Mn	LY	2×××
锻铝	Al-Cu-Mg-Fe-Ni	LD	2×××
	Al-Mg-Si-Cu	LD	6×××
	Al-Mg-Si	LD	6×××

续表 4-5

组 别	合金系	旧代号	新牌号系列
特殊铝	Al-Si	LT	4×××
超硬铝	Al-Zn-Mg-Cu	LC	7×××

可热处理强化的铝合金采用淬火和时效的方法能够显著提高其机械强度。这类铝合金主要有锻铝、硬铝、超硬铝、特殊铝。

铝电解厂目前生产的变形铝合金主要为工业用纯铝——1×××系列、Al-Mn——3×××系列、Al-Mg——5×××系列和 Al-Mg-Si——6×××系列及以其他合金元素为主的铝合金 8×××系列。

我国现行的国家标准《变形铝合金及铝金化学成分》（GB/T 3190—2008）中，表 1 适用于国际牌号，共收录铝合金牌号 159 个；表 2 适用于四位字符牌号，共收录铝合金牌号 114 个。其化学成分参见原标准，因牌号品种较多，这里不再详述。

4.1.3 铝及铝合金生产工艺流程

目前，大部分铝电解厂生产重熔用铝锭的产量比重较大，但也有个别铝厂生产铝合金的产量比重较大。在此简单介绍铝合金铸造的生产工艺流程。

在铝合金铸造生产工艺中某些合金元素熔点低、易挥发，如金属 Mg 和 Zn 在熔炼中应待其他金属全部熔化完后加入。

在许多工厂中熔炉设备少，大多数工厂都把混合炉和静置炉合二为一使用，即有的生产线只有一台炉子，既做混合炉又做静置炉。

工艺流程为：

配料计算→金属炉料的准备→非金属材料的准备→熔炉及工器具的准备→装炉及熔化（加硅、铜、锰等）→扒渣及搅拌（加钛、镁、铍等）→炉前分析→调整成分→精炼合金液→静置保温→除渣→出炉浇注→铸锭

铝合金铸造的生产工艺流程如图 4-2 所示。

4.1.4 常用铸造铝合金主要特性及用途

铸造铝合金是我国发展较早的有色金属材料之一，其密度小，比强度高、耐腐蚀，因此广泛应用于航空、航天、汽车、机床制造等制造业。目前，随着行业的发展，对铸造铝合金的需求越来越大，尤其是汽车工业的大发展，轿车生产总量激增，对铝合金的需求量越来越大。例如，一汽生产的红旗轿车，其整车铝合金铸件已经超过 100kg，而且随着对节约能源和环境保护要求的提高，铝铸件的生产正朝着轻量化、强韧化、精密化和复合化的方向发展，铸造铝合金的应用将有很大的空间。

在各类铸造铝合金中，按照其性能特点可分为：高强韧铝合金、耐热铝合金、耐蚀铝合金和超轻铝合金等，其中高强韧铸造铝合金能够保证合金在高强度的条件下，还具有高的断裂韧性、疲劳性能和抗应力腐蚀性能，因此可以部分取代锻件，制备成形状复杂的铸件。例如，ZL205A 高强度铸造铝合金，该合金的极限拉伸强度可达 500 MPa 以上，已广泛用于航空、航天和交通等领域。为了满足压铸件生产的需求，开发了 Al-Si-Mg 系和 Al-

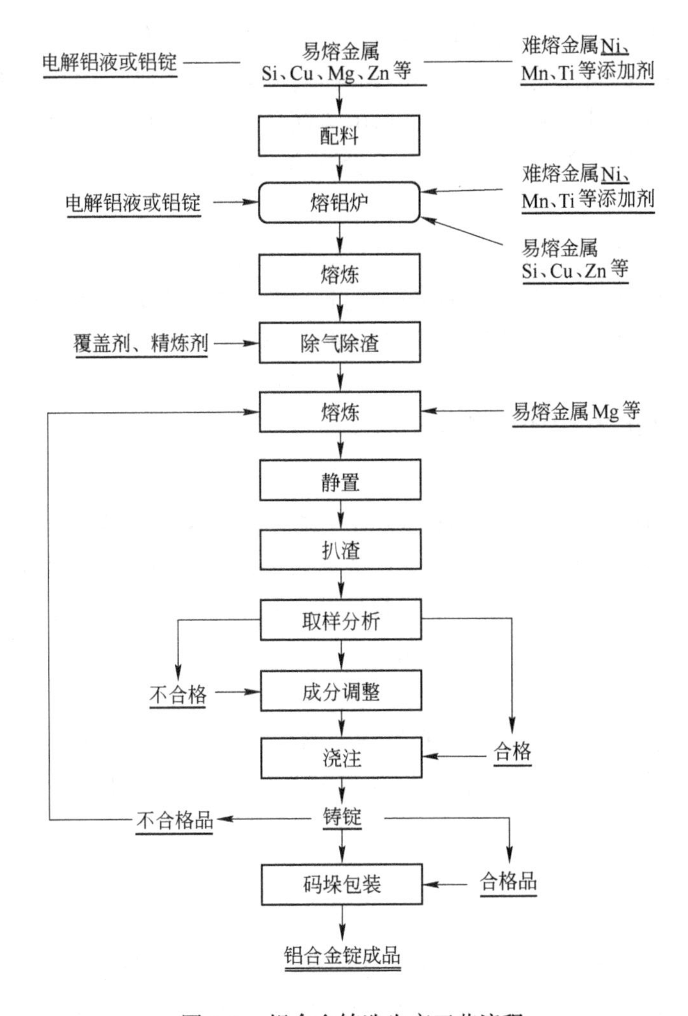

图4-2 铝合金铸造生产工艺流程

Si-Cu系等压铸型铝合金，这类合金具有较高的力学性能及良好的切削加工性能，约占压铸件铝合金的70%，在汽车和摩托车等产品中压铸件生产应用比较广泛，包括支架、托架、滑板、左右机匣、刹车毂、泵体、刮雨器、支臂等结构件，压铸型铸造铝合金的发展将为促进铸造铝合金向压铸这种低成本的铸造方式转变创造条件。超轻型铸造铝合金是目前正在发展的一种铸造铝合金，包括Al-Li合金等，这种合金的密度比通常铝合金的小，而且弹性模量高，强度和抗疲劳性能以及抗腐蚀性能好，特别适用于航空和航天等零部件的减重要求。

4.1.4.1 铝硅系ZLD101、ZLD101A铝合金

A 特性

铝硅系ZLD101、ZLD101A铝合金属于热处理可强化铝—硅—镁系铸造合金，具有优良的铸造工艺性能，即高的流动性、气密性和低的热裂、疏松倾向。合金具有优良的耐大气腐蚀和抗应力腐蚀性能，适用于工业和海洋的气氛中而无需表面防护，在不同大气条件下，暴露五年后强度的变化仅为-1%~-3%。焊接性能良好，通常采用氩弧焊，也可采

用气焊、炭弧焊、原子焊等，但不推荐钎焊。切削加工性能低于铝—镁系和铝—铜系合金，刀具磨损也高于硅含量低的合金。其强度虽然低于ZLD104、ZLD1O5等合金，但具有更高的塑性和韧性，其熔炼工艺也较ZLD104简单。ZLD101A是ZLD101的改进型，杂质含量较低，添加钛细化剂调整成分，使合金具有更高的力学性能。

B 用途

ZLD101和ZLD101A合金适用于金属型、砂型和熔模铸造及压力铸造等工艺方法，可制造形状复杂、气密性要求较高的各种优质铸件，如支架、液压元件、附件壳体、仪表外壳等；ZLD101A可用于飞机发动机的各种机匣、泵体、壳体、汽车和摩托车上各种结构件的优质铸件等。

4.1.4.2 铝硅系ZLD102铝合金

A 特性

ZLD102铝合金属于不可热处理强化的铝—硅系共晶型铸造铝合金，具有优良的铸造工艺性能，流动性好，无热裂和疏松倾向，并有较高的气密性。力学性能低，切削加工性能低于其他铸造铝合金。耐蚀性能好。焊接性能良好，可采用氩弧焊或其他焊接方法进行补焊或连接。合金一般在变质状态下使用。

B 用途

ZLD102合金适用于砂型、金属型和熔模铸造等工艺方法，可用于制作形状复杂、工作温度在200℃以下，要求高气密性、承受低载荷的零件，如仪表壳、活塞、制动器外壳等。

4.1.4.3 铝硅系ZLD104铝合金

A 特性

ZLD104铝合金属于可热处理强化的铝—硅—镁系铸造合金，具有优良的铸造工艺性能，合金有形成针孔的倾向，在消除针孔的条件下，可达到较高的致密性和气密性，合金熔炼工艺相对较复杂。在潮湿的大气中具有较高的耐蚀性，无应力腐蚀倾向。焊接性能良好，可氩弧焊、气焊。切削加工性能较差，热处理后硬度提高，加工性能得以改善。

B 用途

ZLD104铝合金适用于金属型、砂型和压力铸造等工艺，可用于制作形状复杂的薄壁零件和制造尺寸较大的中等载荷、工作温度不超过180℃的零件，如缸体、气缸盖、框架等。

4.1.4.4 铝硅系ZLD108、ZLD109铝合金

A 特性

这两种合金铸造性能良好，但切削加工性能差、密度小、线膨胀系数低，热导率和耐热性能高。可热处理强化，室温和高温力学性能较高。在熔炼中需进行变质处理后浇注，耐磨性能良好。

B 用途

ZLD108、ZLD109铝合金一般用于硬模铸造，也可采用金属型和压力铸造工艺。适合

制造内燃发动机的活塞及要求耐磨且尺寸和体积稳定及高温下（≤250℃）工作的零件。

4.1.5 常用变形铝合金主要特性及用途

4.1.5.1 工业纯铝1×××系列铝合金

A 特性

工业纯铝1×××系列铝合金强度低、塑性高，导电和导热性能好，耐蚀性高，易于气焊和接触焊，铸造性能较好，易于压力加工，不能热处理强化。

B 用途

工业纯铝1×××系列铝合金主要用作导电体、铝板、铝箔，用于制作垫片、密封圈等；也可用作不受力而要求具有某种特性的结构件，要求塑性高，耐蚀性、导电、导热性好的结构元件，如电线保护导管、垫片、密封垫圈、飞行器中推进器箱的膜片等。

4.1.5.2 铝锰系3A21铝合金

A 特性

铝锰系合金，锰的加入使铝合金得到强化并提高了抗蚀性能。强度较低，但比纯铝高，不能热处理强化，冷变形可提高强度，可气焊、氩弧焊和接触焊。在退火状态下耐蚀性和纯铝相近，冷却硬化后的耐蚀性降低，有剥落腐蚀倾向，合金切削性能差。

B 用途

3A21铝合金用于制作塑性和焊接性要求高的，在液体和气体中工作的低载荷零件，如油箱、汽油或润滑油导管以及燃料箱壳体、传感器外壳等，火车和汽车以及建筑装潢用铝板等。

4.1.5.3 铝镁硅系6063铝合金

A 特性

6063铝合金属于铝—镁—硅系可热处理强化合金。镁与硅的比例为1.73，合金挤压加工，锻造性能好，阳极氧化性好，抗蚀性好。6063合金经淬火加人工时效后HBS不小于80。

B 用途

6063铝合金用于制造飞机起落垫，轻便小船、自行车曲柄、链轮，火车和汽车以及建筑构件用铝材，楼梯、桥上护栏等。

4.1.5.4 铝镁硅系6A02铝合金

A 特性

6A02铝合金属于铝—镁—硅系可热处理强化的锻铝合金，含有少量铜元素。固熔处理及时效后，具有中等强度和较高塑性。合金耐蚀性很好，无应力腐蚀倾向；在固熔处理及自然时效状态下，耐蚀性可与5A02、3A21相媲美。人工时效状态合金有一定的晶向腐蚀倾向，并随着硅含量的过剩而增加。在规定范围内，铜含量增加会降低耐蚀性。合金在热加工温度范围内塑性很高，锻造和模锻温度为420~470℃。易于点焊及氩弧焊，气焊性能良好。在退火状态下切削性差，应在T_4、T_6状态下加工。

B 用途

6A02 铝合金适用于制造在冷、热状态下，加工塑性和耐蚀性要求高的中等载荷零件以及形状复杂的型材、锻件，如飞机发动机零件、直升机桨叶等。零件的工作温度范围可在 -70 ~ 50℃之间。

4.2 金属的凝固与铸坯

4.2.1 金属的凝固过程

所有的固态金属都是晶体（除一些特殊成分合金由液态激冷也可得到非晶体金属外），金属由液体状态转变为固体状态的过程称为金属的结晶（金属凝固）。当液态金属冷却到凝固温度（结晶温度）以下时，就不断地从液体中产生出固相核心（晶核），接着这些核心（晶核）逐渐长大，同时在剩余的金属液体中又不断产生新的晶核并不断长大，这样发展下去，直至液体金属全部消失为止。结晶终了，即金属全部凝固。所以，液体金属的凝固过程（结晶过程）就是液体金属不断产生晶核和晶核长大的过程。金属凝固过程如图 4-3 所示。

一般来说，纯金属和共晶金属只有一个固定的凝固温度，而且每一种金属都有相对应的凝固（结晶）温度。但是晶核的凝固都是在一定的结晶温度范围内凝固，只是结晶温度范围有宽窄之分而已。例如 ZLD101 铝合金开始凝固温度为 615℃，最终凝固温度为 555℃，凝固温度范围为 615 ~ 555℃，凝固温度区间为 60℃。

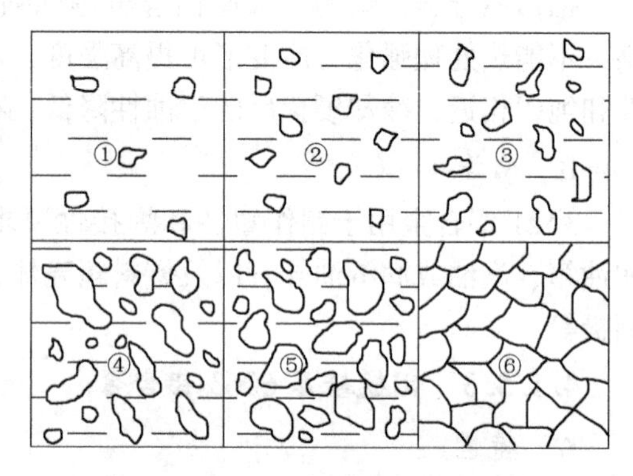

图 4-3 金属凝固过程示意图

金属在结晶时，如果只有一个核心生长时，凝固到最后得到的晶体只有一个，称为单晶体。但在实际生产中，金属的凝固是由许多结晶核心向不同的方向生长而得到无数个小晶体，即实际固体金属为多晶体。人们把多晶体中各小晶体颗粒称为晶粒。晶粒间的界面称为晶界。

晶粒的形状、尺寸大小和金属的凝固过程有一定的关系，而且对金属的性能影响较大。在金属的铸造过程中所产生的铸造缺陷，如缩孔、疏松、热裂、气孔、针孔、冷隔都对金属的性能有不良影响。所以，掌握金属凝固过程的有关知识，对获得优质铸锭有很大的作用。

4.2.2 金属晶粒度的影响因素

4.2.2.1 过冷度的影响

金属结晶时的冷却速度越高，其过冷度就越大。不同的过冷度 ΔT 对晶核的形成率 N（晶核形成数目(个·$(s \cdot mm^3)^{-1}$)）和晶体成长率 G（mm/s）的影响如图 4-4 所示。

从图 4-4 可以看出有以下特点：（1）过冷度等于零，无晶核形成，也就是无晶体产生。（2）随着过冷度的增加，晶核形成率和晶体成长率都增大，晶粒逐渐变细，并在一定的过冷度时各达到一个最大值。这时，晶粒最细。小于这个过冷度的值为一般工业可实现的条件。(3) 当晶核形成率达到最大值时，继续加大过冷度，晶核的形成率和晶体的成长率都逐渐减小。而这时也是一般工业条件难以实现的过冷度。

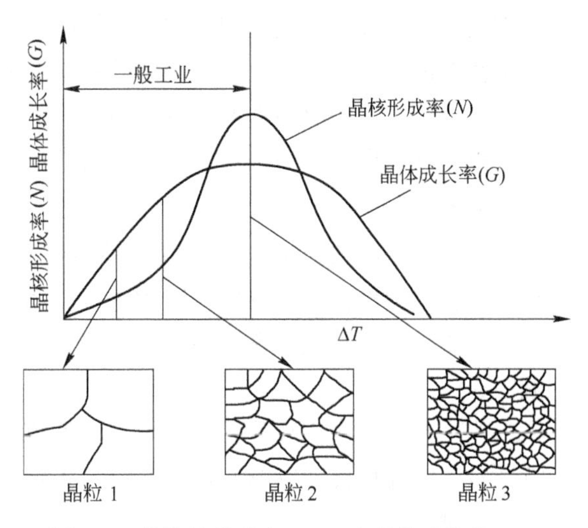

图 4-4 晶核的形成率（N）和晶体成长率（G）与过冷度（ΔT）的关系

4.2.2.2 不熔杂质的影响

任何金属中总不免含有少量的杂质，有的可与金属一起熔化，有的则是呈未熔的固体质点悬浮在金属液体中，即未熔杂质。当未熔杂质的晶体结构在某种程度与金属相近时，常可显著加速晶核的形成，使金属的晶粒细化。

从铸造技术来讲，金属晶粒的大小，受温度、孕育剂和合金化、铸模的热学性质、振动能的引入等因素的影响，在此不做进一步论述。

晶粒大小对金属的力学性能有很大的影响。一般情况下，晶粒越细小，金属的强度就越高，塑性和韧性也越好。因此，在工业生产中，经常采用细化晶粒的工艺措施来改善金属的力学性能。

变质处理：在金属熔炼过程中，在金属液体中加入某种难熔杂质促使金属在凝固时晶粒得到细化，以达到改善其力学性能的目的。把这种细化金属晶粒的方法称为变质处理。把加入的难熔杂质称为变质剂。

由于变质处理对细化金属晶粒的效果比增加结晶时的冷却速度（或过冷度）的效果更好，因而，变质处理方法目前在工业生产上得到了广泛的应用。例如，在铝合金中加入微量的 Ti、B、Zr、Sr 等元素来细化铝合金都是典型的实例。实际生产中，铝合金细化剂已被广泛采用，如 Al-Ti 合金、Al-Ti-B 合金（或丝）、Al-Ti-C 合金、Al-Sr 中间合金、SR810 锶盐长效变质剂等。目前，根据铝合金种类的不同可选择使用。

4.2.3 铸件的凝固方式

在铸造生产的金属凝固过程中，不可避免地将产生一些铸造缺陷，如缩孔、疏松、热裂、气孔、冷隔、偏析等。因此，通过进一步认识金属的凝固过程，来控制铸件的凝固方式。铸件的凝固方式分为顺序凝固和同时凝固两种。

4.2.3.1 顺序凝固

顺序凝固是在铸造工艺上采取各种措施，使铸件的凝固自表面向中心进行，从远离浇注口或冒口的部分最先凝固，然后是靠近浇注口或冒口部分，最后是浇注口或冒口凝固，这样的凝固称为顺序凝固，或称为方向性凝固。

在铝电解厂的熔铸生产中，铸锭的凝固基本上都属于顺序凝固。但大直径圆铸锭和较厚的扁铸锭同时存在着温差，因此在凝固期间容易在铸件温差较大的部分产生热裂。铝电解厂的熔铸车间生产的某些规格的圆铸锭和较厚的扁铸锭中心就容易产生热裂缺陷。凝固后，金属在冷却过程中更容易产生较大应力，而引起铸件变形、冷裂等缺陷，因此，一般要设置冒口。在铝厂铸造的圆锭、扁铸锭的切尾就相当于切冒口。

4.2.3.2 同时凝固

同时凝固就是在铸造工艺上采取各种措施，使铸件各部分之间的温度差尽可能地减小，从而使整个铸件体积内各部分同时进行凝固。金属在这样的凝固过程中，晶核在铸件各部同时产生并各自长大，直到晶体相互连接时为止。这样的凝固称为同时凝固，或称为体积凝固。

在工业生产中，由于某些铝合金结晶温度范围较宽，顺序凝固和同时凝固的方式都存在。特别是大直径铸件和厚壁铸件。所以，各种铸造缺陷产生的机会多，应在铸造工艺过程中加以控制。

4.2.4 金属的铸锭组织

在工业生产中，一般是通过铸造过程把金属制作成各种不同形状和不同规格的铸锭，然后对铸锭进行热处理或加热后进行压力加工成各种型材、板材、箔材、管材、线材及其他工业和民用产品。

金属结晶的组织结构和晶粒度，除了上述过冷度和未熔杂质两种重要因素影响外，还可能受到其他因素的影响。工业生产的铸锭组织一般有三层不同外形的晶粒组成。一是最外层为表面细晶粒层，二是表层内的柱状晶粒层，三是铸锭中心部位的粗大等轴晶粒层。其铸锭组织示意图如图4-5所示。

4.2.4.1 表面细晶粒层

金属在浇入铸锭模后，模壁温度较低，表层金属受到剧烈的冷却，造成较大的过冷度，导致铸锭表层的晶粒最细。特别是水冷模和强制水冷结晶的铸锭表层的细晶粒最为明显。

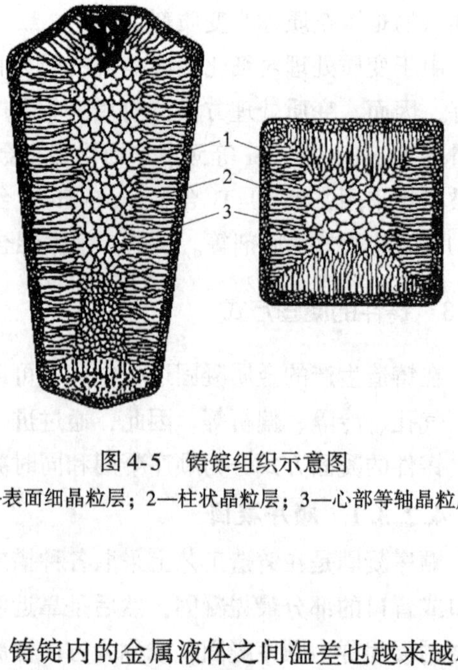

4.2.4.2 柱状晶粒层

在表层的细小晶粒形成后，模壁的温度随之升高，铸锭的冷却速度便有所下降，晶核的形成率减小，而成长率较大。因这时铸锭沿垂直于模壁的散热较好，所以，各晶粒沿着枝晶轴方向成长速度较快，这样就形成了柱状晶粒。

图4-5 铸锭组织示意图

1—表面细晶粒层；2—柱状晶粒层；3—心部等轴晶粒层

4.2.4.3 中心部位的粗大等轴晶粒层

随着柱状晶粒成长到一定的程度，铸锭内的液体金属向模壁外散热的速度越来越慢，铸锭内的金属液体之间温差也越来越小，散热的方向性已很不明显，因而液体趋于均匀冷却状态。金属液体内存在有少量的不熔杂质和柱状晶的枝晶分枝被冲断的枝晶，形成剩余金属液体晶核，这些晶核由于在不同方向上成长的速度相同，因而就形成了粗大的等轴晶粒层。

4.2.5 铝及铝合金铸坯的基本要求

为确保铝加工产品的成品率及产品质量，对铸锭（或铸坯）有以下要求：

(1) 铸坯的化学成分和结晶组织应尽可能均匀。铸造铝合金因合金元素含量较高，结晶温度范围较宽，因而在铸造过程造成铸锭成分不均的概率很大。因此，如果在铸造过程中包括熔炼方法及过程，因操作不当或工艺参数及工艺方案设计的不合理或控制不严，都将造成铸锭各部分化学成分和结晶组织不均匀，例如：铸锭的区域偏析、密度偏析等。

变形铝合金合金元素含量虽然相对较少，但因铸造方法的不同和工艺参数控制的不合适都将造成铸锭各部分化学成分或结晶组织不均匀，特别是结晶组织不均匀现象比较普遍。变形铝合金化学成分或结晶组织不均匀，将给下道工序的产品造成各种缺陷，例如，加工冷裂、表面花斑等缺陷。所以，为了铸锭结晶的均匀化，在压力加工前，铸锭一般情况下都应进行均匀化处理。

(2) 铸坯内部和外表质量应符合有关标准要求或用户的特殊要求。铸锭内部和表面上不允许有冷隔、气孔、夹渣、疏松、裂纹等缺陷。这些缺陷能使加工制品产生很多缺陷和废品，降低产品的力学性能、抗蚀性能以及塑性等。

(3) 铸坯的形状和尺寸必须符合技术要求，否则将影响下道工序的成品率。有些坯料须进行扒皮处理后方可加工，但是，尺寸过大时扒皮厚度增加将造成不必要的浪费。有些铸锭不需扒皮处理可进行直接加工，若铸锭尺寸过大，对挤压成型产品来说，有可能无法进入挤压筒，对压延产品来说，需多加工几个道次或增加热处理次数。尺寸过小，特别是挤压产品的铸锭外表尺寸偏小或板坯宽度偏小，将造成加工制品的成材率下降。

铝合金生产过程中，铸锭的缺陷有数十种，这些缺陷是造成铸锭废品的主要原因。因此，如何识别和分析铸锭中的缺陷及其成因，寻找防止或减少产生缺陷的方法，对提高铸锭和加工产品的质量，具有很现实的意义。

4.3 铝及铝合金熔炼

4.3.1 原辅材料的使用与管理

铝合金熔炼时加入的金属材料称为炉料或原材料，熔炼用非金属材料又常称为辅助材料。配制铝合金所用的炉料一般包括新金属料（纯铝锭、纯原铝液）、废料（浇口、冒口、溜槽内各种成分合格的废铝料、锯切头等）、不合格的铸坯、中间合金、其他需要添加的纯金属等。它们对控制合金成分、工艺性能、加工性能、物理性能及产品质量有重要影响。原材料进厂必须经过检查验收，符合国家标准、行业标准或企业内部标准。

4.3.1.1 纯金属的管理、使用和验收

铝合金是在纯铝基础上加入其他合金元素配制而成的。配制合金时，应根据所生产的合金品种对化学成分的要求，选择所需各类纯金属的品位及质量。无论何种品位的纯金属均不同程度地含有杂质元素，这些杂质元素熔入合金后，势必会影响合金的成分和性能。所以选择纯金属品位时，应从保证熔体质量、控制合金成分和杂质含量等方面来考虑，应尽量选择

杂质含量较少、纯度较高的高品位纯金属。但品位纯度越高，价格越贵，因此在选用时，应遵循节约原则，在保证质量的前提下，选用低纯度金属炉料，尽量避免使用过高品位的纯金属，以降低生产成本。合理选择原材料的品位，在配料过程中是一项重要的原则。

A 原铝锭的验收、管理和使用

a 原铝锭的验收要求与管理

铝合金生产企业所采购的电解铝液或原铝锭内部成分及外观质量应符合国家标准 GB/T 1196—2008 或企业原材料采购标准，外购铝锭应进行抽样检查。重熔用铝锭的化学成分见表 4-6。

表 4-6 重熔用铝锭质量标准（GB/T 1196—2008）

牌 号	化学成分/%									
	Al（不小于）	杂质（不大于）								
		Si	Fe	Cu	Ga	Zn	Mg	Mn	其他	总和
Al99.90	99.90	0.05	0.07	0.005	0.020	0.025	0.01	—	0.010	0.10
Al99.85	99.85	0.08	0.12	0.005	0.030	0.030	0.02	—	0.015	0.15
Al99.70	99.70	0.10	0.20	0.01	0.03	0.03	0.02	—	0.03	0.30
Al99.60	99.60	0.16	0.25	0.01	0.03	0.03	0.03	—	0.03	0.40
Al99.50	99.50	0.22	0.30	0.02	0.03	0.05	0.05	—	0.03	0.50
Al99.00	99.50	0.42	0.50	0.02	0.05	0.05	0.05	—	0.05	1.00
Al99.70E	99.70	0.07	0.20	0.01	—	0.04	0.02	0.005	0.03	0.30
Al99.60E	99.60	0.10	0.30	0.01	—	0.04	0.02	0.007	0.03	0.40

注：1. 铝质量百分数为 100% 与质量分数等于或大于 0.010% 的所有杂质总和的差值。
2. 表中未作规定的其他杂质元素，如 Mn、Ti、V，供方可不作常规分析，但应定期分析，每年至少两次。
3. 用于食品、卫生工业用的重熔用铝锭，其杂质 Pb、As、Cd 的质量百分数均不大于 0.01%。
4. 对于表中未规定的其他杂质元素含量，如需方有特殊要求时，可由供需双方另行协议。
5. 分析数值的判定采用修约比较法，数值修约规则按 GB/T 8170 的有关规定进行。修约数位与表中所列极限值数位一致。
6. 若铝锭中杂质锌的质量分数不小于 0.010% 时，供方应将其作为常规分析元素，并纳入杂质总和；若铝锭中杂质锌的质量分数小于 0.010% 时，供方可不作常规分析，但应每季度分析一次，监控其含量。

原铝锭应附有产品质量证明书，注明厂名、牌号、批号、化学成分；

原铝锭表面应干燥清洁，无脏物、油污、泥土、灰尘和霜雪；

铝锭应根据化学成分、牌号及涂色标记分别堆放。

b 原铝锭的使用原则

在保证新铝用量的前提下，有特殊要求的制品，应选用品位高的铝锭。原铝锭中 Fe、Si 含量低于铝合金制品中 Fe、Si 含量时，不再选用品位高的铝锭。在原铝锭中 Cu、Fe、Si 是杂质，但对部分合金是主要成分的，尽量采用低品位的铝锭。

原铝锭在使用之前必须掌握其各种品位的杂质及含量。

B 镁锭的管理与使用

a 镁锭的验收与管理

（1）镁锭表面清洁，无泥土、无腐蚀、无熔渣和熔剂夹杂物；

（2）进厂的镁锭必须有质量合格证，并抽样进行检查；

（3）镁锭化学成分及外观质量符合《原生镁锭》（GB/T 3499—2003）标准中的规定和要求或企业原材料采购标准的要求。重熔用镁锭的化学成分见表4-7；

（4）镁锭应单独进行保管，未使用之前不要去掉防腐蜡和油纸，以免受潮或被腐蚀。

表 4-7　重熔用镁锭的化学成分（GB/T 3499—2003）

牌　号	化学成分/%										
	Mg（不小于）	杂质元素（不大于）									其他单个杂质
		Fe	Si	Ni	Cu	Al	Mn	Cl	Ti	Pb	
Mg9998	99.98	0.002	0.003	0.0005	0.0005	0.004	0.002	0.002	0.001	0.001	0.005
Mg9995	99.95	0.003	0.01	0.001	0.002	0.01	0.01	0.003	Zn：0.01		0.005
Mg9990	99.90	0.04	0.02	0.001	0.004	0.02	0.03	0.005	—	—	0.01
Mg9980	99.80	0.05	0.03	0.002	0.02	0.05	0.06	0.005	—	—	0.05

注：镁的含量以100%减去表中所列杂质总和的差值。

b　镁锭的使用

（1）铝合金熔炼配料和补料时要考虑镁的烧损量；

（2）镁锭不能随同炉料一起入炉，一般在取样之前，在熔剂覆盖下，用加镁器具压入铝液中，以防氧化烧损。

C　工业硅

工业硅的化学成分及外观质量应符合《工业硅》（GB 2881—2008）标准中的规定和要求，硅表面应清洁，无泥土、无腐蚀、无熔渣和其他夹杂物；进厂的工业硅必须有质量合格证，并抽样进行检查。工业硅的化学成分见表4-8。

表 4-8　工业硅冶金用硅的化学成分（GB 2881—2008）

牌　号	化学成分/%			
	Si（不小于）	杂质（不大于）		
		Fe	Al	Ca
Si-1	99.60	0.20	—	0.05
Si-2	99.50	0.30	—	0.10
Si-3	99.30	0.50	—	0.20

注：1. 冶金用硅是指在冶金方面用于配制铝硅等各种合金所用的工业硅。

2. 硅含量以100%减去杂质含量总和来确定。

3. 如有特殊要求，可由供需双方另行商定。

D　金属锰

金属锰的化学成分及外观质量应符合行业《电解金属锰》（YB/T 7051—2003）标准中的规定和要求，锰表面应清洁，无泥土、无腐蚀及其他夹杂物；进厂的金属锰必须有质量合格证，并抽样进行检查。金属锰的化学成分见表4-9。

表4-9 电解金属锰的化学成分（YB/T 7051—2003）

<table>
<tr><th rowspan="3">牌 号</th><th colspan="7">化学成分/%</th></tr>
<tr><th>Mn</th><th>C</th><th>S</th><th>P</th><th>Si</th><th>Se</th><th>Fe</th></tr>
<tr><th>不小于</th><th colspan="6">不 大 于</th></tr>
<tr><td>DJMnA</td><td>99.95</td><td>0.01</td><td>0.03</td><td>0.001</td><td>0.002</td><td>0.0003</td><td>0.006</td></tr>
<tr><td>DJMnB</td><td>99.9</td><td>0.02</td><td>0.04</td><td>0.002</td><td>0.004</td><td>0.001</td><td>0.01</td></tr>
<tr><td>DJMnC</td><td>99.88</td><td>0.02</td><td>0.02</td><td>0.002</td><td>0.004</td><td>0.06</td><td>0.01</td></tr>
<tr><td>DJMnD</td><td>99.8</td><td>0.03</td><td>0.04</td><td>0.002</td><td>0.01</td><td>0.08</td><td>0.03</td></tr>
</table>

E 阴极铜

阴极铜的化学成分及外观质量应符合《阴极铜》（GB/T 467—2010）标准中的规定和要求，铜表面应清洁，无泥土、无腐蚀及其他夹杂物；进厂的阴极铜必须有质量合格证，并抽样进行检查。阴极铜的化学成分见表4-10。

表4-10 标准阴极铜化学成分（GB/T 467—2010）

<table>
<tr><td rowspan="3">一号
标准铜</td><td rowspan="2">Cu + Ag
（不小于）</td><td colspan="10">杂质含量（不大于）/%</td></tr>
<tr><td>As</td><td>Sb</td><td>Bi</td><td>Fe</td><td>Pb</td><td>Sn</td><td>Ni</td><td>Zn</td><td>S</td><td>P</td></tr>
<tr><td>99.95</td><td>0.0015</td><td>0.0015</td><td>0.0005</td><td>0.0025</td><td>0.002</td><td>0.0010</td><td>0.0020</td><td>0.002</td><td>0.0025</td><td>0.001</td></tr>
<tr><td rowspan="2">二号
标准铜</td><td>Cu</td><td colspan="3">Bi</td><td colspan="2">Pb</td><td colspan="2">Ag</td><td colspan="3">总含量</td></tr>
<tr><td>99.0</td><td colspan="3">0.0005</td><td colspan="2">0.005</td><td colspan="2">0.025</td><td colspan="3">0.03</td></tr>
</table>

注：供方需按批测定标准阴极铜中的铜、砷、锑、铋含量，并保证其他杂质符合本标准规定。

F 海绵钛

海绵钛的化学成分及外观质量应符合标准《海绵钛》（GB/T 2524—2010）。钛表面应清洁，无泥土、无腐蚀及其他夹杂物；进厂的海绵钛必须有质量合格证，并抽样进行检查。海绵钛的化学成分及性能如表4-11所示。

表4-11 海绵钛的产品牌号、化学成分及布氏硬度值（GB/T 2524—2010）

<table>
<tr><th rowspan="3">产品
名称</th><th rowspan="3">产品
牌号</th><th colspan="10">化学成分/%</th><th rowspan="3">布氏
硬度
（HBW10/
14700/30，
不大于）</th></tr>
<tr><th rowspan="2">Ti
（不小于）</th><th colspan="9">杂质元素（不大于）</th></tr>
<tr><th>Fe</th><th>Si</th><th>Cl</th><th>C</th><th>N</th><th>O</th><th>Mn</th><th>Mg</th><th>H</th></tr>
<tr><td>0级</td><td>MHT-100</td><td>99.7</td><td>0.06</td><td>0.02</td><td>0.06</td><td>0.02</td><td>0.02</td><td>0.06</td><td>0.01</td><td>0.06</td><td>0.005</td><td>100</td></tr>
<tr><td>1级</td><td>MHT-110</td><td>99.6</td><td>0.10</td><td>0.03</td><td>0.08</td><td>0.03</td><td>0.02</td><td>0.08</td><td>0.01</td><td>0.07</td><td>0.05</td><td>110</td></tr>
</table>

续表 4-11

产品名称	产品牌号	化学成分/%											布氏硬度（HBW10/14700/30，不大于）
		Ti（不小于）	杂质元素（不大于）										
			Fe	Si	Cl	C	N	O	Mn	Mg	H	
2 级	MHT-125	99.5	0.15	0.03	0.10	0.03	0.03	0.10	0.02	0.07	0.05	125
3 级	MHT-140	99.3	0.20	0.03	0.15	0.03	0.04	0.15	0.02	0.08	0.010	140
4 级	MHT-160	99.1	0.30	0.04	0.15	0.04	0.05	0.20	0.03	0.09	0.012	160
5 级	NHT-200	98.5	0.40	0.06	0.30	0.05	0.10	0.30	0.08	0.15	0.030	200

注：产品中 Mn、Mg、H 三种成分的分析数据，需方不要求时，供方可不提供，但应符合表中的规定。

4.3.1.2 废料的分类、分级及使用

废料亦称回炉料，是配制合金的主要原料之一。铝合金加工制品的成品率一般在60% ~75%左右，即有25% ~40%的原材料在加工过程中变成废料。根据废料的来源和级别不同，其使用和处理方法也不同，需要严格控制，否则影响产品质量或造成严重浪费。

A 废料的分类

废料按照来源不同，大致可分为厂内废料和厂外废料两大类。铝及铝合金废料、废件的详细分类可参见国家标准《铝及铝合金废料》（GB/T 13586—2006）中的规定和要求。

本厂废料：这部分废料是指熔铸或加工工序所产生的加工废料和不合格的报废料（即工艺废料，如内部成分超标、外观质量不符合要求等）。如果管理使用得当，这些废料通常不需要处理就可直接回炉使用。此外，各种锯、车、刨、铣等的切屑及放置过久腐蚀严重的废料、不易分辨难以挑选的废料，由于污染严重，杂质过多，质量较差，须经重熔、精炼、分析成分后才能重新配入炉料中。

厂外废料：这部分废料来源于各铝加工厂及商业回收部门所回收的废料，其成分复杂，杂质较多，需要经过重熔复化、精炼提纯后，方可适量配入炉料中。这种铝称为再生铝、二次铝或复化锭。废料中的某些有害元素，即使含量很少，也会严重影响产品质量和工艺性能。因此，熔炼高品质的铝合金时，一般不使用厂外废料。

B 废料的分级管理

铝及铝合金废料一般分为三级。生产现场的各种废料，必须按合金牌号、纯度、尺寸及表面质量等进行分类分级堆放和保管。堆放废料处要有明显标志，且要保持干燥和清洁，决不能将废料搁置在露天场地上。管理好废料、正确地使用废料对保证产品质量、降低生产成本、节约金属极为重要，同时它也是一项责任重大而细致严谨的技术管理工作，生产企业务必要引起高度重视，否则会造成混料及成批化学成分超标的废品，增加生产成本。

一级废料：一级废料大体上是指化学成分合格的那些外形尺寸较大，厚度较厚的几何和工艺废料，且表面较清洁，主要包括铸造工序不因杂质含量超标而报废的铸锭（铸件），浇冒系统、压力加工工序的边角余料及其他因形状、尺寸、表面不合格的产品。

这类废料，要按合金牌号来分类管理，只要确认没有混料，即可直接作为炉料来使用，无须重作化学分析。但对因保管不善或其他客观原因导致牌号不明或相混的废料，则不能直接使用，而要经过重熔复化进行化学分析后方可使用。

二级废料：二级废料是指断面尺寸较小或厚度较薄的几何及工艺废料，以及某些被油污、泥土等弄脏的一级废料；包括含有较多杂质或气体但成分合格的铸造碎片、溅出料、带有过滤网的浇道和浇口，冲压工序的边角余料，化学成分不合格的铸锭（铸件）等，这些都要经过重熔、精炼、化验等工序确认品位后才能酌情使用。二级废料的最大回用量一般为30%。

三级废料：三级废料包括尺寸较小的各种试样、机加工下来的铝及铝合金切屑、铝材使用后的边角余料、回收的各类铝及铝合金废料、铝合金锯屑、合金液表面扒出的含铝浮渣、炉底或浇包上含铝的剩余熔渣等，以及被油污、泥土弄脏的二级废料。三级废料也需经过重熔、精炼、化验等工序确认品位后，少量搭配使用，其最大回用量为20%。

等外废料：等外废料是指品位低、难以分清合金牌号的混杂废料，其状态和成分较复杂，铝合金生产中一般不予采用。

4.3.1.3 熔炼用非金属及辅助材料

铝合金熔炼用非金属材料是指熔炼及铸造用的各类工艺性材料。熔炼用辅助材料包括熔剂（精炼剂、变质剂、覆盖剂及其他熔剂）、涂料等。

A 熔炼用工艺材料

铝合金熔炼用工艺材料要求见表4-12。

表4-12 铝合金熔炼用工艺材料要求

材料名称	技术标准	技术要求（质量分数）
氧化锌	GB/T 3494—1996	Zn-X2以上
滑石粉	GB 15342—1994	一等品以上
碳酸钠	GB 210—2004	一等品以上
工业硅酸钠（水玻璃）	GB/T 4209—2008	一等品以上
氟锆酸钾	—	98%以上
二氧化钛	GB/T 1706—2006	一等品
六氯乙烷	HG/T 3261—2002	优级品
氯化锌	HG/T 2323—1992	优等品
光卤石	—	氯化镁不大于2%，不溶物不大于1.5%，水分不大于2%，氯化镁44%~52%，氯化钾36%~46%
氯化钠	HG 3255—2001	优级
氯化钾	GB/T 7118—2008	一级以上

续表 4-12

材料名称	技术标准	技术要求（质量分数）
氟化钠	YS/T 517—2009	二级以上
氟硅酸钠	GB 23936—2009	优等品
冰晶石	GB/T 4291—2007	一级以上
碳酸钙	HG/T 3249—2008	一等品以上
氯化镁	QB/T 2605—2003	一级以上

B 熔炼铝合金常用的精炼剂（表 4-13）

表 4-13 熔炼铝合金常用的精炼剂

名称	特点	适用范围
氯气	对铸锭或铸件要求高时采用，但设备复杂，对厂房和设备腐蚀严重	针孔度要求严格的铸锭或铸件
六氯乙烷	不吸潮，无须烘干，腐蚀性小，易于保存，可以广泛代替氯盐精炼剂	各种铸造铝合金通用
四氯化碳	精炼效果好，同时对合金有晶粒细化作用	铝硅合金
氯化锰	使用前在 100 ~ 120℃ 烘烤 2 ~ 4h，并保存在 100 ~ 130℃ 的干燥箱中	适用于铝铜合金
氯化锌	易吸潮，需要采取防潮措施或使用前需要烘干	适用于含锌合金或对锌杂质要求不严的合金
钡熔剂或光卤石	先进行脱水烘干处理；对坩埚工具等设备有腐蚀；熔炼除渣不彻底，易造成熔剂夹渣	主要用于 ZLD301 等铝镁合金熔炼的除渣精炼
惰性气体	氮气或氩气，成本低，无污染	适用于各种合金，尤其是锶变质合金
复合精炼剂	为盐类熔剂配制，可以直接使用，有变质和晶粒细化作用	根据说明书使用

C 变质剂

铝合金常用钠盐变质剂见表 4-14。

表 4-14 铝合金常用的钠盐变质剂

名称	成分（质量分数）/%				熔点/℃	适用范围
	氟化钠	氯化钠	氯化钾	冰晶石		
一号通用变质剂	60	25	—	15	850	浇注温度为 740 ~ 760℃ 的共晶铝硅合金
二号通用变质剂	40	45	—	15	750	浇注温度为 740 ~ 760℃ 的共晶及亚共晶铝硅合金
三号通用变质剂	30	50	10	10	710	浇注温度为 700 ~ 740℃ 的共晶及亚共晶铝硅合金

续表 4-14

名称	成分（质量分数）/%				熔点/℃	适用范围
	氟化钠	氯化钠	氯化钾	冰晶石		
二元变质剂	67	33	—	—	730	适用于 ZLD102 合金
三元变质剂	25	62	13	—	700	适用于 ZLD101、ZLD105、ZLD104 合金

D 覆盖剂及其他熔剂

铝合金和铝中间合金熔炼常用覆盖剂及其他熔剂见表 4-15。

表 4-15 铝合金和铝中间合金熔炼常用覆盖剂及其他熔剂

组分（质量分数）	配制方法及要求	适用范围
$Na_3AlF_6(100)$	烘烤脱水	铝钛中间合金熔炼覆盖剂
$KCl(40)+BaCl_2(60)$	混合均匀后熔化，浇注成 100mm 厚度的锭，然后破碎成粉状，保存在 110～150℃待用	铝铍、铝铬中间合金熔炼覆盖剂，高熔炼温度用覆盖剂
$NaCl(50)+KCl(50)$	各组分在 200～300℃烘烤 3～5h，混合后在 150℃保存待用	一般合金熔炼覆盖剂
$NaCl(39)+KCl(50)+CaF_2(4.4)+Na_3AlF_6(6.6)$		重熔废料覆盖剂
$CaF_2(15)+Na_2CO_3(85)$		重熔废料（覆盖用）
$NaCl(60)+CaF_2(20)+NaF(20)$		重熔废料（搅拌用）
$NaCl(63)+KCl(12)+Na_2SiF_6(25)$		熔制活塞铝合金覆盖剂
$MgCl_2(14)+KCl(31)+CaCl_2(44)+CaF_2(11)$		铝镁合金熔炼精炼剂
$MgCl_2(67)+NaCl(18)+CaF_2(10)+MgF_2(15)$		
$MgCl_2 \cdot KCl$(光卤石)(100)	缓慢升至 100℃保温，脱水后升温到 660～680℃，熔化浇注，破碎后置于密封容器中待用	铝镁合金熔炼精炼剂
$MgCl_2 \cdot KCl(80)+CaF_2(20)$		
$NaF(65)+NaCl(35)$		真空精炼覆盖剂
$NaF(40)+NaCl(45)+Na_3AlF_6(15)$		

复合精炼剂、覆盖剂、打渣剂、清炉剂应符合《变形铝及铝合金用熔剂》(YS/T 491—2005)标准的要求。变形铝及铝合金用熔剂化学成分见表 4-16，其他相关要求如下：

(1) 用于覆盖、喷粉精炼的熔剂，必须是粉状，其粒度要求筛网网孔尺寸 1.0mm 筛上物小于 2%，块状精炼用熔剂几何尺寸可供需双方协商确定。

（2）纯铝及镁的质量分数不大于2%的铝合金用熔剂中不允许配入游离状态的NaF等可增加Na、Li、Sr、SO_4^{2-} 等有害元素的物质。

（3）镁的质量分数不小于2%的铝合金用熔剂中：$w(NaCl + CaCl_2) \leqslant 10\%$，$w(MgO) \leqslant 1.5\%$，水不溶物不大于1.5%。

表4-16 变形铝及铝合金用熔剂（YS/T 491—2005）

牌号	质量分数/%												
	K	Na	Al（不大于）	Si（不大于）	Cl	F	Mg	Ba	Ca	C（不大于）	N（不大于）	O（不大于）	其他（不大于）
RF1-1	27~31	15~20	5	3	52~55	≤0.5	≤0.5	≤0.5	≤0.5	0.5	1.0	5	0.1
RF1-2	16~20	16~20	5	3	52~56	4~7	≤0.5	≤0.5	1~3	0.5	1.0	5	0.1
RF2-1	16~18	≤3	5	3	48~58	≤0.5	9~15	3~9	≤1	0.5	1.0	5	0.1
RJ1-1	21~26	16~23	5	8	34~45	9~14	≤0.5	≤0.5	≤0.5	0.5	1.0	5	0.1
RJ1-2	10~14	22~26	5	8	34~38	12~20	≤0.5	≤0.5	1~3	0.5	1.0	5	0.1
RJ2-1	10~16	≤3	5	8	40~55	3~6	8~12	2~8	1~3	0.5	1.0	5	0.1
RD1-1	13~17	20~24	5	12	32~36	12~16	34~45	≤0.5	2~5	0.5	1.0	5	0.1
RD2-1	10~20	≤3	8	12	40~50	7~12	6~10	2~6	1~3	0.5	1.0	5	0.1
RQ1-1	13~17	20~24	8	12	32~36	12~16	≤0.5	≤0.5	2~5	0.5	1.0	5	0.1
RQ2-1	12~16	≤3	8	12	42~55	12~20	8~10	2~6	1~3	0.5	1.0	5	0.1

注：1. R—溶剂统称；F—覆盖剂；D—打渣剂；Q—清炉剂。
2. 熔剂的水含量要求不大于0.5%。

E 涂料

涂料是保护坩埚、工具、浇包、模具等不被合金液黏结，防止它们的成分渗入或污染合金液的材料。根据合金液的不同和使用的情况不同，涂料可分为坩埚、工具和锭模用涂料见表4-17，压铸用涂料、金属型（钢模）用涂料和砂型涂料等。

表4-17 坩埚、工具和锭模用涂料

代号	组 分	配方（质量分数）/%	适用范围
T-1	耐火水泥 硅砂 苏打 水（温度大于40℃）	27.8 16.7 27.8 27.7	坩埚
T-2	白垩粉 水玻璃（密度1.45~1.55g/cm³） 水	22.2 2.8 75	浇注工具
T-3	滑石粉或黏土 水玻璃 水	20~30 6 余量	坩埚、锭模及浇注工具

续表 4-17

代号	组　分	配方（质量分数）/%	适用范围
T-4	氧化锌 水玻璃 水	10~20 3~5 余量	坩埚、锭模及浇注工具
T-5	耐火黏土 滑石粉 水玻璃 水	5~10 5~10 3~6 余量	坩埚、浇注工具
T-6	石墨粉 硅砂 耐火黏土 水玻璃	50 30 20 适量	铸铁坩埚涂料

4.3.2 中间合金和添加剂

熔炼合金时，合金元素的加入方式一般有三种：一种是以纯金属直接加入铝熔体，如铜、镁、锌、硅等金属；另一种是将合金元素预先制成中间合金（或称母合金），再以中间合金的形式加入铝熔体中；目前采用较多的是将各种金属添加剂加入铝熔体。此外还有一种加入方法，即加入含有合金元素的盐类或化合物，通过与基体金属的置换反应还原出元素并进入熔体，如用铍氟酸钠加铍，由锆氟酸钾加锆及由氯化锰加锰等。

目的：使用中间合金的目的，是为了便于加入某些熔点较高且不易熔解或易氧化、挥发的合金元素，以便更准确地控制铝合金的成分。另外，使用中间合金作炉料，可以避免熔体过热、缩短熔炼时间和降低金属烧损。

基本要求：采用的中间合金应尽可能满足下列基本要求：

(1) 熔点应低于或接近铝合金熔炼温度；

(2) 合金元素含量尽可能高，且成分均匀一致；

(3) 杂质、气体及非金属夹杂物含量低；

(4) 具有足够的脆性，易破碎，便于配料；

(5) 不易被腐蚀，在大气常温常压下保存时不应破裂成粉末。

4.3.2.1 工业用铝基中间合金

工业上常用的中间合金有二元合金和三元合金两种，最常使用的是二元中间合金，原因是其制备较为简单方便。三元中间合金虽然制备较复杂，但其熔点一般较二元合金低，而且一次可以加入两种合金元素，所以也被使用。铝中间合金锭应符合《铝中间合金锭》(YS/T 282—2000 (2009) ——2009 年复审继续有效）标准中的规定和要求，工业常用的铝基中间合金锭化学成分见附录 3。

4.3.2.2 中间合金的制备

中间合金常用的制备方法有四种，即熔合法、热还原法、熔盐电解法和粉末法，最常用的是前两种方法。为满足成品合金对杂质含量的要求，中间合金多用纯度较高的新金属材料熔制。除粉末法外，熔制中间合金时要进行除气除渣精炼。

A 熔合法

熔合法是将两种或多种金属直接熔化混合成中间合金，它是以铝合金的相图为熔制基础。大多数中间合金是采用熔合法生产的，如铝锰、铝镍、铝铜中间合金等。根据熔合工艺的不同，又可将熔合法分成三种：一种是先熔化易熔金属，并过热至一定温度后，再将难熔金属分批加入而制成中间合金。这种熔制工艺操作简单、热损失较小，是目前广泛使用的配制中间合金的方法；第二种是先熔化难熔金属，然后加入易熔金属。多数中间合金中所含的难熔组元较少，而且它们的熔点高，故此法很少采用；第三种是事先将两种金属分别在两台熔炉内进行熔化，然后将其混合，这种方法适用于大规模生产。

B 热还原法

热还原法也称置换法。例如，生产铝钛中间合金时，采用 TiO_2 和 Na_3AlF_6 为原料，分别用铝和碳作还原剂，使钛元素从 TiO_2 还原出来，溶于铝液中而制成中间合金。前者称为铝热还原法或铝热法，后者称为碳热法。

C 熔盐电解法

熔盐电解法可用于制取铝铈中间合金。该法是将含有合金元素的电解液通过电解，发生电化学反应，在电极上析出合金元素并溶于铝液而制得中间合金。

D 粉末法

该法是将两种不易熔合的金属（如铜和铬）分别制成粉末，混合压块，然后加热扩散制成中间合金。此法优点是合金元素含量高。

4.3.2.3 生产铝合金用中间合金的技术要求

(1) 同一熔次的中间合金锭的成分波动范围最大不超过2%。对于中间合金锭主要元素质量分数为80%以下的易偏析元素成分波动范围不大于1%。

(2) 易偏析中间合金锭厚度一般为25mm ±5mm，脆性合金锭形状规格由供需双方商定。

(3) 中间合金锭表面应整洁，无腐蚀斑及油污，对铝锆、铝钛、铝钛硼等以盐类物质为配料的中间合金锭，允许表面有轻微熔渣和非金属夹杂物。

(4) 中间合金锭断口组织应均匀，不得有熔渣和明显偏析。

(5) 每块中间合金锭上均应标明中间合金的名称（或牌号）、炉号及浇注序号。脆性合金应按炉次分装，并在包装物上注明中间合金锭的名称和炉次批号。

4.3.2.4 添加剂

金属添加剂应符合《铝合金成分添加剂》（GB/T 492—2005）标准中的规定和要求，见表4-18。

表4-18 添加剂化学成分

牌号	化学成分（质量分数）/%		
	纯金属含量	水分（小于）	其他
75Fe	75 ±3	0.2	余量
75Mn	75 ±3	0.2	余量

续表 4-18

牌　号	化学成分（质量分数）/%		
	纯金属含量	水分（小于）	其他
75Cu	75 ±3	0. 5	余量
75Cr	75 ±3	0. 5	余量
75Ti	75 ±3	0. 5	余量

注：1. 金属添加剂中，除纯金属以外的添加物质中不允许使用容易使铝及铝合金吸收的 Na、Li、Sr 等有害元素。
2. 其他牌号及其化学成分可由供需双方协商并在合同中注明。

4.3.3 配料计算

配料计算是根据合金的加工性能和使用性能的要求，控制合金的成分和杂质，确定各种炉料品种及配料比，从而计算出每炉的全部投料量，以便进行炉料的称量和吊装工作。它是决定合金产品质量和成本的重要环节。

4.3.3.1 计算成分的确定

确定计算成分是为了计算所需炉料的重量。一般取各元素的中限（即平均成分）作为计算成分，但这还需要根据合金的用途、使用性能、加工方法、工艺性能、合金元素的烧损、杂质的吸收和积累以及节约贵重金属进行考虑，决定是取平均值，还是偏上限或偏下限作为计算成分。

从合金产品的用途和使用性能来看，凡重要用途及使用性能要求较高者，应按照元素在合金中的作用，具体分析后确定其计算成分。使用性能表现在合金制品的力学性能、抗蚀性能等方面。在化学成分允许范围内调整其元素含量，往往可改变其力学性能。

工艺性能包括熔炼、铸锭、压力加工、热处理及焊接性能等。合金成分与工艺性能的关系比较复杂。某些合金的力学性能很高，但工艺性能却较差，甚至难以铸造成型。对铁、硅含量较高的铝合金，在连续铸造大规格铸锭时，大都有较大的裂纹倾向，合理地控制铁硅的比例，对消除裂纹有明显效果。另外，加工方法、加工率及材料的供货状态不同，对成分的要求也不同。

合金中较易氧化和挥发的元素，在确定计算成分时要考虑烧损率，把在生产条件下得出的实际烧损率加入计算成分内。合金元素的烧损率可在很大范围内波动，如铝合金中各元素的烧损率（参考值）如下：Al：1% ~3%，Cu：0.5% ~1.5%，Si：1% ~5%，Mg：2% ~4%，Zn：1% ~3%，Mn：0.5% ~2%，Ni：0.5% ~1%，Be：5% ~10%，Zr：1.5% ~6%，Pb：0.8% ~1.2%，Ti：1% ~3%等。合金中某一元素的实际烧损率的大小与所用熔炉类型及其容量、炉料性状、合金元素的性质及含量、熔炼工艺及操作方法等因素有关。在使用含有易烧损元素的废料时，需要加一定的补偿料。同时，在熔炼过程中，熔体与炉衬、熔剂及炉气会产生相互作用，导致某些元素或杂质的吸收和积累，因此在确定计算成分时，应将这些元素或杂质控制在下限或以下。

4.3.3.2 炉料品位及配料比的选择及确定

对炉料品位及新旧料比的选择，必须以产品质量和成本均衡为基础。铝合金炉料大致有新料、废料（包括废料重熔后的复化锭）和中间合金三大类。在配料时必须确定新料占炉料的百分比或新料与废料的重量比，这些通常称为配料比。在确定炉料品种和配料比值时，应按下列原则进行。

(1) 经济原则。在保证产品质量和性能的前提下，根据铝合金制品的用途和加工工艺的要求，应充分利用本身废料，降低新料用量，做到自身平衡，使合金加工过程中产生的废料能全部回炉使用。

(2) 低品位原则。考虑尽可能使用低品位原料时，应注意废料循环作用及操作原因所造成的杂质逐渐增加，使合金制品的品位逐步降低。

(3) 高品位新料原则。对质量要求较高的铝合金制品，应尽量少用废料，同时选用高品位新料。

(4) 低合金废料（一、二级废料）做高合金新料原则。合金废料对本身合金不能当作新料使用，模锻件及某些特殊制品，则只允许用原铝作新料。但某些合金制品使用本身一级废料的，可代替新料实际用量的一半，而对原牌号为 LY11、LY12、LC4 方锭，全部使用本身废料，可不用新料。

另外，所用金属炉料的化学成分及杂质含量必须符合国家或行业标准，炉料应清洁干燥，无灰尘和油污。对某些控制较严或含量波动范围较窄的合金元素，应选用中间合金来加入。

4.3.3.3 配料计算程序及实例

A 典型的铝合金熔炼炉料计算

典型的铝合金熔炼炉料计算程序实例如表 4-19 所示。

表 4-19 炉料配料计算程序实例

程序步骤	计算方法
1. 确定熔炼要求： (1) 合金牌号； (2) 所需合金液重量； (3) 所用的炉料（各种中间合金成分，回炉料用量 P 等）	(1) 熔制 ZLD104 合金 8t； (2) 根据具体情况选定的配料计算成分为（质量分数）： Si：9%、Mg：0.27%、Mn：0.4%、Al 为余量 90.33%，杂质 Fe 应不大于 0.6%，其他杂质略； (3) 炉料：中间合金、各种新金属料、回炉料： Al-Si 中间合金：Si 12%，Fe 0.4% Al－Mn 中间合金：Mn10%，Fe 0.3% 镁锭：Mg 99.8% 铝锭：Al 99.5%，Fe 0.3% 回炉料：$P=2400$kg（占炉料总量 30%）：Si：9.2%，Mg：0.27%，Mn：0.4%，Fe：0.4%
2. 确定元素的烧损量 E	各元素的烧损量： E_{Si}：1%，E_{Mg}：20%，E_{Mn}：0.8%，E_{Al}：1.5%
3. 计算包括烧损在内的每 100kg 炉料内各元素的需要量 Q： $Q=\alpha/(1-E)$	每 100kg 炉料中，各种元素的需要量 Q： $Q_{Si}=9/(1-E_{Si})=9.09$kg $Q_{Mn}=0.4/(1-E_{Mn})=0.40$kg $Q_{Mg}=0.27/(1-E_{Mg})=0.30$kg $Q_{Al}=90.33/(1-E_{Al})=91.70$kg

续表 4-19

程序步骤	计算方法
4. 根据熔制合金的实际重量 W，计算各元素的需要量 A： $A = W/100 \times Q$	熔制 8t 合金实际所需元素量 A： $A_{Si} = 8 \times 9.09/100 = 727kg$ $A_{Mn} = 8 \times 0.4/100 = 27kg$ $A_{Mg} = 8 \times 0.3/100 = 32kg$ $A_{Al} = 8 \times 91.7/100 = 7337kg$
5. 计算回炉料中各元素的含量 B	2.4t 回炉料中各元素量 B： $B_{Si} = 2400 \times 9.2\% = 221kg$ $B_{Mg} = 2400 \times 0.27\% = 7kg$ $B_{Mn} = 2400 \times 0.4\% = 10kg$ $B_{Fe} = 2400 \times 0.4\% = 10kg$ $B_{Al} = 2400 \times 89.73\% = 2154kg$
6. 计算应补加元素量 C： $C = A - B$	应补加元素重量 C $C_{Si} = A_{Si} - B_{Si} = 727 - 221 = 506kg$ $C_{Mg} = A_{Mg} - B_{Mg} = 27 - 7 = 20kg$ $C_{Mn} = A_{Mn} - B_{Mn} = 32 - 10 = 22kg$
7. 计算中间合金加入量 D： $D = C/w$ （w 为中间合金中元素的质量分数） 中间合金中所带入的铝量 M_{Alm}： $M_{Alm} = D - C$	相应于补加元素量应补加的中间合金量： $D_{Al-Si} = C_{Si}/w_{Si} = 506/0.12 = 4217kg$ $D_{Al-Mn} = C_{Mn}/w_{Mn} = 22/0.10 = 220kg$ 中间合金所带入的铝量： $M_{Al\ Al-Si} = 4217 - 506 = 3711kg$ $M_{Al\ Al-Mn} = 220 - 22 = 198kg$
8. 计算应加入的纯铝量 M_{Alc}	应补加入的纯铝量： $M_{Alc} = A_{Al} - (B_{Al} + M_{Al\ Al-Si} + M_{Al\ Al-Mn})$ $= 7337 - (2154 + 3711 + 198) = 1274kg$
9. 计算实际的炉料总重量 W	实际炉料总重量： $W = M_{Alc} + D_{Al-Si} + D_{Al-Mn} + C_{Mg} + P$ $= 1274 + 4217 + 198 + 20 + 2400 = 8109kg$
10. 核算杂质含量 μ（以 Fe 为例）	炉料中的 Fe 含量： $\mu_{Fe} = M_{Alc} \times 0.3\% + D_{Al-Si} \times 0.4\% + D_{Al-Mn} \times 0.3\% + P \times 0.4\%$ $= 1274 \times 0.3\% + 4217 \times 0.4\% + 220 \times 0.3\% + 2400 \times 0.4\%$ $= 3.822 + 16.868 + 0.66 + 9.6 = 30.95kg$ 炉料中的 Fe 含量（质量分数）$= 3095/8000 \times 100\% = 0.387\%$ 不大于 0.6% 的上限

核算表明，计算基本正确，可以投料。如果核算结果不符合要求，则需要复查计算数据或重新选择炉料及料比，再进行计算，直到核算正确为止。

B 铝合金炉料简化计算

对于批量稳定生产的企业，如各种合金锭中间合金、纯金属和回炉料的质量稳定，炉料计算可按以下步骤简化进行，见表4-20。

表4-20 铝合金炉料简化计算程序

程序步骤	计 算 方 法
1. 确定炉料总量	根据铸锭（或铸件）和浇注系统计算浇注金属量，并根据浇注工艺要求确定熔化金属量，即炉料总量
2. 确定配料成分	根据经验考虑各元素的烧损因素，确定合金的配料成分
3. 计算中间合金用量	中间合金量=(炉料总量×该元素配料成分-回炉料重量×该元素回炉料成分)/该元素中间合金成分
4. 计算纯铝	纯铝加入量=炉料总量-回炉料重量-各种中间合金和纯金属重量和
5. 核算杂质	杂质元素成分=[回炉料重量×杂质成分+Σ(中间合金或纯金属重量×杂质成分)]/炉料重量 核算杂质元素满足标准要求，该炉合金配料即可以使用，如果杂质元素超储限量，应调整配料组成，减少杂质含量高的炉料使用量，重新进行炉料计算

4.3.4 成分调整

在熔炼过程中，由于各种因素的影响，使熔体的实际成分可能与配料成分产生较大的偏差，甚至出现超标现象，因此需在炉料熔化完后取样进行快速分析，以便根据分析结果确定是否需要进行成分调整。调整成分要求快速准确，以保证成分符合规定的要求。

分析和确认所取试样的代表性及快速分析结果的正确性是至关重要的。当发现快速分析结果与实际情况相差较大时，应分析产生偏差的原因，并果断采取有效措施。产生偏差的原因有可能是所取试样没有代表性，如炉温低、搅拌不充分，尚有部分炉料未熔化完而造成成分不均匀。取样地点和操作方法不合理，都可能使试样成分不能代表金属熔体的平均成分。因此，取样前应控制好炉温，充分搅拌，使整个熔池成分均匀。试样无代表性应重新取样分析，另外，化学分析本身也有误差范围，而且可能还有分析人员的偶然失误等。

确认分析结果准确可靠后，应立即对不符合要求的化学成分进行调整，主要采取两种办法：补料和冲淡。

4.3.4.1 补料

当炉前分析发现个别元素的含量低于标准化学成分范围下限时，则应进行补料，一般先按下式近似地计算出补料量，然后再进行核算：

$$X=[(a-b)Q+(C_1+C_2+\cdots)a]/(d-a)$$

式中　X——所需补加的炉料量，kg；
Q——熔体总重量，kg；
a——某元素的要求含量,%；
b——该元素的分析结果含量,%；
C_1，C_2，…——分别为其他金属或中间合金再次加入量，一般为零，kg；
d——补料用中间合金中该成分的含量,%。

为了使补料较为准确，应用上式时可按下列要点进行计算：（1）先算量少者，后算量多者；（2）先算杂质含量后算合金元素含量；（3）先算低成分中间合金量后算高成分中间合金量；（4）最后计算新金属料。

4.3.4.2 冲淡

当炉前分析发现某元素含量超过标准化学成分范围上限时，则应根据下式进行冲淡处理：

$$X=(b-a)Q/a$$

式中　X——冲淡应补加的原铝重量，kg；
a——某元素的要求含量,%；
b——冲淡前元素的分析含量,%；
Q——炉内金属熔体总重量，kg。

冲淡过程要用符合要求的电解铝液或原铝，如用量较大，一方面，要消耗大量纯金属，大幅度降低炉温，延长熔炼时间，另一方面会使其他成分相应降低，因而还可能追加补料量。这不仅计算繁杂，而且还可能因冲淡和补料的投料量过多，使总投料量超过熔炉的最大容量，导致熔体溢出。所以冲淡在熔炼生产过程中是不希望出现的。

4.3.5 熔炼工艺

4.3.5.1 铝合金熔炼的一般工艺流程

根据所熔炼的合金种类、工艺、使用性能要求和熔化炉的种类来决定各类铝合金的具体工艺流程。铝合金熔炼的一般工艺流程如下：

配料计算→金属炉料的准备→非金属材料的准备→熔炉及工器具的准备→装炉及熔化（加硅、铜、锰等）→扒渣及搅拌（加钛、镁、铍等）→炉前分析→调整成分→精炼合金液→静置保温→除渣→出炉浇注。

熔炼工艺的基本要求：尽量缩短熔炼时间，准确控制化学成分，尽可能减少熔炼烧损，采用最合理且经济的精炼方法，正确控制熔炼温度，以获得化学成分符合要求并且纯度高的熔体。

4.3.5.2 金属炉料的准备

配制铝合金用的各种金属炉料（纯金属、铝合金锭、中间合金锭和回炉料），必须在装炉前进行下列准备工作：

（1）炉料的化学成分、表面状态和其他质量指标必须经过检验，检查是否符合规定的金属牌号、等级及技术标准的要求。

（2）金属炉料应破碎或切割到一定块度、重量。纯铝锭根据熔炼炉的容量使用整块铝锭或切开使用；工业结晶硅破碎为10~50mm的小块，粉状不用；电解阴极铜切割成小于 150mm×150mm 的小块；金属锰切割成小于 10mm×10mm 的小块；金属镍切割成小于 100mm×100mm 的小块；锌锭根据熔炉大小切成小块；镁锭大小，以锯断后能放入钟罩为宜；海绵钛破碎或加工成 5～10mm 的小块；金属铍除去油脂后切碎；中间合金锭沿缺口处破碎。

各种炉料的表面应清洁，须经过去污处理，无氧化斑痕、泥土、水分、油污、铜铁铸件、过滤网等杂质。

金属炉料装炉前，一般须进行预热烘干，杜绝投入潮湿炉料，以免发生爆炸。

4.3.5.3 非金属材料的准备

根据所需要的各类不同用途的涂料的组成和配制方法，进行涂料的配制，见表 4-17。按表 4-15 进行覆盖剂和其他熔剂的准备。按表 4-21 进行精炼剂和变质剂的准备。

表 4-21 熔炼用精炼剂和变质剂的准备

名 称	准备要素	用 途
六氯乙烷	按规定用量称重，与处理后的添加剂混合均匀 置于压模内压制成 ϕ50mm×（20～30）mm 的圆饼，密度为 1.8g/cm^3，或用铝箔分包保存于密封的干燥器中	精炼剂
氯化锰	铺于不锈钢盘内，厚度约 10mm，在 120～140℃烘烤 6～8h 呈粉红色，压成团块，使用前于 120～140℃烘烤 2～4h	精炼剂
氯化锌	铺于不锈钢盘或陶瓷容器内，在 370～400℃的炉中熔化，熔化开始氯化锌溶液剧烈沸腾和冒烟，冒白烟转变成冒黄烟，直到溶液表面不再冒泡。将熔制好的氯化锌在干净的容器内浇成薄饼，保存在 150～200℃的恒温箱内待用	精炼剂
氟硅酸钠	平铺于不锈钢盘内，厚度约 10mm，在烘箱内于 350～400℃烘烤 2～4h，冷却后按规定用量与六氯乙烷混合后压成块，或用铝箔分包，保持干燥，待用	添加剂
氯气、氮气、氩气	使用前应经过浓硫酸干燥器和氯化钙干燥器进行脱水处理，干燥箱内应清洁无锈迹，氯化钙装入前应在 300～400℃烘烤 1h。浓硫酸、氯化钙应根据实际情况定期更换（一般 1～2 月）	精炼剂
四氯化碳	将泡沫耐火砖或石棉绳烘烤脱水，以铝箔包好，上留一小孔，将称量好的四氯化碳自小孔缓慢注入，然后封闭小孔	精炼剂
钠盐变质剂	烘烤法： 在不锈钢盘内铺平，在 300～400℃烘烤 3～4h，将结成的硬块粉碎并用 40 号筛过筛，置于炉边预热待用(此时用量必须经过称量) 熔融法： 将混合后的盐在坩埚熔化，升温使其沸腾至无气泡及无烟时搅拌均匀，浇入预热的锭模内，凝固后粉碎，置于干燥器内备用	变质剂

4.3.5.4 熔炼炉的准备

为了保证熔炼质量、延长炉子寿命，并做到安全生产，应事先对熔炼炉做好各项准备工作。这些工作主要包括烘炉、洗炉和清炉。

A 烘炉

凡新修或中修后的炉子，在使用前必须进行烘炉，其目的是去除炉体中的水分和潮气；使炉体各部位的耐火材料缓慢膨胀，砖缝烧结，从而使整个炉体协调定型，防止在熔炼过程中出现热胀冷缩时，炉体产生裂纹，严重时会挤胀崩塌。为排除水分和防止加热过快造成炉体开裂，烘炉时应缓慢升温。根据熔炼炉的类型、容量、耐火材料等的不同，各种熔炼炉的烘炉制度也各有差异。

B 洗炉

在实际生产中需要用同一台熔炼炉熔炼各种合金。由一种合金改变为生产另一种合金时，往往需要洗炉，其目的是将残留在熔池内各处的金属和炉渣清除出炉外，以免污染其他合金，以确保其他合金的化学成分；另外，对新修的炉子，可清出大量非金属夹杂物。在下述情况时应该洗炉：

（1）新修、中修或大修理后的炉子在生产前应进行洗炉；

（2）前一炉的合金元素为后一炉合金的杂质时，应进行洗炉；

（3）由杂质高的合金转为熔制纯度高的合金时，应进行洗炉。

长期停产的炉子在生产前是否需要洗炉，可根据炉内清洁情况和要熔化的合金制品来决定。

熔炼炉洗炉时，装洗炉料前和洗炉后都必须放干铝液并大清炉，洗炉料的熔体温度一般控制在730～800℃，在达到此温度时，应彻底搅动熔体，次数不少于三次，每次搅拌时间间隔约为半小时。

C 清炉

清炉就是将熔炉内残存的金属及结渣清除干净。每当金属出炉后，都要进行一次清炉。合金转组或一般制品连续生产5～15炉，特殊制品每生产一炉，都要进行大清炉。大清炉时，应先均匀向炉内撒入一层粉状熔剂，并将炉膛温度升至800℃以上，用三角铲将炉内各处残存的结渣彻底铲掉，扒出炉外。

4.3.5.5 熔炼工器具的准备

熔炼工器具主要包括浇包、钟罩、撇渣勺、大耙、漏铲、渣箱、通气管（钢管、石墨管、陶瓷管）、锭模、锭模架、喷枪、浇勺等，这些工具比较简单，制作也比较容易，各企业可自行制作或参照铸造手册的图样尺寸，结合本企业熔炼炉类型进行设计制造，在熔炼前各熔炼工具应按照要求刷或喷涂0.5～1mm厚的涂料，然后烘烤至白色，方可使用。

4.3.5.6 熔炼操作

A 装炉

通常，熔炼炉的装料顺序是先装小块或薄板废料，然后装铝锭或大块料，最后装中间合金。熔点低的中间合金装在下层，高熔点的中间合金装在上层，所装入的炉料应当在熔池中均匀分布。炉料应尽量一次装完，二次或多次加料会增加非金属夹杂物和含气量。特殊制品（如锻件、模锻件、空心大梁、大梁型材等）的炉料除上述装炉要求外，还要在装炉前向熔池内撒入足够量的覆盖剂，在装炉过程中要分层撒熔剂。电炉装料时，应注意保持炉料最高点与电阻丝之间的适当间隙，以防短路。

B 熔化

熔化是炉料由固态向液态转变的过程，这一过程工艺操作的好坏，对产品质量有着决定性的影响。依据合金品种控制熔炼温度，具体参数见4.5～4.9节的相关内容。在一般情况下，熔炼温度高于浇注温度或铸造温度30～60℃。

C 覆盖

熔化过程中随着炉料温度的升高，特别是当炉料开始熔化后，金属外层表面所覆盖的氧化膜很容易侵入，造成金属的进一步氧化。已熔化的液滴或液流要向炉底流动，当它们进入底部汇集起来的时候，其表面的氧化膜就会混入金属熔体中。为了防止金属进一步氧化和减少熔体中的氧化膜，在炉料软化下塌时，应适当在金属表面撒上一层熔剂粉进行覆盖，这样可以减少熔化过程中的金属吸气。

D 加入铜、锰、镍等高熔点金属或中金合金或添加剂

当炉料熔化一部分后，即可在熔体中加入破碎后的铜板、金属锰及结晶硅（当它们不以中间合金形式加入）等，或者是上述高熔点金属的中间合金或添加剂，以熔池正好被淹没为宜。如果加得过早，将增加烧损；加得过晚合金元素来不及扩散和溶解，会延长熔化时间，并影响合金化学成分的均匀性。

E 搅动熔体

熔化过程中应防止熔体过热，特别是煤气炉或天然气炉熔炼时，炉膛温度可高达1200℃，在这样的高温下熔池内某些区域容易产生局部过热。在炉料熔化过程中，应适当搅动熔体，以便熔池内各处温度均匀一致，同时也有利于加速熔化过程。

F 扒渣

当炉料在熔池里已充分熔化，并且熔体温度达到熔炼温度时，即可扒除熔体表面漂浮的大量氧化渣。

扒渣前应先向熔体表层均匀撒入一层熔剂粉（清渣剂），使氧化渣与金属易于分离，便于扒渣操作，并减少了金属带出量。应平稳扒渣，防止渣卷入熔体内。扒渣要彻底，因为浮渣的存在会增加熔体的含气量，并可能污染金属。

G 加镁、铍、锌

扒渣后便可向熔体内加入镁锭或其他易氧化金属，同时用二号覆盖剂覆盖，防止氧化烧损。对高镁合金，为防止镁的烧损及改变熔体和铸锭表面氧化膜的性质，在加镁后可向熔体中加入少量铍（0.001%～0.005%）。为了提高铍的实收率，加入Na_2BeF_4时应与二号覆盖剂按1:1混合加入，加入后应充分搅拌。为减少铍中毒，在加铍操作时应戴好口罩，同时应加强排风。加铍后扒出的渣应堆积在指定堆场并专门处理。目前，实际生产中已不再加入铍。

H 搅拌

在取样之前及化学成分调整之后，都应及时进行搅拌，目的是使合金熔体成分均匀分布，温度各处趋于一致。

I　成分调整

成分调整详见4.3.4节和相关铸锭生产操作。

J　精炼

在绝大多数铝合金熔炼时都需要对熔体进行精炼除气除渣操作，以进一步提高熔体的纯净度，满足使用要求。精炼方法一般分为气体精炼法和熔剂精炼法两大类。详见4.4节和相关铸锭生产操作。

K　出炉

当熔体经过精炼处理后扒出表面浮渣，温度合适即可将金属熔体转入静置炉或直接出炉浇注。

L　清炉

详见4.3.5.4节和相关铸锭生产操作。

4.3.5.7　熔炼过程温度的控制

熔炼过程必须有足够温度，以保证金属及其合金元素充分溶解及合金化。加热温度越高，熔化速度越快，同时也会使金属与燃气、炉衬等相互发生有害作用的时间缩短。快速加热能加速炉料的熔化，缩短熔炼时间，对提高生产效率和质量都有利。

但是过高的温度容易产生过热现象，特别是在使用火焰熔炼炉时，火焰直接接触炉料，最易使大量气体侵入。同时，温度越高，金属与燃气、炉衬相互作用越强烈，就会造成金属的损失和产品质量的降低。

过热不仅容易吸收大量气体，而且易使凝固后的铸锭晶粒组织粗大，增加铸锭产生裂纹的倾向性。因此，在熔炼操作时，应控制好熔炼温度，严防熔体过热。

目前，多数生产企业都采用快速加料及高温快速熔化，以降低金属的氧化烧损和减少熔体的吸气量。在炉料全部熔化时，要特别注意控制好温度，生产中发生的熔体过热大多数就是在这种情况下控制不当造成的。

实际生产中多选择高于合金的液相线温度（全部熔化为液体时的温度）50～100℃作为熔炼温度，以迅速避开半熔融状态时的温度区间。

4.4　铝及铝合金熔体的精炼净化

4.4.1　金属的氧化

在熔炼过程中，随着温度的升高，无论是固体纯金属还是熔融合金与所接触的炉气、炉衬和炉渣之间，都会发生一系列的物理化学作用。根据温度、金属和与之接触物质的性质不同，金属会产生不同程度的氧化、挥发和吸气等现象，这对金属的烧损、质量和成本有着重要的影响。金属的氧化是造成氧化烧损和非金属氧化物夹渣的主要根源。同时，金属中各合金元素的挥发和氧化程度不同，熔体与炉衬材料作用也不同，这将导致杂质成分的吸收和积累程度不同，这是合金成分发生变化的基本原因。另外，也可利用金属的氧化和挥发特性，对金属熔体进行氧化精炼和真空挥发，能有效地除去某些有害杂质。因此，金属的氧化和挥发都是金属的重要熔炼特性。研究氧化还原反应和挥发过程，对于掌握合金熔炼规律具有重要意义。

4.4.1.1 铝熔体中主要金属氧化物的性质

铝熔体中一些金属氧化物的物理化学性质列于表4-22中。了解这些性质，对于正确掌握和控制铝合金熔炼的工艺过程十分重要。

表4-22 一些金属氧化物的性质

氧化物	相对分子质量	密度/g·cm^{-3}	熔点/℃	沸点/℃	生成热	
					kJ/mol	1mol氧原子参加反应时/kJ
Na_2O	61.98	2.27	升华	—	421.61	421.61
MgO	40.3	3.65	2800	3600	610.44	610.44
Al_2O_3	101.96	4.00	2000	2200	1687.28	562.41
SiO_2	60.08	2.65	1710	2230	854.11	427.05
CaO	56.08	3.32	2570	2850	637.02	637.02
TiO_2	79.90	4.26	1825	—	912.72	456.36
MnO	70.94	5.18	1650	—	389.79	389.79
MnO_2	86.94	5.03	>230分解	—	525.02	260.00
FeO	71.85	5.70	1420	—	270.05	270.05
Fe_3O_4	231.54	5.20	1538分解	—	1115.78	278.84
Fe_2O_3	159.70	5.12	1560	—	817.26	272.39
CoO	74.93	5.68	1800分解	—	240.74	240.74
Co_3O_4	240.80	6.07	—	—	822.71	205.66
NiO	74.71	7.45	1655	—	246.60	246.60
Ni_2O_3	165.42	4.83	—	—	—	—
Cu_2O	143.09	6	1235	—	167.05	167.05
CuO	79.55	6.40	1026	—	146.08	146.08
ZnO	81.38	5.60	1800	—	349.01	349.01
SrO	103.62	4.70	2430	—	589.50	589.50
MoO_2	127.94	6.44	—	—	544.28	272.14
MoO_3	143.94	4.50	795	1150	755.30	251.75
WO_2	215.85	12.11	1300	1600分解	546.38	273.19
W_2O_5	447.70	—	—	—	1356.52	271.30
PbO	223.20	9.53	888	—	220.64	220.64
Li_2O	29.88	2.02	1700	—	595.78	595.78

4.4.1.2 金属液的氧化特性

绝大多数金属及合金在熔炼过程中容易氧化，生成的金属氧化物有两种存在形式，即不溶于金属液中和直接溶于金属液中。

A 生成不溶性金属氧化物

在熔炼过程中，熔融金属与炉气中的氧反应而生成不溶于原金属液的金属氧化物时，此金属氧化物将以氧化膜的形式覆盖于金属液面。氧化膜的性质将控制着氧化过程，其主要影响因素有两个：一是元素或氧化膜本身的蒸气压；二是元素氧化后体积的变化。

元素或氧化膜本身的蒸气压越低，越稳定，则对金属液有良好的保护性能，可防止或减轻金属液的继续氧化，反之亦然。

根据研究发现，Mg、Ca、Na、K 等元素在液态下氧化所生成的金属氧化物的体积小于氧化反应所消耗掉的金属的体积，这说明氧化膜是疏松的，氧可以通过氧化膜的缝隙直接达到金属液，这样这些元素的氧化膜对金属液就没有保护作用。

Al、Zn、Sn 等金属氧化膜中产生压力。由于氧化膜的抗压强度和抗拉强度大，在较高的压力下氧化膜也不致破裂，因此这些金属氧化膜是致密而连续的，使氧和金属液的接触受到氧化膜的限制。随着氧化膜的增厚，氧化速度迅速降低，这对金属液的继续氧化有很好的抑制作用。

合金溶液与纯金属液不同，合金溶液中还会有其他合金元素，其中与氧亲和力最大的元素优先氧化并控制着氧化过程。例如，当纯铝熔化时，由于 Al_2O_3 膜致密而连续，因此随着 Al_2O_3 保护膜的形成，氧化过程很快减慢；但当熔炼 Al—Mg 合金时，因 Mg 对氧的亲和力比 Al 对氧的亲和力大，Mg 优先氧化，所生成的 MgO 膜，又不是致密的，不但起不到保护作用，反而使合金液剧烈氧化，以致在熔炼中必须采取特殊的防氧化措施。

元素与氧亲和力的大小一般用其氧化物的生成热（见表 4-22）或分解压来判断。氧化物的生成热越大，分解压越小，该元素与氧的亲和力就越大。常见的合金元素与氧的亲和力从大到小的顺序排列如下：Be → Mg → Al → Ce → Ti → Si → V → Mn → Cr → Fe → Zn → Ni → Pb → Cu。

另外，无论所生成的金属氧化膜对金属液的继续氧化有无抑制作用，在熔炼过程中因搅拌操作等原因将其卷入金属液时，就会成为金属液中的非金属夹杂物，从而导致铸造产品中产生氧化物夹杂缺陷。同时，这些氧化物夹杂往往会成为氢的载体，使金属液增氢。因此，如不能去除存在于金属液中的氧化物夹杂，势必为铸锭生产带来极大危害。

B 生成直溶性金属氧化物

这种金属氧化物的特点有两个：一是能直接溶解于金属液中；二是具有较高的分解压，易于使活泼的合金元素氧化。

4.4.2 夹渣和除渣精炼

金属中非金属夹杂物的含量和分布，是反映金属熔体冶金质量的一个重要标志，它们的存在会破坏金属基体的连续性，降低金属材料的塑性、韧性和耐蚀性，恶化金属的工艺性能和表面质量。如何降低铝及铝合金熔体中非金属和部分杂质的含量，乃是当前铝及铝合金生产企业及科技工作者最关注的问题之一，也是铝合金熔炼过程中的一个重要任务。

4.4.2.1 非金属夹杂物的来源和种类

金属中的非金属化合物，如氧化物、氮化物、硫化物以及硅酸盐等大都独立存在，统称为非金属夹杂物，一般简称夹杂或夹渣。

根据夹渣的化学成分不同，可分为氧化物如 FeO、SiO_2、Al_2O_3、TiO_2、MgO、Al_2O_3 等，氮化物如 AlN、TiN 等，硫化物如 NiS、CeS 等，氯化物如 NaCl、KCl、$MgCl_2$ 等，氟化物如 CaF_2、NaF 等，硅酸盐如 $Al_2O_3 \cdot SiO_2$ 等几种。此外，还有碳化物、氢化物及磷化物等。

按夹渣的形态可分为两种：一是薄膜状，如铝合金中的氧化铝膜，其危害很大，加工时易造成开裂和分层；二是不同大小的团块状或粒状夹渣。尺寸小的夹渣以微粒状弥散分布于金属熔体中，不易除去。

按夹渣的来源可分为外来夹渣和内生夹渣两种。外来夹渣是由原材料带入的或在熔炼过程中进入熔体的耐火材料、熔剂、锈蚀产物、炉气中的灰尘以及工具上的污物等。内生夹渣是在金属加热及熔炼过程中，金属与炉气和其他物质相互作用生成的化合物，如氧化物、碳化物、氮化物和氢化物等。熔炼的合金不同，熔体内夹杂物的种类、存在状态、性质及分布情况也各不相同，铝镁合金常见的夹渣有 Al_2O_3、MgO、SiO_2 等。

4.4.2.2 除渣精炼原理

A 密度差原理

当金属熔体在高温静置时，非金属夹杂物与金属熔体密度不同，因而产生上浮或下沉。根据研究，球形固体夹渣的上浮或下沉速度与两者的密度差成正比，与熔体的黏度成反比，与夹渣颗粒半径平方成正比。当合金和温度一定时，由于熔体的黏度及熔体与夹渣的密度不会有很大变化，所以主要依靠增大夹渣尺寸以利于夹渣与熔体分离。如果夹渣以不同尺寸的颗粒混合形式存在，则较大颗粒上浮较快。在其上浮过程中，将吸收其他较小夹杂而急速长大。但半径小于 0.001mm 的球形夹杂难以用静置法除去。

B 吸附作用

向金属熔体中导入惰性气体或加入熔剂产生的中性气体，在气泡上浮过程中，与悬浮状态的夹渣相遇时，夹渣便可能被吸附在气泡表面而被带出熔体。加入金属熔体中的低熔点熔剂，在高温下，与非金属夹杂物相接触时，也会产生润湿和吸附作用。

熔剂的吸附能力取决于化学组成。就铝合金而言，在其他条件相同时，氯化物的润湿吸附能力比氟化物好；碱金属氯化物比碱土金属好；氯化钠和氯化钾的混合物要比纯氯化物好。在氯化钠和氯化钾的混合物中加入少量氟化物，如冰晶石（Na_3AlF_6），其吸附能力大大提高。

C 溶解作用

非金属夹杂物溶解于液态溶剂后，可随熔剂的浮沉而脱离金属熔体。熔剂溶解夹渣的能力取决于它们的分子结构及化学性质。当熔剂与夹渣的分子结构和化学性质相近时，在一定温度下就能互溶，如 Al_2O_3、Na_3AlF_6、MgO 和 $MgCl_2$ 等都有一定的互溶能力。等量的氯化钠和氯化钾混合物中加入 10% 的冰晶石，能溶解 0.15% 的 Al_2O_3，且随冰晶石含量的增加，氧化铝在熔剂中的溶解度也随之增加。通常认为，冰晶石是溶解 Al_2O_3 的最好熔剂。

D 化合作用

化合作用是以夹渣和熔剂之间有一定亲和力并能形成化合物或配合物为基础的。碱性氧化物和酸性熔剂，或酸性氧化物与碱性熔剂，在一定温度条件下可相互作用形成体积更大，熔点较低，且易于与金属分离的复盐式炉渣。根据其密度大小，在熔体中可上浮或下沉而除去。化合造渣反应主要在金属熔体表面进行，在炉渣与炉衬接触处也会发生这种反应。悬浮于金属熔体中的非金属夹杂物，在分配定律和密度差作用下，不断地从熔体内部上浮到表面炉渣中参与造渣反应。

E 机械过滤作用

机械过滤作用，是指当金属熔体通过过滤介质时，对非金属夹杂的机械阻挡作用。此外，过滤介质还有对夹杂物的吸附作用。通常过滤介质的空隙越小，厚度越大，金属熔体流速越低，机械过滤效果越好。对于熔体密度相差不大，粒度甚小（微米级）而分散度极高的非金属夹杂物需采用机械过滤的方法以达到除渣的目的。

4.4.2.3 除渣精炼方法

不同的金属熔体所含的非金属夹杂物的性质和分布状态各不相同，因此，应采用不同的除渣精炼方法。

A 静置澄清法

此法适用于金属熔体与非金属夹杂物间密度差较大，且夹杂物颗粒不太小的合金。静置澄清法一般是让金属熔体在精炼温度和熔剂覆盖下保持一段时间，使夹杂物上浮或下沉而除去。

根据研究，静置除渣所需时间，随金属熔体黏度的增大而延长。金属液的黏度与温度、化学成分及固体夹渣的形状、尺寸、数量等因素有关。金属液温度低，夹杂物数量多，则金属液的黏度大，夹渣上浮或下沉的时间就长。夹渣的形状和尺寸对上浮或下沉时间的影响较大。片条状夹渣有利于上浮而不利于下沉，多角形夹渣对上浮和下沉都不利。因此静置时间的长短主要由合金和夹渣的性状来决定。铝合金熔体通常静置 20 ~ 30min，但除渣效果很有限。该法耗时费能，且难以除去细小分散的夹渣。一般要在一定的过热温度下，用熔剂搅拌结渣后，静置一段时间，才能收到一定但不够理想的除渣效果。

B 熔剂法

熔剂法是通过熔剂与夹渣之间的吸附、溶解和化合等作用而实现除渣目的。根据夹杂物与金属熔体的密度不同，可分别采用上熔剂法或下熔剂法。

在铝及铝合金的生产中一般采用全体熔剂法，它是用钟罩或多孔容器将熔剂加入到熔体内部，并充分搅拌，使熔剂均匀分布于整个熔池中。熔剂在吸收夹渣的同时，在密度差的作用下，轻者上浮，重者下沉。采用密度较小的熔剂时，装料前先将熔剂撒在炉底上，也可以收到同样的除渣效果。全体熔剂法与上、下熔剂法比较，其特点是增大了夹渣与熔剂的接触机会，有利于吸附、溶解或化合作用的进行，提高除渣的精炼效果；可缩短精炼时间；便于使用各种密度不同的熔剂。

C 过滤法

根据所使用的过滤介质不同，过滤法可分为下列几种：

网状过滤法：此法是让熔体通过玻璃丝或耐热金属丝制成的网状过滤器。夹渣受到机械阻挡而与熔体分离。这对于除去薄片状氧化膜和大块夹渣效果显著。过滤网的尺寸为 0.5mm × 0.5mm ~ 1.7mm × 1.7mm。这种过滤网结构简单，制作方便，安装容易，但它只能滤掉那些比网格尺寸大的夹渣，因而净化作用较差，过滤网易破损，寿命短，需要频繁更换。

填充床过滤法：这种过滤器是由各种不同尺寸、不同材料（熔剂、耐火材料、陶瓷等），不同形状（球形、块状、颗粒状、片状等）的过滤介质组成的填充床。有时也用液态熔剂作过滤介质。填充床除具有机械阻挡作用外，还有过滤介质与夹渣之间的吸附、溶解或化合作用。该法的优点是熔体与过滤介质之间有较大的接触面积，过滤除渣效果比网状过滤法好。通常过滤层越厚，介质粒度越小，过滤效果越好。但粒度过小，会影响熔体的流量，降低生产率。缺点是：装置笨重，占地面积大，使用过程中要加热保温。

刚性微孔过滤法：刚性微孔过滤器分为陶瓷微孔过滤管和陶瓷泡沫过滤片（板）两类。

陶瓷微孔过滤管是由一定粒度的刚玉砂，加入低硅玻璃作黏结剂，经压制成型、低温烘干、高温烧结而成。它是一种具有均匀贯穿微孔的刚性过滤器。当含有夹渣的金属熔体通过时，夹渣因受到管壁的摩擦、吸附、惯性沉降等作用而与金属熔体分离留于管内，金属熔体则可通过此微孔。此法可滤除比微孔尺寸小的微粒夹渣。它是目前最可靠的熔体过滤法之一。其缺点是过滤成本高，且有时晶粒细化剂也可能被截留。

陶瓷泡沫过滤板（片）是用氧化铝、氧化铬等制成的海绵状多孔物质，其厚度大约为50mm，原则上每通过一次熔体后就更换一次过滤片。此法费用便宜，操作使用简单，已得到广泛使用。

4.4.2.4 影响熔剂除渣精炼效果的因素

在实际生产中使用的各类除渣精炼熔剂，都有吸附、溶解和化合三种造渣作用，三者之间相辅相成，不是彼此孤立的。从熔剂和夹渣的性质、熔炼温度和造渣情况看，熔炼温度较低的铝合金，其吸附造渣作用占主导地位。各种造渣精炼方法目前还远不能达到理想的除渣效果，下面从熔炼温度、时间、溶剂性质等方面分析影响除渣精炼效果的因素。

（1）精炼温度。在熔剂一定时，影响熔剂吸附、溶解和化合造渣作用的主要因素是温度。因为整个造渣过程，尤其是化合和溶解过程，是由扩散速度所控制的。合金熔体中非金属夹杂物（特别是氧化物）熔点很高，在熔炼温度下多呈固态。尽管它们能为液态熔剂所润湿，但氧化物在熔剂中溶解和化合反应的限制性环节是扩散过程。因此，要提高化合和溶解造渣效果，就要提高精炼温度。另外，提高精炼温度对吸附造渣也是有利的，因为温度高时，金属黏度小，可提高熔剂的润湿能力和夹渣上浮或下沉的速度。铝合金精炼温度越高，除渣效果也越好。但过高的精炼温度对脱气不利，并可能粗化晶粒。所以控制精炼温度时要兼顾除渣、脱气两个方面。一般是先用高温进行除渣精炼，然后在较低的温度下进行脱气，最后保温静置。

（2）熔剂。熔剂的造渣能力强，除渣精炼效果就好。熔剂的吸附、溶解和化合造渣能力与其结构、性质及熔点等有关。

氧化物熔点高，且不为金属液润湿，在金属熔体中多呈分散的固体质点存在。要想造渣除去这些固体夹渣，熔剂就需要有较好的润湿氧化物的能力。研究表明，熔剂的熔点和表面张力越低，其吸附造渣能力就越强。可以利用离子半径大的物质，配制成熔点低、表面张力小、流动性好的精炼熔剂。例如，相对吸附能力以 KCl 最好，NaCl 次之，NaF 较差。熔剂的化合造渣能力，主要取决于熔剂与夹渣间的化学亲和力。

（3）精炼时间。精炼除渣效果的好坏，除与温度和熔剂种类相关外，还与精炼及静置时间有关。一般在加入精炼熔剂并充分搅拌后，或在金属液转注到保温炉或浇包后，应使金属液静置一段时间，使熔剂和夹渣能上浮到液面或下沉到底部去。静置时间对于铝合金是一个比较重要的影响因素，因为含有夹渣的熔剂与金属液的密度差较小，温度较低，即使静置较长时间，熔剂和夹渣仍可在熔体中呈悬浮状态。

4.4.3 影响氧化烧损的因素及降低氧化烧损的方法

4.4.3.1 影响金属氧化烧损的因素

熔炼过程中金属的实际氧化烧损程度与金属和氧化物的性质、熔炼温度、炉气性质、炉料状态、熔炉结构以及操作方法等因素有关。

A 金属及氧化物的性质

纯金属氧化烧损的大小主要取决于金属与氧的亲和力和金属表面氧化膜的性质。金属与氧亲和力大，且氧化膜呈疏松多孔状，则其氧化烧损大，如金属镁、锂等，而铝、铍等金属与氧亲和力大，但氧化膜致密、连续、有保护性，故氧化烧损较小。

合金的氧化烧损程度以所加入的合金元素而异。凡与氧亲和力较大的表面活性元素多优先氧化，或与基体金属同时氧化。铝合金中加镁和锂更易氧化生渣，研究表明，含镁的铝合金表面氧化膜的结构和性质，随着镁含量的增加而变化。镁含量在0.6%以下时，MgO溶解于Al_2O_3中，且Al_2O_3膜的性质基本不变；当镁含量在1.0%～1.5%时，合金氧化膜由MgO和Al_2O_3的混合物组成。镁含量越高，氧化膜的致密性越差，氧化烧损越大。而铝合金中的Fe、Ni、Mn、Si等合金元素与氧的亲和力和Al与氧的亲和力相当，一般不会促进氧化，本身也不会明显氧化。

B 熔炼温度

铝的氧化膜强度较高，其膨胀系数与铝相近，熔点高且不溶于铝，在400℃以下，氧化膜的保护作用好，但在500℃以上，保护作用减弱，750℃以上时氧化膜易于断裂。由此可见，熔炼温度越高，氧化烧损越大。但高温快速熔炼也可减少氧化烧损。

C 炉气性质

根据熔炼合金所用炉型及结构、热源及燃料燃烧完全程度的不同，熔炼炉膛内的炉气中往往含有各种不同比例的O_2、水蒸气、CO_2、CO、H_2、C_mH_n、SO_2、N_2等气体。炉气的性质取决于这些气体构成的炉气与金属之间的相互作用性质。

铝、镁是很活泼的金属，它们与氧的亲和力大，既可被空气中的氧气氧化，也可被CO_2、水蒸气氧化，因此，含有这些成分的炉气对它们来说是氧化性的，氧化烧损难以避免，炉气的氧化性越强，一般氧化烧损程度也越大。

D 其他因素

生产实践表明，使用不同类型的熔铝炉，金属的氧化烧损程度有较大差异，这是因为不同的炉型，其熔池形状、面积和加热方式不同。用低频感应炉熔炼铝合金时氧化烧损为0.4%～0.6%；用电阻反射炉时烧损为1.0%～1.5%；用火焰炉时烧损为1.5%～3.0%。炉料的状态也是影响氧化烧损的另一重要因素。炉料块度越小，表面积越大，其烧损也越严重。通常原铝锭烧损为0.8%～2.0%，打捆的薄片废料烧损为3%～10%，碎屑料最大烧损可达30%，其他条件一定时，熔炼时间越长，氧化烧损越大。搅拌和扒渣等操作方法不合理时，易把熔体表面的保护性氧化膜搅破而增加氧化烧损。

4.4.3.2 降低氧化烧损的方法

在氧化性炉气熔炼金属时氧化烧损在所难免，在不同情况下其损失程度不同。应采取一切必要的措施来降低氧化烧损，以提高金属的实收率和质量。从分析影响氧化烧损的诸因素可以看出，当所熔炼的合金一定时，主要应从熔炼设备和熔炼工艺两方面来考虑。

(1) 选择合理炉型。尽量选用熔池面积较小、加热速度快的熔炉，缩短装料及熔化时间，降低能耗和烧损。

(2) 采用合理的加料顺序和炉料处理工艺。易氧化烧损的炉料应加在炉料下层或待其他炉料熔化后再加入到熔体中，也可以中间合金的形式加入。碎屑应重熔或压成高密度料包后使用。

(3) 采用覆盖剂。易氧化的金属和各种金属碎屑应在熔剂覆盖下熔化和精炼。

(4) 正确控制炉温。在保证金属熔体流动性及精炼工艺要求的条件下，应适当控制熔体温度。通常，炉料熔化前宜用高温快速加热和熔化，炉料熔化后应调控炉温，不能使熔体强烈过热。

(5) 正确控制炉气性质。熔炼不同的金属应采用不同的炉气气氛（氧化性、还原性、保护性气氛或真空条件）。

(6) 合理的操作方法。铝和硅的氧化膜熔点高、强度大、黏着性好，在熔炼温度下有一定的保护作用，故应注意操作方法，避免频繁搅拌，以保持氧化膜的完整性，即使不用覆盖剂保护，也可有效降低氧化烧损。

(7) 加入少量的金属氧化膜致密连续的表面活性元素，以改善熔体表面氧化膜的性质，能有效降低烧损。

4.4.4 金属液的吸气和除气精炼

在加热和熔炼铝合金的过程中，固态和液态的金属都有一定的吸收 H_2、O_2、N_2 等气体的能力，金属的这种性质称为吸气性，它是金属的重要熔炼特性之一。实践表明，以吸附、溶解和化合状态存在于金属中的气体，对金属及合金的性能和铸锭质量有不良影响。溶解于合金中的氢是导致铸锭产生气孔、疏松、板带材起泡及分层的主要原因，甚至使材料发生氢脆。材料中的氧和氮及其化合物夹杂，会恶化材料的工艺和力学性能。因此熔炼的另一个主要任务就是脱除溶解于金属熔体中的气体。了解和掌握气体的来源、气体在金属中的溶解过程、影响金属含气量的因素以及除气精炼的原理和方法，是制定减少金属吸气和除气工艺的关键，对于提高铝熔体质量和获得合格铸锭，具有十分重要的意义。

4.4.4.1 气体的存在形态及来源

A 气体存在形态

气体在铸锭中有三种存在形态：固溶体、化合物和气孔。

气体多以原子状态溶解于金属晶格内，形成固溶体。超过溶解度的气体及不溶解的气体，则以气体分子吸附于固体夹渣上，或以气孔形态存在。若气体与金属中某元素间的化学亲和力大于气体原子间的亲和力，则可与该元素形成化合物，如 Al_2O_3、MgO 等夹渣。

在熔炼过程中，最常与金属熔体接触且危害较大的化合物是水蒸气，它与金属反应产生的氢和氧易于被金属吸收。

研究表明，溶解于金属熔体中的气体，在铸锭凝固时析出来最易形成气孔。据分析，这些气孔中的主要气体是氢，故一般所谓金属吸气，主要是指吸氢。金属中的含气量，也可近似地视为氢含量。因此除气精炼主要是指从熔体中除去氢气。

B 气体的来源

大气中的氢分压极其微小，远远低于金属熔体中的氢分压。可以认为，除了金属原料本身含有气体以外，金属熔体中的气体主要来源于与熔体接触的炉气以及熔剂、工具带入的水分和碳氢化合物等。

a 炉料

在铝合金生产时，所加入的各类原材料中一般都溶解有不少气体，表面有吸附的水分。返回料及废料上大都含有油、水、乳状液、水垢、腐蚀物及锈层等。特别是在潮湿季节或露天堆放时，炉料表面吸附的水分就会更多。

b 炉气

非真空熔炼时，炉气是金属中气体的主要来源之一。炉气的成分随着所用燃料、加热方式及燃烧情况的不同而各有差异。

c 耐火材料

耐火材料表面吸附有水分，停炉后残留炉渣及熔剂也能吸附水分。若烘炉时未彻底去掉这些水分，将使金属大量吸气，尤其在新炉投产时更为严重。

d 熔剂

许多熔剂都含有结晶水，精炼用气体中也含有水分。为减少气体来源，熔剂和精炼用气体均应进行干燥或脱水处理。

e 操作工具

与熔体接触的操作工具表面吸附有水分，烘烤不彻底时，也会使金属吸气。

4.4.4.2 气体的溶解及吸气

A 气体的溶解度及影响因素

在一定条件下，金属吸收气体的饱和浓度即为气体在金属中的溶解度。常用每100g金属中在标准状态下的气体体积（$cm^3/100g$）来表示。由于金属中气体的溶解度一般很小，故又常以溶解气体重量百万分之一的浓度即10^{-6}表示（常称为ppm）。

$1cm^3 H_2$(标准)$/100g = 0.9\times10^{-6}$；

$1cm^3 N_2$(标准)$/100g = 12.5\times10^{-6}$；

$1cm^3 O_2$(标准)$/100g = 14.3\times10^{-6}$。

气体在金属中的溶解度可由实验测定，它与金属和气体的性质、合金元素、温度及压力等因素有关。

(1) 金属和气体的性质。金属的吸气能力是由金属与气体的亲和力决定的。在一定温度和压力下，气体在金属中的溶解度是金属和气体亲和力大小的标志。金属与气体的亲和力不同，气体在金属中的溶解度也不同。在金属凝固时，过饱和的氢会逆转析出，最易在铸锭中形成气孔。在凝固范围的金属中，固液态含气量相对变化值越大，则金属铸锭中越易形成气孔缺陷。

（2）气体的分压。铝及铝合金从炉气中吸气的反应为：

$$H_2(g) = 2[H]$$

$$2/3\ Al(l) + H_2O(g) \longrightarrow 2/3\ Al_2O_3(s) + 2[H]$$

根据著名的平方根定律可知，双原子气体在金属中的溶解度与其分压的平方根成正比。在一定的温度下，气体的溶解度随气体分压的增大而增大。

据研究，在含有水蒸气的炉气中，即使其含量甚微，也足以使铝、镁中的氢含量增加。水蒸气很易与铝反应，这不仅使铝氧化造渣，更重要的是使铝液中的氢含量增加。

研究还发现，空气湿度不同，相同熔炼条件下，其氢含量明显变化。特别是在湿度较大的雨季和多雾的潮湿季节，铝合金铸锭更易产生气孔和疏松。

（3）温度。当气体分压一定时，温度对溶解度的影响取决于溶解热。在铝熔体中，溶解是吸热的，溶解热为正值，气体的溶解度随温度的升高而增大。因此，在铝合金熔炼过程中，在满足精炼效果及浇注温度的前提下，应注意防止熔体过度过热及长时间高温保温。

（4）合金元素。在实际的多元系合金熔体中，气体的溶解度在一定程度上受合金成分的影响。与气体有较大亲和力的合金元素，通常会使合金中的气体溶解度增大，与气体亲和力较小的合金元素则使合金中的气体溶解度减小。

B 吸气过程及影响吸气量的因素

a 吸气过程

吸气过程就是气体在金属中的溶解过程，主要分为吸附和扩散两个阶段。金属吸附气体有两种形式，即物理吸附和化学吸附。

金属吸收气体由以下四个过程组成：（1）气体分子碰撞到金属表面；（2）在金属表面上气体分子离解为原子；（3）以气体原子状态吸附在金属表面上；（4）气体原子扩散进入金属内部。前三个过程是吸附过程，最后一个是扩散溶解过程。金属吸收气体时，实际上这四个过程是同时存在的。而占支配地位的是扩散过程，它决定着金属的吸气速度。在达到饱和浓度以前，吸气速度越快，金属与气体的接触时间越长，金属吸收的气体量就越多。

b 影响金属实际吸气量的因素

在合金一定时，熔体中的实际含气量取决于吸气速度、熔炼温度及时间等。

在熔炼成分一定的合金时，熔体的实际含气量主要取决于熔炼工艺和操作。正确地执行“预防为主”的原则，严防水气和氢及各种油污接触炉料和熔体，再配合以有效的除气措施，就能使金属熔体的含气量达到制品所要求的水平。

4.4.4.3 除气精炼

为获得含气量低的金属熔体，一方面要精心备料，严格控温，快速熔化，采用覆盖剂等措施以减少吸气；另一方面必须在熔炼后期进行有效地除气精炼，使溶于金属中的气体降低到尽可能低的水平。

气体从金属中脱除有三个途径：一是气体原子扩散至金属表面，然后脱离吸附状态而逸出；二是以气泡形式从金属熔体中排除；三是与加入金属中的元素形成化合物，以非金属夹杂物形式排除。这些化合物大多数不会在金属锭中产生气孔。脱气精炼的主要目的，就在于脱除溶解于金属中的气体。

根据脱气机理的不同，铝合金熔体的除气精炼方法可分为分压差脱气、化合脱气、电解脱气等。

A 分压差脱气精炼法

将溶解有气体的金属置于氢分压很小的真空中，或将惰性气体导入熔体，便提供了脱氢的驱动力。在工业生产中，通常是把 N_2、Ar 等惰性气体通入熔体中，或将能产生气体的熔剂压入熔体中。由于气泡内部开始完全没有氢气，即氢分压为零，而气泡周围的熔体中，氢的分压大于或等于零。在气泡内外氢分压差的作用下，使溶解的氢原子向熔体-气泡界面扩散，并在该处复合为氢分子进入气泡内，然后氢分子随气泡一起上浮至熔体表面逸出，这一过程将进行到氢在气泡内外的分压相等，即处于平衡状态为止。

分压差脱气精炼法又可分为气体脱气法、熔剂脱气法、真空脱气法等。

a 气体脱气法

气体脱气法所用气体有惰性气体、活性气体、混合气体数种。此外，还有在精炼气体中加入固体熔剂粉末的气体脱气法和熔剂混合物脱气法。

（1）惰性气体精炼法。惰性气体是指不与熔体和溶解于熔体中的气体发生化学反应，并且其本身也不溶解于熔体之中的气体，这样的气体有氩气（Ar）、氦气（He），氮气（N_2）也可认为是惰性气体，因为氮气在800℃时，很少与铝发生反应，也不溶于铝液中。由于氩气和氦气价格昂贵，设备回收、净化装置技术复杂，多不使用，在生产中主要采用氮气。

惰性气体精炼除气机理是如上述所说的利用分压差除气。

惰性气体除气的特点：气体本身无毒，不腐蚀设备，操作方便、安全，但除气效果不够理想。在精炼温度超过800℃时，会形成大量硬脆的 AlN 夹杂，影响合金质量。此外，工业用惰性气体中常含有少量 O_2 及 H_2O，不仅会使熔体氧化和吸气，还由于在气泡和铝液界面形成的 Al_2O_3 膜，阻碍氢向气泡内扩散而降低除气效果，故惰性气体在导入熔体前必须进行脱水处理和净化处理。

（2）活性气体精炼。用于铝及铝合金精炼用的活性气体，是指能与熔体中的气体发生化学反应，反应生成物为不溶于熔体的气体。目前常用的活性气体是氯气。

氯气精炼除气法除了利用分压差原理除气外，氯本身还与氢发生化学反应生成氯化氢和三氯化铝蒸气，在三种气体作用下，提高了净化效果。发生如下反应：

$$3Cl_2 + 2Al = 2AlCl_3 \uparrow$$

$$2[H] + Cl_2 = 2HCl \uparrow$$

$$6HCl + 2Al = 2AlCl_3 \uparrow + 3H_2 \uparrow$$

反应生成的大量沸点为183℃的 $AlCl_3$，在熔炼温度下，在熔池中以气泡形式上浮，逸出熔体表面。而大部分细小的氯气泡与铝发生反应生成 HCl 与 $AlCl_3$ 的混合气泡、饱和 H_2 的 $AlCl_3$ 气泡和半饱和 H_2 的 $AlCl_3$ 气泡，这些气泡按分压差原理除气。如果氯气吹入速度过快，则形成气泡过大，在熔体中停留时间短促，只起到搅拌和惰性气泡的作用。只有一小部分细小的气泡与熔体中的氢和铝发生反应，而大部分氯气来不及与铝反应就逸出液面，呈一缕缕黄绿色气体散布于熔池表面。

活性气体除气精炼的特点是氯气除气作用很显著，并有除钠作用；氯气有毒，对人体有害，腐蚀设备和污染环境，需有完善的通风排气措施和设备。由于氯气与熔体中的钛发

生反应生成 $TiCl_3$，破坏了钛的一次晶核作用，因此当通入氯气时间过长，易使铸锭组织粗化。

(3) 混合气体精炼。混合气体精炼能充分发挥惰性气体和活性气体精炼除气的优点并避免其缺点，因而在生产中得到广泛应用。氮-氯混合气体多采用（10%～20%）Cl_2 +（90%～80%）N_2。实践表明，当氯气浓度占16%时，除气效果最好。除此之外还有使用15% Cl_2 +11% CO +74% N_2 脱气的，其反应如下：

$$Al_2O_3 + 3CO + 3Cl_2 = 2AlCl_3\uparrow + 3CO_2\uparrow$$

或
$$Al_2O_3 + 2[H] + 4Cl_2 + 3CO = 2HCl\uparrow + 2AlCl_3\uparrow + 3CO_2\uparrow$$

氯气或含氯混合气体的除气效果比惰性气体好，是因为有 Cl_2 参加的脱气反应是放热反应，气体总体积增加，且生成的 $AlCl_3$ 气泡细小，从而使金属熔体和气泡间界面积增大，可加速脱气速度。

为提高除气精炼效果，应注意控制气体的纯度和导入气体的方式。研究表明，若氮中氧含量为0.5%或1%，脱气效果分别下降40%和90%，故精炼气体中氧含量不得超过0.03%（体积分数），水分不得超过3g/L，对一般合金来说，能够达到满意的除气效果。导入气体的方式也会影响精炼效果，应避免形成气泡直径过大或气流速度过快而降低除气效果。导入气体时应形成小直径的非链式气泡，它能加强熔体搅拌，增大气泡与熔体的接触面积；它上浮速度慢，通过熔体的时间长，因而精炼效果好。单管方式导入气体时脱气效果差，可采用装有小孔的横向吹管、多孔塞砖（透气砖）或高速旋转喷嘴。

b 熔剂精炼脱气法

使用固态熔剂进行除气精炼时，将脱水的熔剂用钟罩压入熔池内，依靠熔剂的热分解或与金属进行的化学反应所产生的挥发性气泡，达到脱氢的目的。铝合金常用含有氯盐的熔剂来除气，反应如下：

$$Al + 3MeCl = AlCl_3\uparrow + 3Me$$

近年来趋向用六氯二烷代替氯盐或氯气来除气，反应如下：

$$3C_2Cl_6 + 2Al = 3C_2Cl_4\uparrow + 2AlCl_3\uparrow$$

$$3C_2Cl_4 + 2Al = 3C_2Cl_2\uparrow + 2AlCl_3\uparrow$$

同一重量的熔剂产生的气体量越多，则除气效果越好。同一重量时，C_2Cl_6 产生的气体量比 $MnCl_2$ 多1.5倍，所以除气效果好。用 C_2Cl_6 精炼时，产生的气泡多，而且不吸潮，用量少，价格便宜，是一种较好的固体除气精炼剂。但使用时需加强通风排气，以免污染环境。

在工业生产中，还广泛使用各种无毒精炼剂，它们大都是以硫酸盐或硝酸盐等氧化剂和元素碳组成的混合熔剂，在熔体中生成CO、CO_2 等气泡，其反应为：

$$4NaNO_3 + 5C = 2Na_2O + 2N_2\uparrow + 5CO_2\uparrow$$

为提高精炼效果和减缓反应强度，还在其中配入不同比例的六氯乙烷、冰晶石粉、食盐及耐火砖等。无毒精炼剂除有精炼作用外，还对Al-Si合金有一定的变质作用，但精炼时烟尘较多，渣多，金属损耗较大。

c 真空除气法

活性难熔金属及合金、耐热及精密合金等，采用真空熔铸法除气效果较好，重要用途的铝及其合金，也愈来愈多采用真空熔炼及真空处理除气法。该法的特点是除气速度高，是一种有效的除气方法。实践和研究表明，一般在 1.33kPa（10Torr）真空度下能使铝熔体中的氢含量降到 $0.1cm^3/100g$。

真空除气法又可分为静态真空除气法和动态真空除气法。静态真空除气法是将熔体置于 1.33～4.0kPa（10～30Torr）的真空度下，保持一段时间。动态真空除气（图 4-6）是将金属液经槽导入抽至 1.33kPa（10Torr）的真空炉内，使金属液以分散的液滴喷落在熔池内。借助于对熔体的机械或电磁搅拌，或通过炉底的多孔砖吹入精炼气体，可加快脱气除气过程。使用此法处理铝合金液，与静态法比较不仅脱气时间短，氢含量低（$\leqslant 0.10cm^3/100g$），钠含量可降至 2×10^{-6}，还能减少夹渣，可满足航空工业产品的要求。

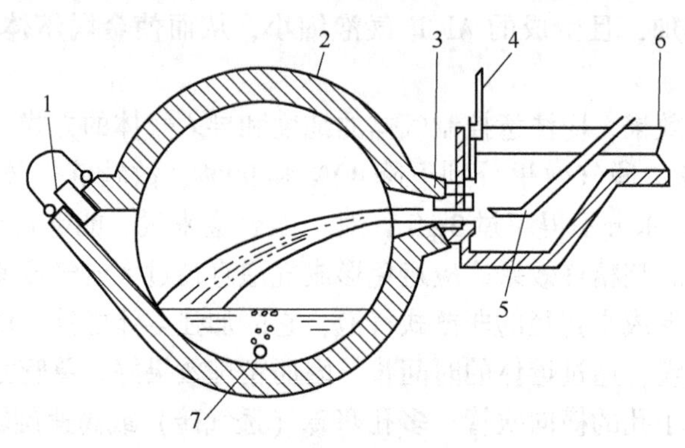

图 4-6 动态真空除气法示意图

1—出口；2—炉体；3—喷嘴；4—密封板；5—熔剂喷嘴；6—溜槽；7—气体入口

B 化合脱气法

化合脱气法是利用在熔剂中加入某种能与气体形成氢化物和氮化物的物质，如加入 Li、Ca、Ti、Zn 等活性金属形成 LiH、CaH_2、TiN、ZnN 等化合物，将金属熔体中的气体脱除的一种方法。形成的这些化合物密度小且多不溶于金属液，易通过除渣精炼而排除。溶于金属液中的氢和氧有时相互作用而形成中性水蒸气，也能达到除气的目的。

C 直流电解除气法

该法是用一对电极插入金属液中，其表面用熔剂覆盖，或以金属熔体作为一个电极，另一极插入熔剂中，然后通直流电进行电解。在电场的作用下，金属中的 H^+ 趋向阳极，取得电荷中和后聚合成氢分子并随即逸出；金属中的其他负离子如 O^{2-} 等则在阴极上释放电荷，然后聚集上浮留在熔剂中化合成渣而被除去。实践表明，此法不仅能除气，还能除去夹渣，可以用于铝及其合金的精炼除气除渣。

4.4.5 炉外联合在线精炼

为提高铝合金产品的质量和产量，降低成本，减少能耗和防止公害，近年来在精炼方面出现了一种新的发展趋势——联合在线精炼，即在炉外配备一套装置，以炉外连续处理工艺取代传统的炉内间歇式分批处理工艺。炉外处理熔体有多种形式，但根据对铸锭质量的要求，可采用以除气为主，以除去非金属夹杂为主或同时除气和除渣等工艺。下面介绍几种典型的具有实用价值的熔体处理技术。

4.4.5.1 铝液抬包内的熔体净化（炉前净化）

铝液倒入抬包后在铸造车间保持着860~900℃较高的温度，现在铝液运输包容积较大，一般为5t，小的约1.5t，最大的已达到12t。采用有覆盖剂保护，用含有冰晶石硝酸盐或氟化盐类的无毒固体精炼剂或氮气喷吹粉状精炼剂进行精炼净化，以除去熔体中的非金属夹杂物，如氧化铝、电解质、氟化盐、碳粉碳粒等，同时还可除去部分气体和Na、Mg、Li、Ca等碱金属与碱土金属。

这样的炉前净化处理可大大减少熔炼炉的渣含量，减少清炉工作量，利于合金的熔炼，提高合金的原始纯度和洁净度。为了降低工人的劳动强度、减少铸造车间的粉尘污染，宜设置专门的抬包净化室，并尽可能配备机械化的精炼设备和捞渣设备。移动式铝熔体净化设备结构如图4-7所示。

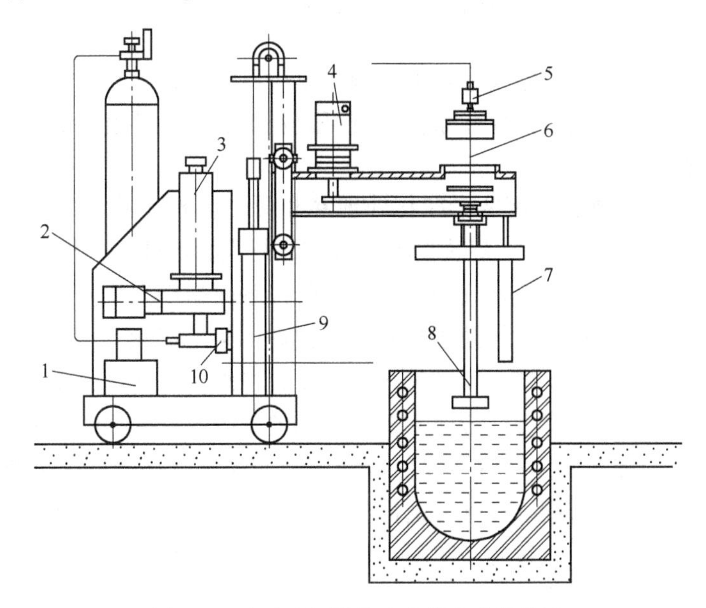

图4-7 移动式铝熔体净化设备结构简图

1—液压泵；2—熔剂均匀给料器；3—熔剂料箱；4—变频电动机；5—回转接头；6—传动轴；7—挡板；8—旋喷转子；9—油缸；10—悬浮器

4.4.5.2 SNIF法

SNIF法即旋转喷气净化处理法，是由美国联合碳化物公司开发的，是一种较新的、效率高的、易于操作的在线式精炼工艺。其特点是：将精炼脱气与过滤除渣合为一体，不用静置炉，省时节能；只用少量氯气（也可用氮气或氩气），环境污染小；占地面积小；熔体质量高且稳定，100gAl氢含量可降至0.1cm^3以下，大于10μm的夹杂颗粒可全部除去；精炼能力可达3.6t/h。没有附设过滤装置；可根据合金及铸造速度不同，调节流量；维护简单，检修周期长；自动化程度高。

SNIF法装置如图4-8所示。该装置的核心是旋转喷嘴，其作用是把精炼气体喷成细小气泡并使之均匀分布于整个熔体中，强烈搅拌熔体，使之形成定向液流。喷嘴是用石墨制作的，浸入熔体中，用高压空气冷却。旋转喷嘴的优点是：不会堵塞，不论气体流量多

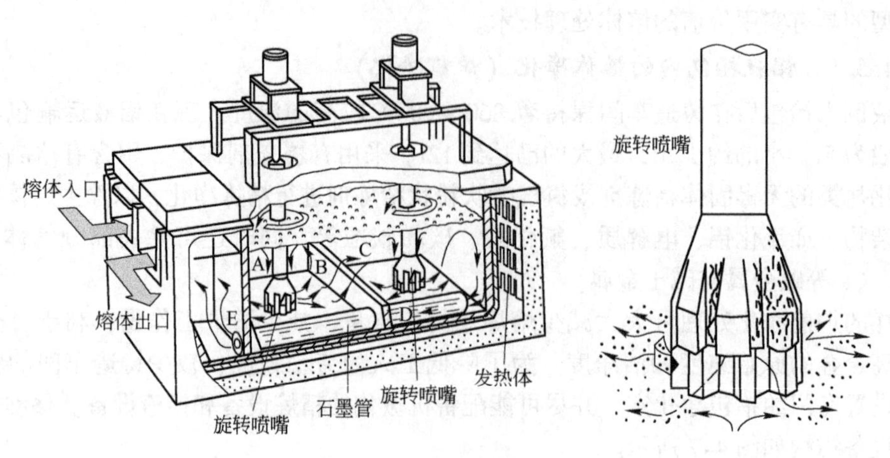

图 4-8　SNIF 法装置示意图

大，均可形成细小气泡。净化室是密封的，内衬多用石墨砌筑，在微量正压力下工作，并使熔体与空气隔绝，保证良好的净化条件。既可避免熔炉内衬及喷嘴氧化，又不会使净化后的熔体再度受到污染和吸氢。

SNIF 法装置工作原理：设有两个净化处理室和两个旋转喷嘴。熔体通过流槽由熔炼炉流入第一净化室（A 室），第一旋转喷嘴对熔体进行强力净化。喷嘴喷出的气体以细小气泡弥散于熔体内。搅拌时涡流使气泡与金属间的接触面积增大从而为脱气和造渣并聚集上浮创造了有利条件。然后，金属液通过隔板 B，进入第二净化室（C 室），接受第二个喷嘴的净化处理。最后净化了的金属液进入一个安装在炉底、开口设在第二净化室后部的石墨管，流入炉子前部的储存金属液池。储液池和炉子内部是用 SiC 板隔开，仅通过石墨管 D 相连。隔板 B 能缓冲熔体涡流，并保持金属液面稳定。净化后的金属液从储液池平稳流出进入结晶器或直接铸锭。精炼后逸出的气体汇集于炉子上部，通过其入口处排出。熔剂和夹渣浮在熔体表面，通过旋转喷嘴在液面所产生的循环液流，把漂浮的炉渣推向金属入口处，使之从入口上部排出。

类似的方法有法国波施涅公司的 ALPUR 法。

4.4.5.3　MINT 法

MINT 法即熔体在线处理法，也是兼有脱气和过滤除渣作用的炉外熔体连续处理方法之一。它是为满足对铸锭最严格的质量要求，而由美国联合铝业公司（ALCOa）研制出来的。

MINT 法装置如图 4-9 所示，它由反应精炼室和精炼室组成。合金熔体从精炼器的切线方向入口进入圆筒状反应精炼室，呈螺旋形旋转下降。精炼室外的锥形底部设有 6 个气体喷嘴，从气体喷嘴喷入细小的精炼气体（如氩气和氯气的混合气体）与旋转的合金液接触、碰撞，使喷出气体均匀分布于整个反应精炼室，增大了熔体与气泡的接触面积，在熔体过滤前进行脱气，并使大颗粒夹渣上浮分离，可减少过滤器堵塞。然后合金熔体从精炼室流过陶瓷泡沫过滤板，进一步滤除杂质。由于是动态吹气精炼，又加上泡沫陶瓷过滤，其除气除渣效果非常好，该装置处理铝合金液的能力为 8～19t/h。MINT 法是一种高质量且处理费用低的炉外精炼处理技术。

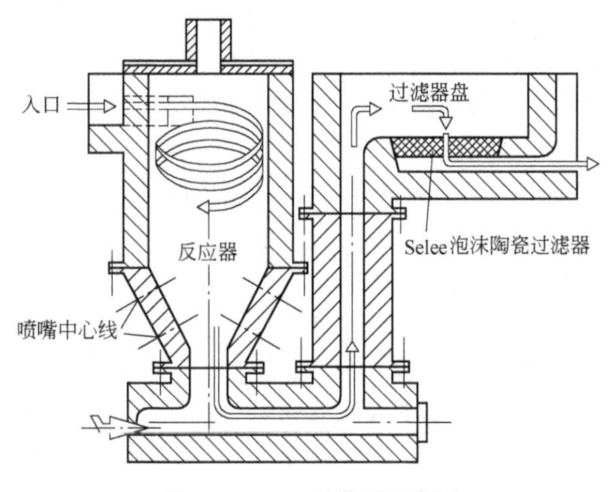

图 4-9 MINT 法装置示意图

4.4.5.4 ALPUR 在线精炼法

ALPUR 精炼法是法国 Pechiney 公司研制，于 1981 年投入使用的铝合金液精炼装置，其结构理如图 4-10 所示。上海铝材厂和抚顺铝厂相继引进采用单混合器用于 3C 型连续铸轧机配套设施生产铝板坯料。其原理与 SNIF 法基本相同，主要是混合器的结构比较特别，喷嘴能同时搅动合金液体，使合金液进入喷嘴内。气体与液体在 6 个气体喷出孔和 6 个熔体进入孔的交界处动态接触，再加上 6 个旋转叶轮的搅动作用，显著增加了铝合金液与精炼气的接触和作用机会，使精炼净化效果明显提高。净化处理能力可达 5 ~ 35t/h，每千克 Al 气体用量 0.6 ~ 0.8L，去除氧化物及其他非金属杂质的效率可达 80% 以上，除气效率根据合金品种的不同一般为 60% ~ 65%，除渣及去除碱金属效果也很好。近几年经过不断改进，密封性、机械化、自动化水平、消耗性零件的使用寿命也得到了提高，加热器鞘使用寿命由 3 个月延长到 7 年之久。

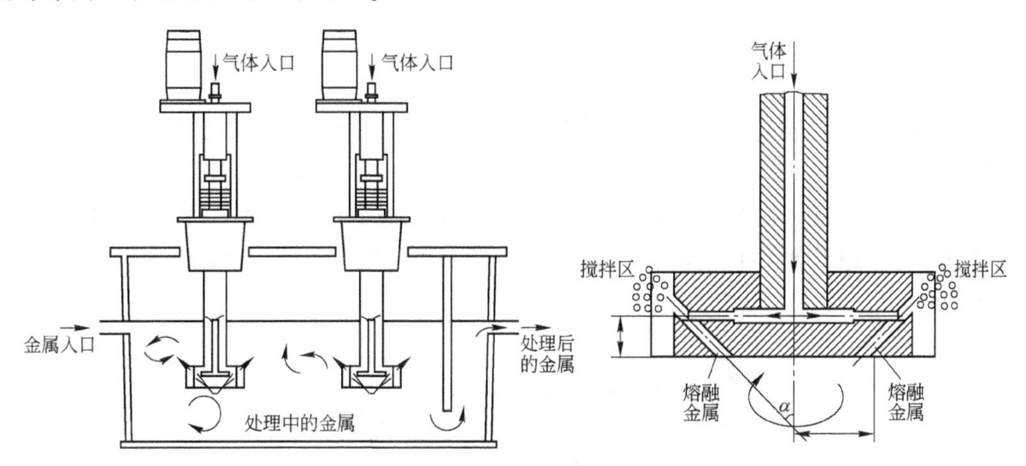

图 4-10 ALPUR 法装置示意图

4.4.5.5 FILD 过滤法

FILD 过滤法是在生产线上的一种无烟连续脱气和净化铝液的新技术，是由英国铝业公司和瑞士高奇电炉公司共同开发的，其装置如图 4-11 所示。在耐火坩埚或耐火砖衬里的容器中，用耐火隔板将容器分隔成两个室。从熔炼炉或静置炉流出的铝液，经倾斜流槽进入第一室，在熔剂覆盖下进行吹氮脱气和除渣，然后合金液通过涂有活性熔剂的氧化铝球（刚玉球），进行吸附过滤除去夹渣，依靠其自重再留入第二室，通过氧化铝球滤床（未涂熔剂），边过滤边往上流动，除去了铝液夹带的熔剂和夹渣。

FILD 法处理过程中需要加热。在熔铝炉或静置炉与铸造机之间安装 FILD 装置，就无须进行炉内精炼，可连续除气除渣。该法是通过一次吹气，两次过滤吸附，其精炼效果好，特别是除渣效果好。通入的气体，除氮气外，还可通入氩气或氯气或它们的混合气体。但氮气便宜，尽管其除气效果不如氩气。还可吹入氮气 +5% 氟里昂气体的混合气体，除气效果也好，还可得到干性浮渣，成本比单吹氩气低。用 FILD 法的总成本约为常用氯气精炼加过滤工艺的 1/4。

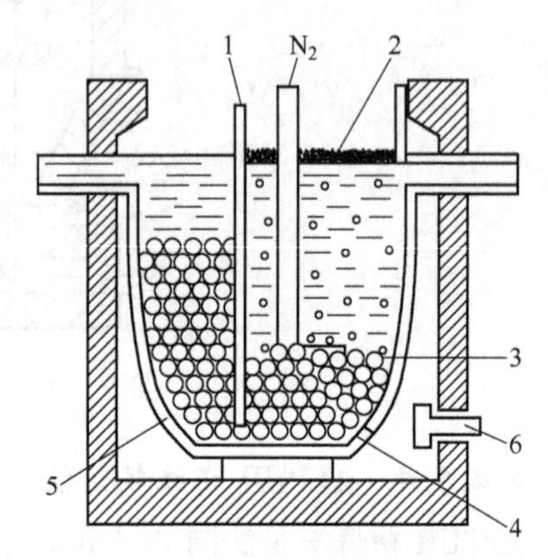

图 4-11 FILD 过滤法装置示意图
1—隔板；2—液态熔剂；3—氮扩散器；
4—涂有熔剂的氧化铝；
5—氧化铝球；6—燃烧喷嘴

在正常使用条件下，FILD 法处理的铝合金铸锭中氢含量为 $0.1cm^3/100g$，试样中未发现气孔和夹渣，质量能够满足航空工业的严格要求。选用适当熔剂（如含 $MgCl_2$）可降低铝中微量有害元素钠的含量。

FILD 法可广泛用于处理 Al-Mg-Si、Al-Zn、Al-Mg-Zn 和 Al-Cu 系合金。处理的合金已用于包括航空和军工用的轧制、锻造和挤压高强材料、薄板和箔材，汽车用光亮构件，印刷照相用薄板及阳极化产品，连铸的铝盘条等。

类似的方法还有：Brondyke—Hess 过滤脱气联合处理法、Alcoa 496 法、Alcoa 528 法、Alcoa 622 法等。

4.4.5.6 Alcoa 469 型过滤器精炼法

Alcoa 469 型过滤器精炼法是由美国 Alcoa 公司研制的，过滤介质为氧化铝球（氧化铝球可以再生反复使用），采用双槽处理，其结构装置如图 4-12 所示，在铝合金过滤除渣的同时，再通过底部同时吹入氮氩各 50% 的混合气体或氩气加 2% ~3% 氯气的混合气体进行精炼。此法由于采用了吸附和过滤的双重精炼法，精炼净化效果很好。精炼能力可达到 23t/h 铝合金液体，每千克铝合金熔体气体用量 0.4 ~0.7L，除气效率一般为 60% 以上。

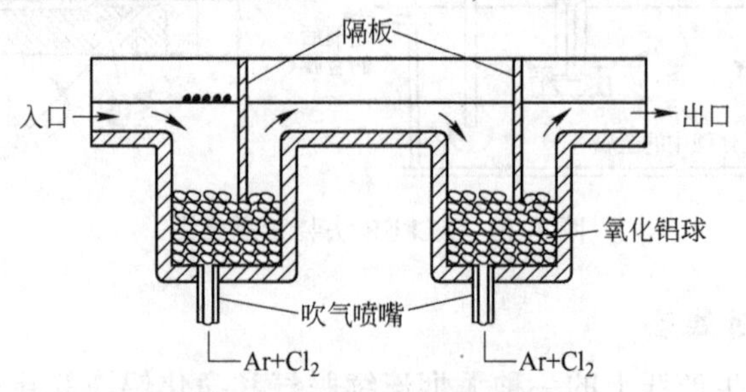

图 4-12 Alcoa 469 法装置示意图

4.4.5.7 三级泡沫陶瓷过滤复合净化法

三级泡沫陶瓷过滤复合净化法是南通大学与东北轻合金厂最新研发的一种具有我国自主知识产权的复合净化装置，可显著降低铝合金熔体中的非金属夹渣和氢的含量，使10μm以下的微小非金属夹渣含量小于0.02%，每100g Al氢含量小于0.08mL。图4-13为其原理框图，图4-14为其装置示意图。

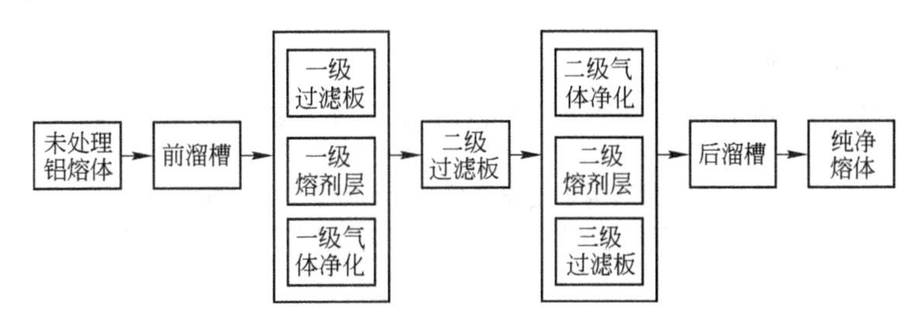

图4-13 铝及铝合金熔体复合净化装置原理框图

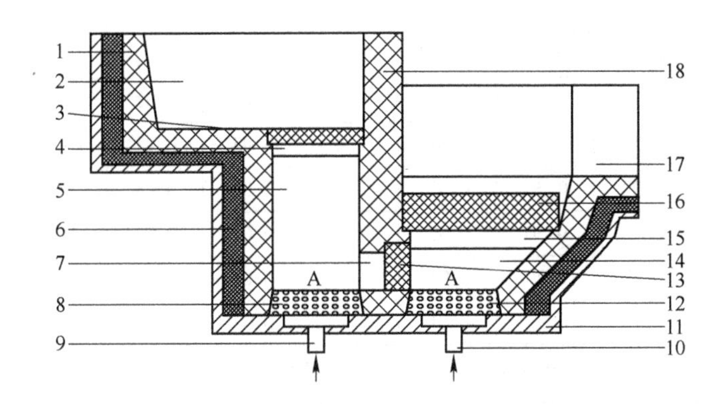

图4-14 三级泡沫陶瓷过滤复合净化装置示意图

1—耐火层；2—前溜槽；3—一级过滤器；4，15—熔剂过滤层；5—前净化室；
6—隔热层；7—通道；8，12—吹气塞；9，10—脉冲气入口；11—壳体；
13—二级过滤器；14—后净化室；16—三级过滤器；17—后溜槽；18—隔板

4.4.6 铝合金熔体净化新方法的研究

铝熔体净化的研究是一个比较长期的课题，国内外的学者专家都在不断探索新的方法，国内不断有新的研究成果报道。上海交大已研发出电磁净化装置可去除10～30μm的夹渣物，已通过工业化试验，并取得了国家专利；甘肃理工大学与某铝厂研发的电熔剂法净化处理铝熔体试验，使铝合金中的夹杂物去除率可达84.4%；中南大学聂朝辉、毛大恒等人研究的超声波处理铝合金熔体，具有细化晶粒和除气作用。

通过以上论述可以看出，铝熔体的净化方法较多，铝电解企业应根据生产的产品种类选择适当的工艺流程和净化方法。挤压用的铸锭和线材对夹杂和气体要求相对较低，工艺流程可适当简化，可采用投资费用和使用费用较低的净化装置。对于压延用的扁锭和铸轧卷对质量要求比较严格，在满足质量要求的前提下，也要尽可能地压缩工艺过程和现场作业生产线长度，减少工艺过程中多余的作业点，因为点多面广有可能引起熔体反复氧化和吸气。但是，希望不要取消炉前的熔体净化工艺，入炉原料质量的好坏对产品的质量至关重要，因为，无论如何先进的净化装置都不可能实现100%净化率。

4.5 重熔用铝锭铸造

4.5.1 重熔用铝锭的技术要求

4.5.1.1 化学成分

重熔用铝锭的化学成分应符合表4-23（GB/T 1196—2008）的规定。

表4-23 重熔用铝锭化学成分（GB/T 1196—2008）

牌 号	化学成分/%									
	Al（不小于）	杂质（不大于）								
		Si	Fe	Cu	Ga	Zn①	Mg	Mn	其他	总和
Al99.90②	99.90	0.05	0.07	0.005	0.020	0.025	0.01	—	0.010	0.10
Al99.85③	99.85	0.08	0.12	0.005	0.030	0.030	0.02	—	0.015	0.15
Al99.70②	99.70	0.10	0.20	0.01	0.03	0.03	0.02	—	0.03	0.30
Al99.60②	99.60	0.16	0.25	0.01	0.03	0.03	0.03	—	0.03	0.40
Al99.50②	99.50	0.22	0.30	0.02	0.03	0.05	0.05	—	0.03	0.50
Al99.00②	99.50	0.42	0.50	0.02	0.05	0.05	0.05	—	0.05	1.00
Al99.7E②③	99.70	0.07	0.20	0.01	—	0.04	0.02	0.005	0.03	0.30
Al99.6E②④	99.60	0.10	0.30	0.01	—	0.04	0.02	0.007	0.03	0.40

注：1. 铝含量为100%与表所列中有数值要求的杂质元素含量实测值及等于或大于0.010%的所有杂质总和的差值，求和前数值修约至表中所列极限数位一致，求和后将数值修约至0.0*X*%，再与100%求差。

2. 表中未规定的其他杂质元素含量，需方有要求时，可由供需双方另行协议。

3. 分析数值的判定采用修约比较法，数值修约规则按GB/T 8170的有关规定进行。修约数位与表中所列极限值数位一致。

① 若铝锭中杂质锌含量不小于0.10%时，供方应将其作为常规分析元素，并纳入杂质综合；若铝锭中杂质锌含量小于0.10%时，供方可不作为常规分析，但应监控其含量。

② Cd、Hg、Pb、As元素供方可不作为常规分析，但应监控其含量，要求 $w(Cd+Hg+Pb)\leqslant 0.0095\%$；$w(As)\leqslant 0.009\%$。

③ $w(B)\leqslant 0.04\%$；$w(Cr)\leqslant 0.004\%$；$w(Mn+Ti+Cr+V)\leqslant 0.020\%$。

④ $w(B)\leqslant 0.04\%$；$w(Cr)\leqslant 0.005\%$；$w(Mn+Ti+Cr+V)\leqslant 0.030\%$。

4.5.1.2 外观质量

铝锭应呈银白色，表面应整洁，无较严重的飞边和气孔，允许有轻微的夹渣。

4.5.1.3 锭重和锭型

每块铝锭重量为20kg±2kg、15kg±2kg或由供需双方协商确定。铝锭锭型未作统一规定，但要求铝锭锭型应适合于包装、运输、贮存的需要。

4.5.1.4 组批、检验

重熔用铝锭应成批提交检验并称量，每批应由同一熔炼号的产品组成，重量不少于400kg，每批重熔用铝锭应进行化学成分和外观的检验。

4.5.1.5 标志

每块铝锭上应浇注或打印生产厂家标志、熔炼号和检印。

每捆铝锭上都应有一个颜色鲜明、防水、不易脱落的标签，且不少于两处，标明有中英文对照的产品名称、执行标准、熔炼号、捆号、净重、块数、牌号、化学成分、生产日期、生产企业名称、厂址等。

4.5.1.6 包装

20kg ±2kg 铝锭和 15kg ±2kg 铝锭应打捆包装，22kg 以上大块锭的包装由供需双方协商确定。铝锭打捆形式与铝锭锭型及铝锭的排列方式有关，通常一般采用“井”形打四条带，铝锭层与层之间交错横竖排列；现也有采用“三”形打三条带，每一层铝锭均按同一方向顺排；或采用“王”字形打四条带，排列方式既可同一方向顺序排列，也可各层之间交错排列，如图 4-15 所示。

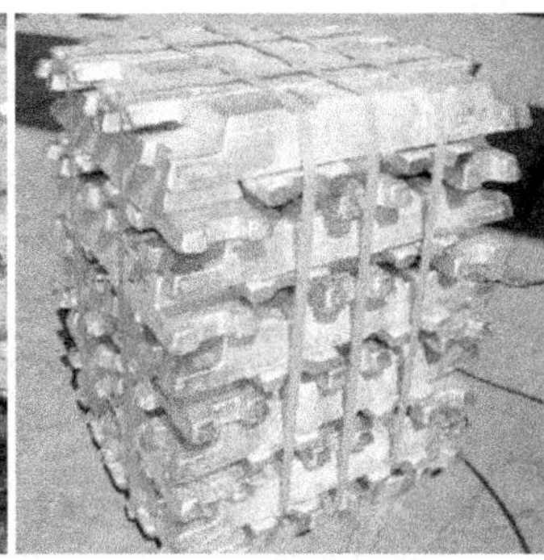

图 4-15 普通铝锭

铝锭打捆一般可采用普通镀锌钢带，现在已经有许多厂家采用塑钢带或其他材料替代钢带进行铝锭等金属的打捆，无论采用何种材料打捆均应保证铝锭不散捆。

打捆用钢带表面应进行防锈处理，抗拉强度不小于 590MPa，伸长率不小于 5%，尺寸应符合表 4-24 的要求，其他要求应符合 YB/T 025 的有关规定。

表 4-24 铝锭打捆钢带尺寸

规 格	厚度/mm	宽度/mm
20kg ±2kg	0.90	32
15kg ±2kg	0.70 ~ 0.90	不小于 19

4.5.1.7 运输、贮存

摆放、运输、贮存铝锭的场所应清洁，无水、油污、泥土、灰尘等。

4.5.2 普通铝锭铸造

普通铝锭块重一般为 20kg 或 15kg，常采用 76 模链式铸造机，生产能力每小时从 4.5t 到 25t 不等，自动化程度差异比较大。小型机组每台用 4 人，普通铸造机含打包机需要约 9 人，而自动化程度较高的 25t/h 的铸造机组仅需 3 人。

新型铝锭连铸生产线是有色工业铝电解生产中的主要关键装备，是专门用于生产重熔铝锭的自动化生产线，它将铸造、冷却、堆垛、捆扎打包和成品运输等生产工序排序完成，通过 PLC 编程控制实现自动化运行，是集机、电、光、液、气于一体的自动化成套冶金装备。解决了长期困扰国产铝锭生产技术发展的铝锭水波纹大、脱模率低、可靠性差等三大问题，现在已经开发形成了 16 ~ 22t/h 系列新型铝锭连铸机组。目前，国内采用较多的铸造机是 16t/h、162 模的新型链式铝锭连铸生产机组。

76 模链式连续铝锭铸造机布局如图 4-16 所示。162 模和 25t 链式连续铝锭铸造机布局如图 4-17 所示。

图 4-16 76 模链式连续铝锭铸造机布局图

工艺过程：出铝排包→电解铝液、废铝锭、废料→配料→熔炼工具预热→抬包内除渣→装炉→混合熔炼→炉温控制→铸造机铸模喷刷脱模剂→铸造机铸模预热→铸造工具预热→打开炉眼放出铝液→铝液通过溜槽、分配器→铝液导入铸模→打渣→冷却凝固成型→打钢印→脱模→检查→码垛→打包→成品铝锭。

4.5.2.1 出铝排包

查询并打印当天电解原铝预分析报告，根据需生产的产品品种和原铝预分析报告单、单槽出铝任务量，书面安排电解出铝顺序。通过排包可以初步达到配料与投入混合炉铝液成分相近。

铸造重熔用铝锭的方法有两种：一种是铝液通过敞口抬包，经过溜子流向连续铸造机并进行浇注，即外铸；另一种是原铝液经过混合炉熔炼、净化、静置后经过溜子流向铸造机模子中进行浇注，即混合炉铸造。

通过混合炉铸造时，一般要求满炉起铸，即炉子装满熔体处理后方可铸造，待炉子铝液放干净后再做下一炉，以确保铝锭质量的均匀。在实际生产中，原铝质量成分差别比较

(a)

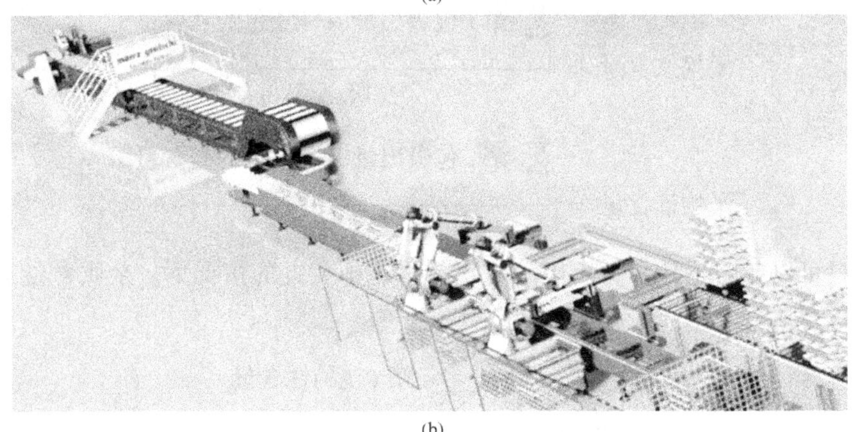

(b)

图4-17 162模（a）和25t（b）链式连续铝锭铸造机布局图

小，初次满炉起铸后，随着铸造的进行，间接地加入净化处理过的铝液。但是，入炉的原铝质量不得差别太大，以免影响铝锭的化学成分。低品位的Al99.00以下的原铝一般通过外铸后，再次配料加入混合炉或抬包。

4.5.2.2 配料计算

配料主要是控制Fe、Si杂质含量，其他微量元素一般比较稳定不必考虑，但是，在出现异常情况时必须对微量元素加以控制。

目标值：一般是按Al99.70等级品位来配料，即 $w(\mathrm{Fe}) \leqslant 0.20\%$、$w(\mathrm{Si}) \leqslant 0.10\%$。配料计算一般留出一定的余量，因为生产过程中Fe、Si杂质含量还将升高。所以，在实际生产中配料计算中以 $w(\mathrm{Fe}) \leqslant 0.18\%$、$w(\mathrm{Si}) \leqslant 0.08\%$ 为目标。

配料总量为混合炉容量的85%，以便于成分调整时追加原铝，在实际生产中很少再追加原铝。配料可以通过排包顺序进行加包配料，也可以将固体料一次性投入混合炉。

（1）杂质含量计算。分别计算吸出铝液的Fe、Si含量和废料及低品位固体料的Fe、Si含量，然后再计算投入混合炉内投入总量的平均Fe、Si含量。

$$\text{平均铁含量} = \frac{\sum_{i}^{N} \text{第}\,i\,\text{包吸出量} \times \text{第}\,i\,\text{包的铁含量} + \sum_{i}^{N} \text{第}\,i\,\text{个固体料量} \times \text{第}\,i\,\text{个固体料的铁含量}}{\text{总吸出量} + \text{投入过固体总量}}$$

$$\text{平均硅含量} = \frac{\sum_{i}^{N} \text{第} i \text{包吸出量} \times \text{第} i \text{包的硅含量} + \sum_{i}^{N} \text{第} i \text{个固体料量} \times \text{第} i \text{个固体料的硅含量}}{\text{总吸出量} + \text{投入过固体总量}}$$

(2) 如果投入的固体废料 Fe、Si 杂质含量比目标值小或者是在没有废料和低品位固体料投入时，计算平均杂质含量可简化为：

$$\text{平均铁含量} = \frac{\sum_{i}^{N} \text{第} i \text{包吸出量} \times \text{第} i \text{包的铁含量}}{\text{总吸出量}}$$

$$\text{平均硅含量} = \frac{\sum_{i}^{N} \text{第} i \text{包吸出量} \times \text{第} i \text{包的硅含量}}{\text{总吸出量}}$$

在废料可以忽略不计和每台电解槽出铝量基本相近的情况下，杂质含量进一步简化为：

$$\text{平均铁含量} = \frac{\sum_{i}^{N} \text{第} i \text{包的铁含量}}{N}$$

$$\text{平均硅含量} = \frac{\sum_{i}^{N} \text{第} i \text{包的硅含量}}{N}$$

(3) 全部炉料投入混合炉后，有条件的情况下先取试样做炉前分析——中间分析值，若平均杂质含量达不到目标要求，则计算出修正量，继续配料。

$$\text{追加原铝量} = \frac{\text{已装入炉内的原铝量} \times (\text{中间分析杂质含量} - \text{目标杂质含量})}{\text{目标杂质含量} - \text{追加铝杂质含量}}$$

4.5.2.3 抬包内除渣

电解铝液一般是采用敞口抬包运送到铸造车间，国外的铝电解厂一般设有专门的抬包铝液净化处理场所，即铝液净化室，机械化程度较高，电解厂房运送来的抬包铝液直接进入净化室，把旋转喷吹精炼器插入抬包铝液深处，通过氮氯气体或氮气喷吹粉状精炼剂到铝液中进行净化反应，然后用伞状捞渣器捞出铝液表面浮渣。净化处理过的铝液可以直接铸造或倒入混合炉后铸造。

国内抬包除渣一般只是用捞渣勺撇去铝液表面浮渣，进行专门净化处理比较少见。

现在有些铝电解厂采用真空抬包直接运送铝液，所以，只能是倒入混合炉后才能进行除渣。

4.5.2.4 装炉

A 投入固体废料

先将配好的固体废料加入混合炉，可以一次性全部加入，也可以逐渐加入抬包或直接投入炉内，倒入铝液后可直接浇在固体废料上，有利于固体的熔化，见图4-18。

图4-18 操作工用叉车给混合炉装入固体铝及铝废料

B 注入电解铝液

用天车将抬包吊运到混合炉液体入口，然后在抬包上安装好倾动用手轮（图4-19）。除了手动轮操作外，现代用抬包一般配置有电动装置来倾动倒出铝液。

(a) (b)

图4-19 操作工将抬包调运到混合炉前

（a）抬包已经吊运到混合炉前；（b）抬包上安装倾倒用手轮

用钢杆打开抬包吊臂上的卡板，打开吊臂上的卡板后抬包才可倾动，如图4-20所示。

用钢棍打开抬包液体出口上的保险和盖子，打开液体盖子后才能倒出抬包内的液体（图4-21）。采用电动装置时先将导线电源插头分别插到抬包插座和电源插座上。

用天车将抬包出铝口对准混合炉熔体入口处，搬动倾动开关缓慢将抬包铝液倒入混合炉内，倒入铝液时要控制好抬包高度和倾倒速度，速度不要过快，缓慢将铝液倒入混合炉内，以免铝液撒到地面造成不必要的伤害，如图4-22所示。

(a)　　(b)

图 4-20　抬包臂卡板打开、锁住

(a) 抬包臂卡板已打开；(b) 抬包臂卡板已放下

(a)　　(b)

图 4-21　操作工用钢棍打开抬包出口的保险和盖子

(a) 打开抬包出铝口保险；(b) 打开抬包出铝口盖子

图 4-22　操作工正在向混合炉注入电解铝液

装炉总量一般不超过炉子容量的85%，不要装得过满以免液体溢出造成损失和不良事故，而且也便于调整成分时补充铝液和除渣。

注意事项：

(1) 吊送和放置抬包时，必须用包卡子固定抬包吊臂，以免抬包歪倒伤人。设有专用的抬包座不得将抬包放在地面上，以避免吸铝管的损坏。

（2）在倒料过程中当抬包倾斜角度达到30°时铝水还未倒出，应及时将抬包打回原位，用包卡固定抬包吊臂，再用钢钎将包嘴捅开，确认包嘴畅通后再进行倒料作业，倒完包后必须用两侧的包卡固定好包梁，天车才可吊运。

（3）当突遇断电或开关失灵时，应先拔下电源插头再用手动轮手动扳回原位，并放下包卡锁住吊臂，防止大量的铝液流出引起爆炸伤人，倒包时动作要轻、缓，防止由于倒料过猛铝液飞溅造成爆炸或烫伤事故。

【事故案例】2002年9月10日22时30分左右，西北某铝厂铸造车间工人某某正在向混合炉倾倒铝液时，由于天车工操作失误，造成抬包向某某操作点移动，迫使某某失去平衡，从高约1.5m的操作平台上摔倒在地面上，同时，被抬包流出的铝液烫伤右脚，住院植皮治疗。

4.5.2.5 除渣

灌注完液体铝后，打开炉门，按炉内铝液量的0.2%加入除渣剂，将除渣剂的五分之二平均地洒在混合炉的四个角，五分之三均匀地洒在混合炉铝液中间的液面上。

用扒渣车搅拌，要搅拌到四角，以保证铝液的品位均匀，不偏析，并保证每炉所取铝液化学成分分析试样中杂质Fe、Si含量最大值与最小值相差不大于0.010%。

搅拌后铝液需静置不小于30min，以便液体深处的渣子上浮到液面上。

静置后渣子已经全部漂浮在液体表面，用扒渣车将炉内的浮渣扒到渣箱里。从混合炉一侧铝液表面开始，依次扒渣，直到混合炉另一侧为止，然后再对未扒干净的浮渣进行第二次扒渣，直到看不到浮渣为止。

4.5.2.6 炉温控制

由于电解铝液温度高达900℃以上，所以，混合炉不必加热升温。在装炉前，控制炉膛温度不低于600℃可以保证铸造温度。实际生产时，操作混合炉控制箱控制炉膛温度为700～800℃。通过混合炉控制屏随时观察炉内铝液温度。

测量混合炉铝液温度：当混合炉自动测温系统发生故障时，打开混合炉中间门20～30cm，用2.5～3.0m长的镍铬热电偶测铝液温度，铝液温度一般控制在750～780℃范围内。依据出铝溜槽长短和保温性能的不同以及季节的变化，混合炉铝液温度控制范围可做适当调整，主要是以铸锭浇注口来确定。

混合炉打眼时流出口铝液温度保持在750～780℃。打眼后混合炉铝液充满溜槽并进行正常铸锭时，应调整混合炉温度，使之尽快达到铸造工艺温度，操作按下列办法进行：

（1）如果在铸锭过程中出现铝液温度过高，应打开炉门，在炉内铝液不超过2/3时，用扒渣车加入同品位铝锭进行降温。调整好温度后，关闭炉门，直到本炉铝液铸完。

（2）打开炉门自然降温；

（3）如果在铸锭过程中出现铝液温度过低或铸锭设备发生故障时，应视情况打开天然气，点火升温或保温。

（4）外铸的主要技术条件是敞口抬包内的温度冬季保持在720～740℃，夏季保持在710～730℃，铝液流出温度不能低于680℃；

（5）混合炉直接铸造时，混合炉内铝液温度夏季保持在700～730℃，冬季保持在720～750℃，铝液流出温度不低于680℃。

4.5.2.7 浇注

可倾式炉子一般通过液压控制系统控制液面高度来控制铝液流量，自动化程度较高。但是，国内采用固定式炉子较多，需要人工控制炉眼来控制铝液流量，生产能力较大的铸造机，如大型铸造机，混合炉流出的铝液通过溜槽到分配器再到铸模；而生产能力较小的铸造机，如小型铸造机，混合炉流出的铝液通过溜槽直接到铸模，即人工抬溜槽浇注。下面先介绍大型铸造机。

前期准备：清理溜槽，堵好溜槽挡板，用喷枪预热好新补溜槽，生产前在溜槽内均匀撒上滑石粉。检查溜槽导流管是否损坏，如有损坏应及时更换。检查分配器是否有裂纹、变形等情况，若有异常及时更换。

确认压缩空气压力是否达到0.5~0.6MPa，确认打印机动作正常，并装上所需字码。

准备好堵出铝口用的控流塞子、钎子和耐火套以及大渣箱，并在大渣箱内撒上滑石粉。

运转铸造机：首先检查铸造机运转是否正常。确认铸造机空负荷运转正常，冷却输送机销子齐全，翻转卡具动作正常，各部分检查无误，润滑良好后方可开始正常铸造作业。

喷涂脱模剂：铸模内均匀喷涂上脱模剂，脱模剂用量不宜过多，以铸模表面不流滴为宜。

铸模预热：检查铸模预热喷枪及输气管是否漏气，确认完好后才能使用，否则需对输气管密封处理，或者更换完好的喷枪。

铸造前15min启动油库油泵或天然气，调节油压，点燃喷枪对准铸模预热，点燃喷枪后调节喷枪给油量和风量，确保无浓烟、不滴油，直至喷枪完全燃烧。

点燃铸造机尾部天然气喷枪预热分配器和铸模及工器具，铸模预热要求铸造机链板运转一圈以上。新安装的和间隔超过8h不使用的铸造机开始浇注时，预热铸模要求铸造机链板运转两圈以上。

铸模预热一圈后应立即关掉喷枪，停止运转油库油泵，尽量节约用油。预热过程中有油滴漏，要及时用废布擦干净并将废布放到垃圾箱内。

放流出铝：操作工到混合炉出铝口前卸下出铝控流限位铁件，拔出堵炉眼的塞子。注意铝液飞溅，防止烫伤。有铝液流出时及时换上有石墨头的控流塞子，调整控流塞杆，以保持溜槽铝液面稳定。

浇注结束时，彻底清理炉眼及周围结渣，用准备好的塞子堵眼，拧紧限位铁件，要求不渗铝，否则需重新堵眼。清理溜槽内残铝渣皮并放到指定地点，并收拾好工器具放回到指定的位置。

流量控制：开始浇注时铝液流量从小渐渐调大，直至调节浇注出合格的铝锭，并根据铸造机转速及时调整铝液量，以保证铝锭大小及重量合格。在生产过程中每隔1h对分配器当中的结铝清理一次，如发现铸造机速度与铝液流量不匹配时，打渣操作工应及时与看大溜人员沟通，及时进行调整处理，如图4-23所示。

铸造温度控制：分配器处浇注温度控制在690~720℃。如果温度不符合要求，铸造工应及时与司炉工联系，由司炉工及时调整炉温直到符合铸造工艺要求。

铝锭冷却：当浇注开始后，打开铸造机和运输机冷却给水阀，向铸造机供水，供水量以不向外溢出为宜。

图 4-23 出铝流量控制

过程控制：为保证混合炉铝液温度和成分的稳定，一般情况下不允许一边铸造一边注铝，否则将造成温度忽高忽低，使铸造过程被破坏，影响产品质量。在抬包有除渣、成分调整与炉内铝液相近等质量保障措施的情况下，可以连续注入电解铝液。

正常铸造后必须有一名操作工在接锭处工作，铝锭到达接收部位时，注意观察铝锭接收情况，并及时排除不合格铝锭。不合格铝锭由人工码垛后运送至废品区堆放。铝锭不脱模时，要及时发现并用小手锤敲打铸模使之脱模，同时，铝锭将通过扶铝装置从铸造机转运到冷却运输机上。见图 4-24。

(a) (b)

图 4-24 人工拣出品并处理不脱模的铝锭
(a) 拣出不合格品；(b) 合格品打包

自动化程度高的铸造机会自动拣出不合格铝锭放到固定的废品箱里。

人工抬溜槽浇注：铝液流出口要对准铸造机的第三或第四块模子，人工抬溜槽浇注操作是一手抬溜槽浇注，一手拿渣铲打渣。铸造过程中应使铝液流落在模子的中央并使液流保持均匀稳定，不得过大或过小，以减少渣子的生成，或造成铝锭块重不均匀。如图4-25所示。

落在模壁上的铝要立即用渣铲除去，每铸完一块铝锭要将铝液表面的渣子和氧化物除去，扒下的渣子不准放入下一块模子内，应放在规定的渣箱内。

图 4-25 人工抬溜槽浇注，一手抬溜槽一手打渣

浇注时，连续铸造机的模子必须干燥，不得有水或其他潮湿物质，冷模必须预热后使用。每个模子必须工作一圈后，才允许给水冷却。

4.5.2.8 打渣

准备好渣铲和渣箱，并做好渣铲预热工作。

铝锭模内铝水注满后，用打渣铲按照从前到后往复循环的顺序轻轻铲出表面漂浮的铝渣，将铲出的铝渣轻轻磕碰到渣箱内，以免高温铝渣飞出伤人，见图 4-26。

图 4-26 16t 铸造机人工打渣示范

铝液通过抬包净化处理、混合炉净化处理、溜槽过滤后，并设计好铝液浇注角度可以免去打渣操作。国外多数普铝是不打渣的。

4.5.2.9 钢字号标记打印

每批铝锭表示方法如图 4-27 所示。

检查员查询当班生产铝锭的批号，准备好印锤，换上所需的钢字码。根据生产过程中的批次，及时更换钢字码。更换熔炼号钢字码时，必须将开关调整到手动位置方可更换字头。

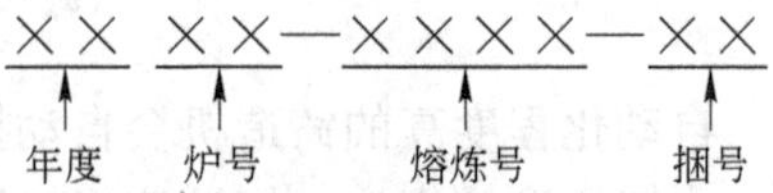

××　××—××××—××

年度　炉号　熔炼号　捆号

图 4-27 钢字号标记

当第一块铝锭运转到打印机位置时，人工操作，开始打印机工作。观察印锤是否垂直击打在铝锭表面，查看铝锭表面熔炼号是否清晰，印记不清楚时应及时调整处理。

当最后一块铝锭打印完毕后，关闭打印机。及时取下印锤，以防钢字码直接击打在铸模上，损坏钢字码。

4.5.2.10 堆垛

(1) 检查压缩空气管网压力是否达到0.5~0.6MPa之间；检查所有电磁阀、气阀是否正常。所有行程开关是否好用。

(2) 接班后对设备进行手动、半自动、全自动试车，检查设备运行情况，检查成品运输机运转是否正常，若有异常及时联系维修人员处理。

(3) 接通操作电源，打开油压机构冷却水的阀门，运转油泵，将油泵压力调到4~5MPa之间。

(4) 用手动把堆垛机调节到启动位置，将块数、层数计数器清零，设置每捆铝锭为11层54块。

(5) 把堆垛机“半自动、手动、自动”切换开关打到“自动”位置，按检测按钮，等待堆垛铝锭。随时观察堆垛机堆垛情况，发现堆垛机不符合标准及时处理，要求堆垛后的铝锭四面垂直，不能出现斜包、歪包。

(6) 如果翻转夹具发生故障、卡铝时，应按下紧急按钮，关闭风阀将风泄掉并停止操作后，将堆垛开关扳至手动位置，再用钩子拣出铝锭，严禁用手搬动铝锭。

(7) 随时观察，及时拣出熔炼号打印不清或错误，大小块超标，飞边、严重波纹和表面有堆积的渣子，表面被污染或侵蚀等不合格铝锭，并人工码垛，当班工作结束时，将人工码放的不合格品和不符合堆垛要求的铝锭运送至废品区。

冷却运输机上没有铝锭时，立即关闭供水阀停止供水；堆垛机上没有铝锭时停止油泵运转并卸压，关闭油压装置的冷却水阀门，切断操作电源。

码垛机自动码垛过程见图4-28。

图4-28 码垛机自动码垛过程

【事故案例】2004年8月7日20时30分左右，河南某铝厂熔铸分厂铸锭工某某在熔铸南厂房1号铸机操作时，因翻转器发生故障，铝锭掉在翻转器下方空隙处，其按操作规程放气后进行故障处理，从空隙处将铝锭搬出，由于碰到摆针，引锭钩拖着铝锭向前推出时夹住某某左腿，造成左腓骨骨折。

4.5.2.11 打捆

作业前准备：检查打捆机的工作气压是否达到要求，风压范围0.4~0.6MPa之间，打开气阀检查打捆机运转是否正常。

装卡子穿钢带：每捆铝锭打 4 条钢带，呈“井”字形。两条钢带从底部铝锭钢带槽穿过，另外两条钢带分别从底部第一和第二块、第三和第四块铝锭中间穿过。钢带是连续的，实际操作中只能是打好扣紧一条钢带并剪断后再打下一条钢带。

左手拿卡子，右手握住钢带，把钢带穿过卡子后换右手握住卡子，然后把钢带头从铝锭垛对面自上而下穿过底部，另一手抓住从底部穿过来的钢带头，从右手套着卡子的钢带下面的间隙穿过卡子 10 ~ 15cm 后，把卡子外头的钢带向下弯回 180°固定住卡子，见图 4-29。

图 4-29　已经穿好的钢带和卡子示范图

拉紧锁卡：将打包机放在对接的钢带卡子上面，将上面的钢带头穿在打包机的手轮和送入轮之间夹紧，然后向下压拉紧手柄使钢带拉紧；钢带拉紧后再向下压卡扣剪断手柄。首先用锁扣钳子扣紧钢带与卡子，然后用剪刀切断钢带。取下打包机，重复上述操作，打好其余钢带，如图 4-30 所示。

图 4-30　操作工用打包机拉紧钢带打包过程示意图

打包结束后收拾钢带卡子，关闭打包机气源。叉车从运输机上将铝锭叉车运到待检区。

【**特别提醒**】严禁操作人员横跨运行中的铸造机、冷却运输机、铝垛输送机等输送带，必须走人行过桥或绕行。浇注用的渣铲、渣箱、渣盘、分配器、浇包、铸模等工器具必须进行充分预热后方可使用。

4.5.2.12 收尾作业

当班铸造作业结束，先堵炉眼，待分配器铝液全部清理出，铸造机上没有铝锭时关停铸造机；冷却运输机无铝锭时关停运输机和水阀；堆垛机上没有铝锭时停止油泵运转并卸压，关闭油压装置的冷却水阀门，切断操作电源。

4.5.3 40t 混合炉使用与维护

4.5.3.1 烘炉操作

自然干燥：混合炉砌成之后打开新炉炉门，自然干燥 15～30 天。

烘炉前检查新炉各组成部分是否达到生产要求，并刷一层滑石粉。

新炉的点火烘炉按燃烧器操作作业规定点火。点火后严格按照烘炉曲线升温，控制温度变化，并认真填写烘炉记录。

第 1 天～第 2 天，点火后从室温起，以 4℃/h 的速度升温 48h，温度达到 200℃；

第 3 天～第 8 天，200℃恒温 144h；

第 9 天～第 11 天，从 200℃起，以 3.5℃/h 的速度升温 72h，温度达到 450℃；

第 12 天～第 16 天，450℃恒温 120h；

第 17 天～第 18 天，从 450℃起，以 4.2℃/h 的速度升温 48h，温度达到 652℃；

第 19 天～第 23 天，652℃恒温 120h；

第 24 天～第 25 天，从 652℃起，以 5.5℃/h 的速度升温 36h，温度达到 850℃；

第 25 天～第 27 天，850℃恒温 72h；

第 27 天，从 850℃起，以 6.25℃/h 的速度升温 8h，温度达到 900℃；

第 27 天～第 28 天，900℃恒温 18h；

第 28 天～第 29 天，从 900℃起，以 5.0℃/h 的速度降温 30h，温度达到 750℃；

第 29 天～第 30 天，750℃恒温 16h。

烘炉制度如表 4-25 所示。

烘炉结束，注入铝液前在炉底均匀撒上 20kg 冰晶石粉，以减少炉底结渣，用塞子堵好炉眼。

表 4-25 混合炉烘炉制度（7.5～12.5t）

温度/℃	升温速度/$℃ \cdot h^{-1}$	时间/天
0～50	4	0.5
50	恒温	3
50～100	4	0.5
100～800	4	7
800	恒温	5

混合炉经烘烤焙烧后，可先在炉膛表面均匀撒上一层冰晶石粉，以防结渣。

混合炉在使用前，要把各流出孔用石棉绳扎出的钎子堵住，然后倒入铝液并使用。

4.5.3.2 混合炉的清炉

混合炉每装满一炉铝液必须扒渣一次，混合炉使用7~10天后，必须进行清炉，防止日久会使炉膛四周挂满渣子，造成炉膛缩小。

清炉前，先在炉膛表面撒上一层熔剂，把炉温升高到800℃，放净铝液，然后用长柄铲子和耙子把炉膛四周和底部的铝渣清除干净，再撒上一层冰晶石粉。大型炉子现在采用专业的扒渣机。

清炉时要特别注意把流出孔内积渣清除干净，使流出孔的直径达到30~45mm。

电阻炉在操作时，应避免把铝液溅至炉顶电阻元件上，防止烧坏加热元件或造成短路，以延长电热器的使用寿命。

4.5.3.3 燃烧器操作

操作前检查与准备：检查并确认是否符合点火条件，点火前打开烟道闸板，点火前启动鼓风机但不送风，打开燃烧器前的天然气放散管。

点火：点燃燃烧器烧嘴前火种后打开天然气阀门。送天然气前，已烘炉的炉子炉膛温度超过800℃时，可直接送天然气点火燃烧，但应严密监视其是否燃烧。

当第一次点火不着或点火后熄灭时，应立即关闭烧嘴的天然气阀门，查明原因，等炉内混合气体彻底排净后方可重新点火。

点火成功后，调节好天然气量和供风量，保证燃烧器正常燃烧，同时关闭该烧嘴前的天然气放空管，避免天然气继续向上空排放，点火结束，关闭混合炉炉门。

关停天然气时，应先关闭所有烧嘴天然气阀门。

4.5.3.4 混合炉停、送天然气操作

A 工作前准备

(1) 准备好扳手、管钳、风管、大铁箱等；

(2) 通知公司内部安全管理部门和天然气站。

B 停送天然气操作程序

(1) 停天然气时，关闭各炉子各个烧嘴，打开烧嘴的天然气放空管阀门和铸造厂房的末端放空管阀门，然后关闭进入铸造厂房的天然气总阀。

(2) 用压缩气彻底吹扫天然气管道后才可进行天然气管道的检修等作业。

(3) 送天然气前应确认天然气管道已经用压缩气进行彻底吹扫后，才能打开铸造厂房前天然气管道总阀。

(4) 送天然气约15min后由天然气防护人员在天然气末端取样口取样作爆破试验，合格后进行点火工作，点火成功后，立即关闭各末端放空管阀门，避免天然气继续向上空排放。

4.5.3.5 氮氯室操作

氮氯工必须经过培训合格后方可上岗，工作过程中严禁非生产人员靠近工作现场或动手操作任何机械及电气设备。

严格执行防火、防爆、防毒安全规定。氮氯工会熟练使用灭火器材和氯气中毒紧急救

援方法。

A 检查

每班必须两人工作，否则不可以操作。上岗后做好各工具的检查并查阅上班的工作记录，对各设备仪表、阀门和管道进行认真检查，以免氯气泄漏造成人身中毒。

B 氯气瓶安放

氯气瓶必须水平放置在铁箱内或氯气架上，严禁放在温度过高的区域，液体瓶放置必须平稳牢靠，取运时轻拿轻放不得冲击。在放置氯气瓶处，应设有硫酸钠液或石灰溶液槽，以防止漏气。在漏气经修理无效时，进行中合并打开排风机，当氯气未中和完毕前，严禁由槽内取出氯气瓶。

C 充装氯气

开放氯气瓶时必须佩戴防毒面具，充装氯气之前应详细检查排风系统，排风机在正常开动 8 ~ 10min 之后，再开始打开氯气瓶阀门，向氯气罐充装氯气。打开氯气瓶时要谨慎缓慢开放，不允许骤然猛烈开放，一般不能超过半转，打开氯气瓶时操作工要站在压力表和阀门的垂直位置。

D 氮氯混合罐压力控制

氮氯混合罐压力应控制在 0.25 ~ 0.35MPa 范围，以防止精炼器接头和管路接头及各精炼点的阀门漏气。

每班至少用氨水巡回检查三次车间内输送混合气体的管路和设备系统，发现漏气时处理。

没有经过培训的人员，严禁进入操作间，更不能乱动设备。

4.5.3.6 液氩储罐供气操作

操作者必须熟悉《液氩储罐供气操作手册》，完全了解液氩储罐的结构、性能以及各类阀门的作用和使用方法，持有操作证的人员方可上岗。

充液前必须检查各类阀门，应使其处于正常的操作状态，仪表、压力表、液位计应准确、可靠。充液金属软管、垫圈完好，快速连接头必须锁紧方可充液。

充液时必须观察液位计，使储罐充满率不得超过 95%，且液位计的上、下阀、平衡阀都关闭时，不得单独开启上阀或下阀。

储罐及供气系统投入运行后，应经常检查阀门接头、焊口是否有泄漏且每班应检查三次以上。

时刻注意罐体和供气系统上的压力表，膜爆阀必须使系统调定压力和实际压力均不得超过最大使用工作压力。若实际工作压力超过 0.8MPa，达到安全阀起跳压力后出现安全阀不起跳，而膜爆阀的膜爆片破损现象时，应即时报告设备部门，检修安全阀，更换新膜片。

储罐内防爆装置的破坏压力为 0.85MPa。若系统工作压力超过内筒破坏压力和出现安全阀不起跳，膜爆阀的膜片边沿破损现象时，必须马上向工程师和安全员汇报，并采取防爆减压紧急措施。在检修防爆装置时特别注意内筒压力不得超过系统最大工作压力。

使用增压器排液时开始应缓慢打开 V5、V6 阀，使液氩气化，注意储罐压力不得超过系统调定压力，在储罐增压的所有时间内应关闭 V7 阀，防止增压阀内泄漏。

出现储罐外壳有结霜现象，应立即通知设备科研究处理，严禁敲打和碰撞罐体。管道与阀门冻结时可用70～80℃热水解冻，禁止用锤击或火烤。

不允许破坏和搬动抽空阀上的铅封。所有压力表、安全阀、开启压力均定期检查，膜爆阀的膜片每年应更换一次。

4.5.4 影响重熔用铝锭质量的因素及处理方法

4.5.4.1 成分不均匀

成分不均匀主要是由于配料时没有充分搅拌铝液而引起的。特别是用铁含量高的铝锭配料时，因固体铝的密度较大，容易沉入炉底，如不充分搅拌，会导致同一批铝锭的化学成分前后不均。为了避免成分不均现象的发生，要充分搅拌配料铝液。有经验的工人在发现铸锭表面及收缩孔有变化时，会知道铸锭成分有差异而及时纠正，或向炉内倒入合适的铝液来进行调整。

4.5.4.2 表面严重积渣

由于溜子经常积聚大量的氧化渣，它随着铝液流入铸模内，未及时扒出就凝固从而造成积渣。产生大量氧化膜积渣的原因：一是炉子铝液流出口过小，使高压铝液流速过大，容易冲破包裹铝液流的氧化膜所致；二是铝液温度过低，使铝液和渣子分离不清；三是炉子流出口不规则或周围有结渣造成铝液分成数小股流出，使铝液氧化面积增大；四是液流落差过大，氧化膜经常被冲破。因此，为了减少渣子的产生，可根据不同情况进行处理：上述第一种情况，要把流出口（炉眼）通透，使之扩大孔径以利于铝液流出；第二种情况，要升高铝液温度；第三种情况，首先要清理流孔四周，然后转动塞子或换新塞子，使多股液流合为一股；第四种情况，要调整溜子或溜槽以减小落差。另外，还可以在流出口加些溶剂，同时在溜子的流道上插一块石棉板，使渣子不能直接流入铸模，可根据情况随时清除溜子中的渣子。

4.5.4.3 严重波纹

严重波纹是由于铸造机剧烈振动引起的，应及时检修铸造机。轨道上有凝固铝或有铝锭卡住，都会引起铸造机振动，使未凝固的铝锭表面产生波纹。连续铸造机是在不停地转动着，铸锭脱模时的撞击，铸造机也会产生一定程度的振动，在铸锭上出现一圈圈轻微的波纹是不可避免的，对铸锭的质量并不影响。

4.5.4.4 铸锭四周有飞边

铸锭四周有飞边主要是由于放出铝液流时冲击过猛，使铝液冲出铸模外边凝固而成；或扒渣时渣铲的速度过快，将铝液带出铸模外而凝固。处理的办法是除了放稳液流外，同时要在铝液未凝固之前及时用渣铲除掉铸模外的铝液，就可避免飞边铝锭废品的产生。

4.5.4.5 铝锭质量不符合标准要求

一般重熔用铝锭的重量有一定的上下限要求，超过限度要求就算作废品。要使铝锭的重量符合要求，需要在实践中积累经验。平时要注意模中铝液深浅程度，准确地调整液流，凭经验来估计铝锭的重量，经反复实践，不断地修正估计偏差，才能积累正确判断铝锭重量的经验。

采用现代激光测距技术可以把铝锭重量公差从 ±2kg 降低到 ±0.5kg 以下。

4.5.5 铸造过程中液体铝金属损耗的预防

4.5.5.1 炉温、炉压的控制

电解铝液温度较高，正常作业情况下炉子不需要加温是完全可以满足精炼、扒渣、铸造的要求。电加热炉炉温控制比较容易，炉子容量也较小，一般约 10 ~ 25t，可以快速实现热平衡进入正常作业状态，炉内气体比较简单，金属的损失较小。近年来，新投产的燃气炉容量较大，一般约 40 ~ 70t，为了便于机械扒渣，炉门的高度约 1300mm，炉门长度与炉膛长度几乎相同，作业过程热损失较大，所以，需要加热保温以确保铸造的正常作业。

对于燃气炉来说，在大炉门的两端处各开设一个小炉门，便于观察和操作；采用机械系统开启、关闭、压紧炉门，使炉门的密封性得到改善，有利于炉温和炉压的控制，机械系统检修方便且维修费用低。控制系统尽可能配置全套具有较高安全性及可靠性的调压、减压、过滤、计量、调节、快断、检漏等管网及电控系统，这样的配置基本可确保炉子燃烧系统长时间正常可靠，同时采用 PLC 和主控制箱、主操作台，由可编程控制器监控炉子的各项系统功能，对炉压、炉温进行实时监控，实现炉子温度控制、炉子压力控制、空气与燃气比例控制，以确保炉子处于微正压状态，可避免大量的冷空气进入造成铝液的氧化烧损，同时可避免不完全燃烧的气体与炉内介质发生化学反应，造成金属铝损失增大；确保炉子的温度控制在工艺要求的范围内，以减少高温造成的铝液烧损。

4.5.5.2 采用无加热装置直接铸造

国内目前已经有无加热的保温炉用于电解铝的铸造，效果比较好，金属烧损也较低；国外已经有采用 12t 抬包在液压装置下倾翻直接浇注，效果更好。采用无加热装置直接铸造既节约能源又可降低金属损耗，值得推广。

4.5.5.3 精炼扒渣的控制

铝液精炼首先要选用质量较好的精炼剂，精炼剂要求使用温度不要过高，除渣效果好，产生的渣为干性粉渣并易于铝液分离，即不包裹铝液。目前，电解铝铸造前的精炼过程大都在保温炉中进行，其主要缺点是：工人劳动强度大；扒渣过程带出的铝液多，即金属损耗大；精炼产生的烟气易腐蚀加热设施，特别是对电加热材料的腐蚀。为此，可设置专门的精炼室在出铝抬包中进行精炼，这样变扒渣为捞渣，利于铝渣分离、减少金属损失；集中定点精炼有利于环境治理和机械化作业，改善工作环境，减少保温炉的清炉次数，可降低工人的劳动强度。

4.5.5.4 浇注系统紊流现象的控制

抬高炉子出铝口处溜槽高度，使出铝口下沿与溜槽底部在同一水平；改船形溜槽为浇注水平溜槽，并采用销链接方式与前端溜槽对接（图 4-31），以便在铸造机紧急停车情况下将铝液倒入下部的事故包；尽可能使铝液平稳地在氧化层下面流动，即不破坏氧化层，并能顺畅流动，同一段溜槽坡度控制在 0.5% ~0.8% 范围；以上改动后，炉子出口到浇注溜槽所形成的垂直高差可采用竖管加以解决，采用竖管可封闭落差，减少铝锭氧化夹渣；采用浇注溜槽液位放流控制系统，便于铝液流量的调整，减少铝锭块大小超标缺陷的发生。

4.5.5.5 溜槽长度的控制及保温

溜槽取直，减少不必要的弯道，使溜槽的作业线长度尽可能实现最短化。由于原有设

备位置不易改动，虽经截弯取直溜槽长度有所改善，但个别厂溜槽长度仍达10~20m，所以需强化保温，采用硅酸铝纤维板进行保温，必要时加轻质保温盖强化保温，还可增加一段电加热的保温大溜槽，使铸造铝液温度严格控制在铸造工艺要求的范围内，同时可降低混合炉铝液温度，以减少高温及金属的露天烧损。

4.5.5.6　浇注口的改进

分配盘圆周上浇注口的改进，改垂直浇口为水平面小角度的浇注，如图4-32所示，可避免垂直浇注引起的铝液翻滚，即紊流，以减少铝液的氧化损失。

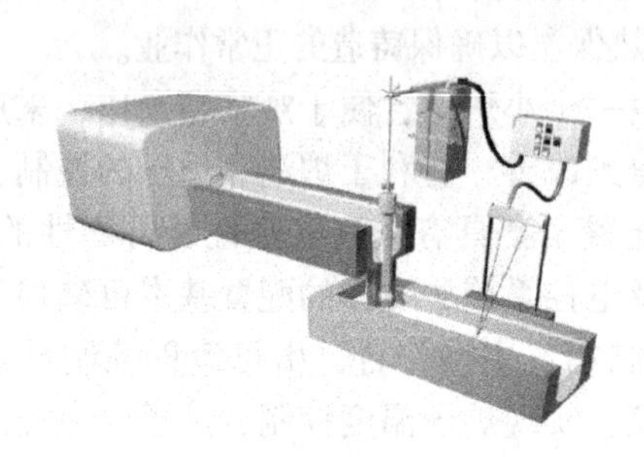

图4-31　浇注溜槽液位放流控制系统
（本系统采用Precimeter ProH激光传感器测量，由指针时定位执行器PXP-2E控制的液面水平，系统包括一个带PLC的控制箱）

图4-32　铝液直接流到分配盘的浇注系统

4.6　重熔用铸造铝合金锭生产

4.6.1　铸造铝合金锭的质量要求

铸造铝合金锭化学成分必须符合《铸造铝合金锭》（GB/T 8733—2007）标准要求或用户要求。

铸锭的表面质量不得有毛刺、霉斑、熔渣及外来夹杂物、严重的波纹和冷隔等缺陷，但允许有轻微夹渣和修整痕迹以及收缩孔和轻微收缩裂纹。

铸锭内部质量要求铸锭断口不得有严重的熔渣和夹杂物，结晶组织致密，不得有严重的缩孔和疏松以及明显的气孔。

铸锭针孔度（不包括缩孔和疏松）不大于JB/T 7946.3的三级，有特殊要求时，由供需双方共同商定。

铸锭外形尺寸一般不做严格规定，但要便于包装和装卸运输。铸锭大小、重量均匀一致。特殊大规格铸锭100~1000kg/块，由供需双方自行商定。

铸锭标识、生产厂家商标、合金代号、生产的炉号、熔炼号均要标记清楚，以便用户管理和配料。

4.6.2　铸造铝合金锭生产工艺

铸造铝合金锭的生产工艺主要有配料、熔炼、除渣除气、浇注成型。铝电解厂采用液体铝为主料，熔炼设备一般采用电阻炉或燃气炉底部加电磁搅拌设备，熔炼合格的熔体导入静置炉净化后进行浇注。也有部分厂采用有芯感应电炉或无芯感应电炉熔炼铸造铝合金

(图4-33及图4-34)，熔炼合格的熔体净化处理后直接浇注。感应电炉在电磁力的作用下具有搅拌功能，所以，熔炼铸造铝合金质量比较好，特别是铸造行业，为了保证铸造质量，在工艺设计时专门要求采用感应电炉。铸造设备一般采用水平式锭模连续铸造机。

(a)

(b)

图4-33 5t有芯感应电炉熔炼铸造铝合金生产线（a）及
5t有芯电炉感应器（b）

图4-34 电阻炉熔炼铸造铝合金生产线

工艺过程：电解铝液、废铝锭、废料→配料→熔炼工具预热→抬包内除渣→装炉→混合熔炼→炉温控制→除渣除气→铸造工具预热→打开炉眼放出铝液→浇注→打渣→冷却成型→检查→码垛→打包→成品铸造铝合金锭。

熔炼操作：前面已经叙述，浇注过程与普通铸造基本相同，具体操作可参见4.3节铝合金熔炼和4.5节重熔用铝锭铸造的相关内容。

水平锭模连续铸造是铝电解厂最常用的铸造方法，适用于要求简单轮廓尺寸和外形、重量不大、非直接加工的铸锭生产，多用于铸造各种铝及铝合金重熔用铝锭。实现这种铸造有专门的成型的铸造机。目前，铸锭规格有15kg、20kg、22kg、25kg等，铸造机铸锭模有76模、104模、162模等，生产能力每小时为6t、9t、16t等机型。铸造机示意图如图4-35所示。

水平连续式铸锭法是块式铁模铸锭法机械化程度较高的一种铸造方法。铸造工艺比较简单，因生产的是重熔用铝合金锭，所以，铸锭表面的缺陷和内部结晶组织要求相对而言不严格，但目前市场上用户对个别品种，如A356.2铸造合金锭内部仍有针孔度等级的要求。对铸锭的具体要求请参阅标准《铸造铝合金锭》（GB/T 8733—2007）。

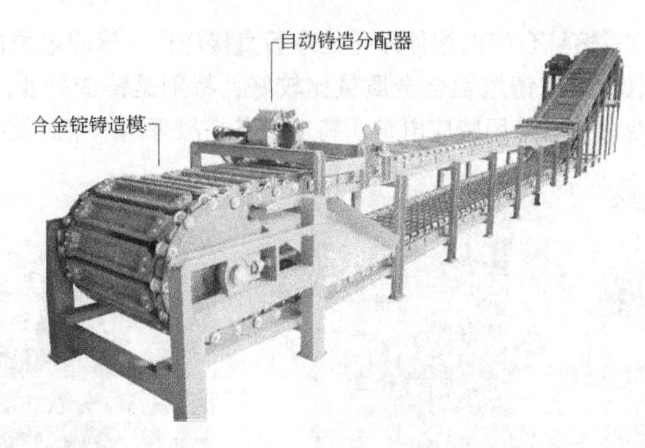

图4-35 水平式锭模连续铸造机

4.6.3 铸造工艺控制

水平式连续铸造对工艺的要求主要是浇注温度、浇注速度和水冷控制。

4.6.3.1 浇注温度

重熔用铝及铝合金锭，因合金品种的不同，浇注温度也有所不同。一般情况下普铝和变形铝合金的浇注温度在该合金结晶温度以上30～80℃范围内。铸造铝合金在结晶温度以上30～50℃范围内。具体的浇注温度见表4-26。

表4-26 锭模铸造铝及铝合金浇注温度

铝合金代号	结晶温度/℃	浇注温度/℃	铝合金代号	结晶温度/℃	浇注温度/℃
ZLD101	557～613	640～660	ZLD301	452～604	640～670
ZLD101A	557～613	640～660	ZLD401	545～575	610～640
ZLD102	577～600	630～660	ZLD402	570～615	640～670
ZLD104	555～595	630～660	普铝及1×××系列	643～660	690～720
ZLD105	546～621	650～680	2×××系列	502～640	700～730
ZLD105A	546～621	650～680	4032	532～571	610～640
ZLD108		630～660	4043	575～630	650～680
ZLD109	538～566	600～630	3×××系列	638～657	690～730
ZLD111	552～596	620～650	5×××系列	568～652	690～730
ZLD114A	557～613	640～670	6×××系列	555～655	690～720
ZLD116	557～596	640～670	ZLD204A	544～633	660～690
ZLD201	548～650	680～710	ZLD209	544～633	660～690
ZLD201A	548～650	680～710	ZLD303	550～650	680～710
ZLD203	548～650	680～710	7×××系列	477～643	680～710
ZLD205A	544～633	660～690			

注：铸造铝合金用原代号ZLD×××，变形铝合金用GB/T 3190—2008标准规定的4位数字代号。

4.6.3.2 浇注速度

水平式锭模连续铸造都是定型的铸造机，不同型号的铸造机有不同的铸造速度，铸造速度是可调的，铸造速度以铸模的行进速度（m/min）表示。但为了直观一些，铸造工一般以每分钟铸几块锭来测试铸造速度。铸造速度见表4-27。

表 4-27 水平式锭模连续铸造机铸造速度

铸造机型号		铸模块数	铸造速度/m · min^{-1}	铸造能力/t · h^{-1}
ZLX	20kg	162	2.0 ~ 3.50（8 ~ 13 块/min）	10 ~ 16
	20kg	104		
ZLX-Ⅱ型	16kg	76	1.04 ~ 1.50（4 ~ 6 块/min）	3.8 ~ 5.7
ZLX-Ⅰ型	20kg	76	1.17 ~ 1.5	5.4 ~ 7.2

要特别强调的是铸造速度不要调得过快，否则，可能引起铸造机振动较大，铸锭将产生严重波纹和表面氧化。

4.6.3.3 冷却控制

水平式锭模连续式铸造机的冷却方式分为两种：一种是铸模底部浸入式强制水冷方式，主要控制进水温度在40℃以下和回水温度在60℃以下。另一种是铸锭自然冷却方式，但是为了保证铸造机的正常运转，须要降低铸模温度，在铸锭脱模前或脱模后用水进行喷淋冷却，从而可降低铸模温度，即避免了铸造机高温运转可能出现的设备故障，又有利于铸锭脱模和工艺条件的稳定。这种冷却方式喷水温度一般要求在40℃以下。

水平式锭模连续铸造机一般都带有码垛系统，二者合为一构成一条铸造生产线。具体操作和设备维护请参阅设备说明书及各厂自行制定的水平式锭模连续铸造机工艺操作规程及设备操作维护规程。

水平式连续锭模铸造，由于浇注是人工控制，目前存在问题较多的是铝锭块大小不一致和铸锭不脱模。因锭块大小不均，给码垛、打包质量造成一定的影响，这就需要对铸造机做进一步的改进，以减少人为因素的影响。提高机械化、自动化程度，既可解决锭块大小不均的情况，又可减轻工人的劳动强度。

铸锭不脱模，除工艺上对铸模采取强制冷却外，最主要的是铸模的材质应要求导热性好，对铝液的湿润性小，另外铸模内腔的设计，即锭形设计、圆弧角和楔形角度设计要合理，既要利于铸锭脱模又要便于包装。在锭模已固定的情况下，目前解决脱模难的问题是使用铝合金铸造用脱模剂，但是只能在应急时采用，最好不用，因为这种材料对铸锭造成一定的污染，在铝锭重熔时影响铝合金的冶金质量。

重熔用铸造铝合金锭见图 4-36。

图 4-36 重熔用铸造铝合金锭

4.7 铝合金扁铸锭和圆锭生产

4.7.1 铝合金扁、圆铸锭生产方法

铝合金扁铸锭生产方法有固定模铸造和水冷式结晶器连续铸造。连续铸造根据铸锭引出方向的不同，可分为立式与水平式两种连续铸造。

固定模铸造是采用金属型铸模进行铸锭，铸造出小规格的供挤压轧制的坯料，由于这样生产的锭坯质量差、成材率低、技术落后、生产率低、工人的劳动强度大等因素，现已基本被淘汰。

水冷式结晶器连续铸造是采用结晶器将液体金属通过强制水冷法以一定的速度，连续不断地结晶成铸锭，再经过牵引装置以恒定的速度把铸锭连续移出，这种铸造称为连续铸造。连续铸造可以生产任意长度的铸锭，但实际生产中根据运输和工序的需要，可按要求随机同步锯切成定尺长度，在锯切中铸造过程继续而不中断。半连续铸造是因铸造设备不能在铸造过程中锯切，只能根据现场和设计自身长度铸造出一定长度的铸锭后终止本次铸造，待铸锭移出后，再进行下一次铸造，这样周期性的重复连续铸造称为半连续铸造。

4.7.1.1 水平式连续铸造

水平式连续铸造也称为卧式铸造，水平铸造的主要特征和过程是，金属液体从炉子流到浇注包，液体金属便从浇注包注入到侧面的结晶器中，金属液体通过结晶器和水冷结晶成铸锭，铸锭经牵引装置沿水平方向引出。设备若配有同步锯切装置进行锯切，就可实现连续铸造，否则只能实现半连续铸造。水平连续铸造如图 4-37、图 4-38 所示。

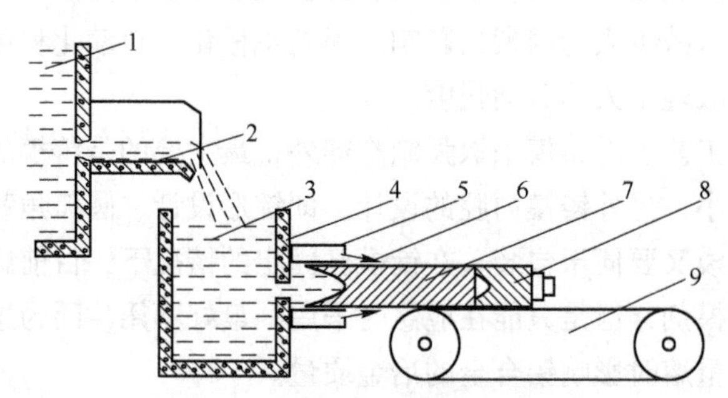

图 4-37 水平连续铸造示意图

1—熔炉；2—溜槽；3—铝合金液；4—浇注包；5—结晶器；6—冷却水；7—铸锭；8—引锭；9—铸造机

水平式连续铸造的优点：消除或减少金属液体的二次污染和氧化损耗。由于浇注包有一定的容量，溜槽和浇注包金属液面可处于同一水平，或用竖管将溜槽金属液体倒入浇注包，这样可消除因高差引起的液体翻腾而造成氧化、吸气等现象，从而可消除或减少金属液体二次污染和氧化损耗。

设备简单造价低廉，厂房排水和设备基础无需特殊要求，因此，投资少，见效快。

工艺操作方便，工艺条件容易控制，易实现连续铸造，因而铸造成品率高，而且工人的劳动强度低。

生产产品规格多，可实现一机多用，适合于产品品种多、铸锭产量规模小的铝加工企业和铝电解厂的铸造生产。

图 4-38 水平连续铸造生产线

水平连续铸造机的缺点：占地面积相对较大，相对立式铸造来说，水平连续铸造机的占地面积较大。

产能较低，每班每条生产线的生产能力约为 4～10t，每次实现多根铸造是有限的。不像立式连续铸造那样，一次可同时铸造几十根甚至上百根，每班每条生产线可生产 15～60t。

存在铸锭结晶中心偏移和上下层结晶组织不一致现象，需对上下水量进行调整并纠正，这种调整是靠经验来实现，所以，质量控制难度较大。

由于存在这些缺点，较多情况下是用来制作导电大母线，很少用于生产制作板材坯料和挤压用的铸锭。

4.7.1.2 立式半连续铸造（又称 DC 铸造法）

立式半连续铸造特征是铸锭从结晶器下方向下竖直引出。铸造过程如图 4-39 所示。

立式半连续铸造可生产板锭、方锭、圆锭和空心锭。DC 铸造法是一种比较传统的铸造方法，但也是目前铝加工厂和铝电解厂生产铝合金铸棒（圆锭）、板锭和方锭最多的一种铸造方法。

DC 铸造法优点：一次可同时铸造多根（4～150 根）铸锭，产能比较大。可采用同水平热顶铸造法，从而降低工人的劳动强度，提高劳动生产率。

铸造自动化、机械化程度高、操作方便、劳动条件好。目前较大的生产线熔炉容量为 60～80t，一个班次只需 3～5 人可全部铸造完毕。

铸锭质量稳定，由于采用连续供流，结晶自下而上连续进行，这样有利于金属凝固时气体的排放和补缩，从而减少疏松、缩孔和气孔缺陷，提高铸锭组织的致密性。由于采用直接水

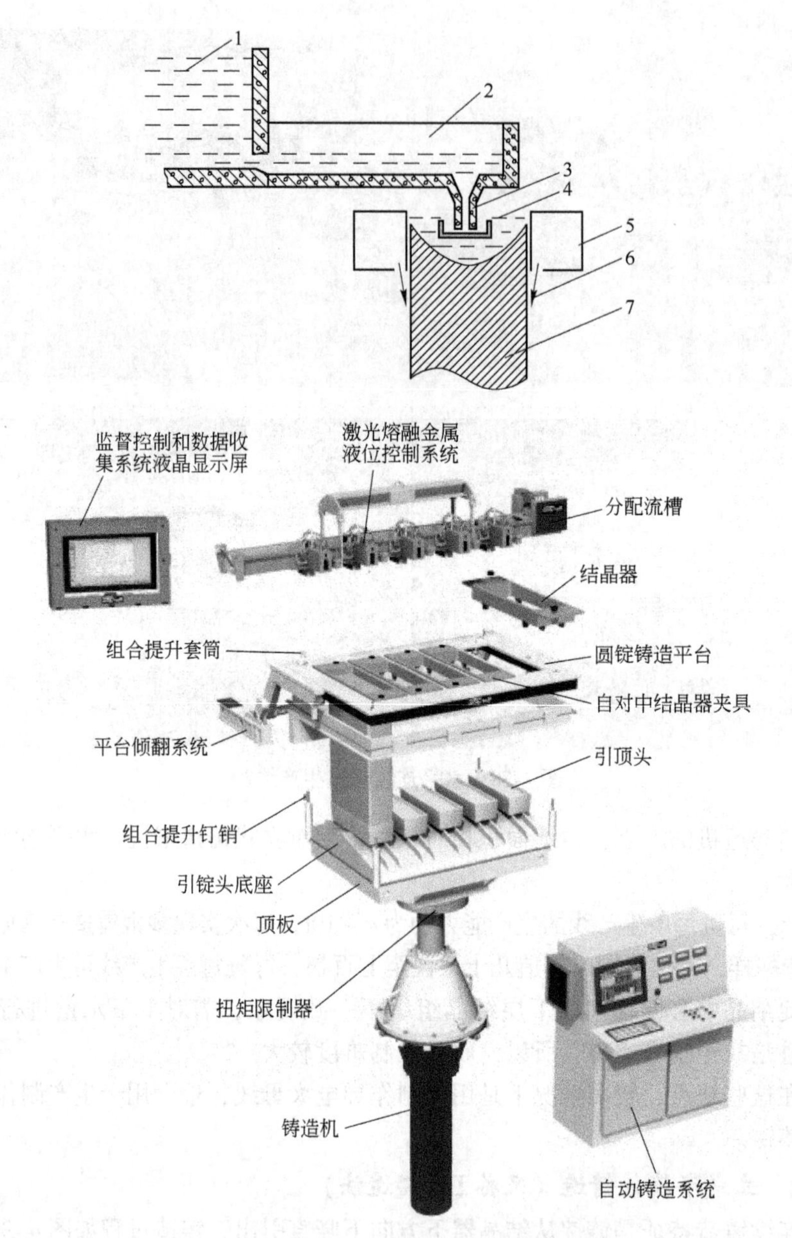

图 4-39　立式半连续铸造过程示意图

1—熔炉；2—溜槽；3—溜管；4—浮漂；5—结晶器；6—冷却水；7—铸锭

冷，而且水冷喷淋方向相同，冷却强度大，因而，铸锭结晶速度快，晶粒较细且分布均匀。

铸锭的品种规格多，各种变形铝合金和铸造铝合金的铸锭均可制作，而且可生产多种规格尺寸的铸锭。圆锭和方锭可生产 80 ~ 250mm 的规格，板锭可生产 30mm × 200mm ~ 620mm × 1600mm 的规格，目前，板锭的规格还在向更厚更宽的方向扩展。

DC 铸造法的缺点：铸造开始前的准备工作时间较长，且铸造开头不容易掌握，易产生泄漏，甚至造成无法继续铸造，特别是自动化程度较低的简易的 DC 铸造设备，铸造前的准备工作较多，铸造开头的操作水平要求较高。

铸锭的长度有限，一般为6～10m。由于是深井铸造，实现连续铸造的难度较大，只能采用半连续铸造，即铸锭达到一定长度后停止铸造，待铸锭移出后，再进行下一次铸造作业。

铸锭的成品率相对较低。因铸锭开头和收尾的组织一般都有缺陷，均需切头切尾，另外因表皮可能存在缺陷，某些品种的铝合金需车皮或铣面后才能进行继续加工，这就造成了铸锭的几何损失，使得铸锭的成品率降低。

为进一步提高铸锭质量，简化工艺操作，对上述铸造方法做进一步的改进，科研人员在此基础上又研制引申出热顶铸造和电磁铸造等新的工艺。

热顶铸造就是在结晶器上端或顶部形成一定深度的金属液体，此处有绝热材料保温，金属一直保持液体状态而不发生凝固，即所谓热顶。当液体金属进入下端的结晶器时，很快凝固成型为铸锭。热顶铸造过程如图4-40所示。

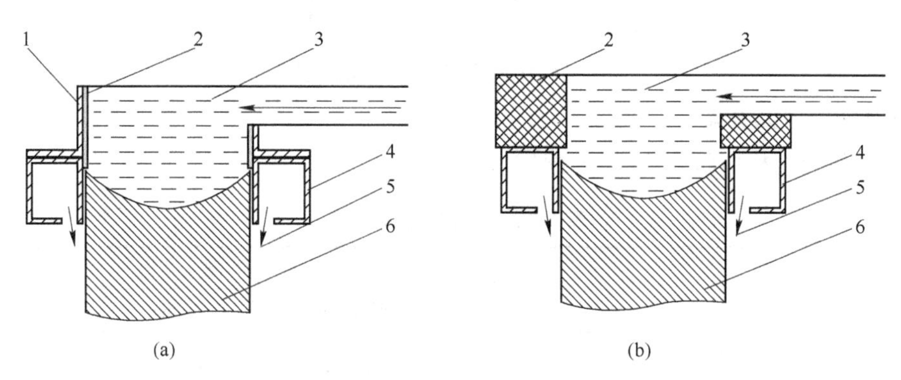

图4-40 热顶铸造示意图

1—热帽套；2—绝热体；3—热顶铝熔体；4—结晶器；5—冷却水；6—铸锭

热顶铸造最大的特点是结晶器很短，一般约30～50mm，铸锭直径小于120mm的结晶器高度选25～35mm为宜，直径大于145mm铸锭的结晶器高度选30～45mm为好。另外，由于绝热层内的液体金属有一定的深度，容易实现同水平多个结晶器同时铸造，可以铸造小尺寸铸锭。所以，热顶铸造是目前铝电解厂和民用铝型材加工厂采用最多的铸造工艺。

目前，国内生产扁锭和圆锭采用的铸造设备有国产的，也有进口的。国产设备自动化程度较低，但投资少，设备和工器具及辅材消耗费用比较低，铸造工艺参数简单，操作方便，工人容易掌握，结晶器采用的是紫铜或铝合金加石墨内衬；扁锭铸造金属液面偏高，所以，铸锭表面结晶瘤较大，感觉表面粗糙。国产圆锭铸造机水平可与国外设备相当（图4-41）。扁锭铸造进口设备主要是美国Wagstaff公司生产的Wagstaff LHC低液位铸造系统，该铸造系统自动化程度较高，但投资大，设备和工器具及辅材消耗费用非常高，铸造工艺参数比较复杂，需要工程师经过较长时间的研究探索来确定。结晶器是该公司独家提供，价格昂贵。结晶器采用铝合金加石墨内衬，摩擦系数小，二次喷水冷却设计，铸造金属液面较低，铸锭表面质量比较光滑。

4.7.2 铝合金扁、圆铸锭质量要求

铝合金扁铸锭的质量应符合《变形铝及铝合金扁铸锭》（YB/T 590—2006）标准要求。铝合金圆铸锭的质量应符合《变形铝及铝合金圆铸锭》（YS/T 67—2005）标准要求。本节主要介绍扁铸锭的铸造，圆锭铸造仅作简要叙述。

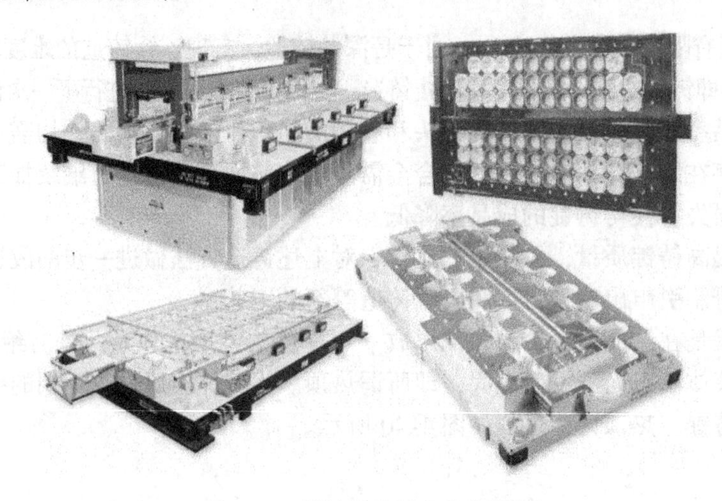

图 4-41　圆锭铸造平台和分配盘

4.7.2.1　产品分类

产品牌号及规格应符合表 4-28 规定。

表 4-28　产品牌号及规格

牌　　号	状　态	规　　格		
		厚度/mm	宽度/mm	长度/mm
1×××、2×××、3×××、4××× 5×××、6×××、7×××、8×××	铸态	200～700	500～2100	2500～7500

注：用户需其他牌号、规格时，由供需双方协商确定。

4.7.2.2　化学成分

常用扁铸锭牌号化学成分应符合附录 4 要求，其余合金应符合《变形铝及铝合金化学成分》（GB/T 3190—2008）标准的规定，用户有特殊要求时，由供需双方协商确定。

4.7.2.3　外形及尺寸偏差

扁铸锭的尺寸偏差应符合表 4-29 的规定。

表 4-29　扁铸锭的尺寸偏差　（mm）

厚 度	厚度偏差	宽 度	宽度偏差	长 度	长度偏差
200～300	±2	500～1000	±5	2500～4000	+20
>300～400	±3	>1000～1300	±8	>4000～5000	+20
>400～700	±4	>1300～2100	±10	>5000～7500	+20

扁铸锭的弯曲度应符合表 4-30 的规定。

表 4-30　弯曲度规定

弯曲度（应小于）/mm			
横断面	长度	侧面	扭曲度（对角线）
5	10	15	10

注：用户需要弯曲度严于以上要求时，供需双方协商决定，并在合同中注明。

铸锭应锯切交货。底部锯切量不小于200mm，浇口部锯切量不小于80mm，应保证全部切除铸锭头尾的铸造缺陷；锯切端面应平直，锯切斜度不大于10mm，锯切深度不大于2mm。

4.7.2.4 外观质量

扁铸锭表面应平整、洁净，不允许有严重裂纹、划伤、偏析瘤、夹杂等缺陷。扁铸锭表面质量应符合表4-31的规定。

表4-31 扁铸锭表面质量要求

缺陷名称	质量要求	缺陷名称	质量要求
底部裂纹	≤5mm	金属瘤、偏析瘤	高度不大于4mm
浇口部裂纹	不允许	表面夹杂	不允许
表面裂纹	深度不大于5mm	硌伤、磕伤、碰伤	≤5mm
拉　裂	深度不大于4mm	外来物压入	不允许（含运输过程垫隔物）

4.7.2.5 低倍组织

正常铣面后，扁铸锭不允许有影响使用的裂纹、气孔、羽毛晶、光亮晶、非金属夹杂、外来金属夹杂等缺陷。扁铸锭的低倍组织应符合表4-32的规定。

表4-32 扁铸锭低倍组织要求

缺 陷 名 称	技 术 要 求
裂纹、气孔、羽毛晶	不允许
夹　杂	不多于2点，而且单个面积不大于0.5mm^2
晶粒度	1×××系、3×××系普通板：2级以上 其余：1级以上
疏　松	不超过1级

4.7.2.6 显微组织

扁铸锭的显微组织不允许有过烧。

4.7.2.7 熔体氢含量

熔体氢含量应符合表4-33的规定。

表4-33 扁铸锭熔体氢含量要求

合 金 牌 号	100g熔铝氢含量/mL（相当于用Alscan测量数据）
PS版基、铝箔坯料、深冲用料	≤0.12
1×××系、3×××系、5×××系、8×××系	≤0.15
6061、5083	≤0.18

4.7.3 铝合金扁、圆铸锭工艺生产

主要作业过程：配料→装炉→熔炼→取样分析→调整成分→再次取样分析→合格→一次净化精炼→静置→扒渣→倒炉→二次净化静置炉精炼→静置→扒渣→放流出铝→流量控制→取样分析→三次净化精炼箱除气→Ti丝细化晶粒→四次净化两级过滤除渣→分配箱

液面控制→连续铸造→停止熔体供给→关停铸造机→吊出铸锭→锯切取样→锯切计量标记→成品铸坯。

铝合金扁锭、圆锭生产线见图 4-42、图 4-43。

图 4-42　铝合金扁锭生产线

图 4-43　铝合金圆锭生产线

4.7.3.1　主要技术参数

国产铸造设备常用铝合金铸锭主要技术参数见表 4-34。

表 4-34　国产铸造设备常用铝合金铸锭铸造工艺参数

合金代号		铸锭规格/mm × mm 或 mm	铸造速度/$mm \cdot min^{-1}$	铸造温度/℃	冷却水压/MPa
扁锭	1×××系列	275 × (1040 ~ 1240)	55 ~ 60	690 ~ 710	0.08 ~ 0.15
		340 × (1260 ~ 1540)	55 ~ 60	700 ~ 710	0.08 ~ 0.15
	3A21	275 × (1040 ~ 1240)	50 ~ 55	720 ~ 730	0.20 ~ 0.40
		340 × (1260 ~ 1540)	50 ~ 55	720 ~ 730	0.20 ~ 0.50
圆锭或方锭	1×××系列	ϕ81 ~ 145	130 ~ 180	720 ~ 730	0.05 ~ 0.10
		ϕ162	115 ~ 120	720 ~ 730	0.05 ~ 0.10
		ϕ192	105 ~ 110	720 ~ 730	0.05 ~ 0.10
		ϕ242	95 ~ 100	720 ~ 730	0.05 ~ 0.15
		ϕ360	70 ~ 75	720 ~ 730	0.05 ~ 0.15
		ϕ482	50 ~ 55	720 ~ 730	0.05 ~ 0.15

续表 4-34

合金代号		铸锭规格/mm × mm 或 mm	铸造速度/mm · min^{-1}	铸造温度/℃	冷却水压/MPa
圆锭或方锭	6A02	ϕ81 ~ 143	110 ~ 130	715 ~ 730	0.05 ~ 0.10
		ϕ162	90 ~ 95	715 ~ 730	0.05 ~ 0.10
		ϕ192	80 ~ 85	715 ~ 730	0.05 ~ 0.10
		ϕ242	70 ~ 75	715 ~ 730	0.05 ~ 0.10
		ϕ360	50 ~ 55	730 ~ 750	0.05 ~ 0.10
		ϕ482	30 ~ 35	730 ~ 750	0.05 ~ 0.10

4.7.3.2 配料

配料计算要求：采用电解液必须搭配 10% ~30% 的固体料或废料；合金元素配料按中间值进行计算，杂质元素主要是控制元素 Si 和 Fe，其他杂质在铝电解中属于微量元素，在配料计算时不必考虑，但是，在生产含有 Cu、Mn、Mg 等金属元素合金后，洗炉更换合金品种时必须进行检测和控制。杂质元素 Si 和 Fe 一般按最大值的 70% ~85% 进行配料计算，以消除在熔炼和工艺环节上杂质含量升高的影响，计算结果小于最大值的 70% 更好。工厂一般是按照《熔炼铸坯生产卡片》的技术要求进行配料计算。

金属 Ti 元素在铝及铝合金中作为杂质控制，为了细化板带的组织晶粒，专门在线添加 Al-Ti-B 丝，所以，Al-Ti-B 的添加给进速度必须控制，回炉废料量必须控制在 30% 以内。

配料总量一般不超过炉子容量的 90%。

主体冷料（Al99.60% 以上品位的铝锭或一级废料）配入量控制在固体料 30% 以上。

铝合金铸坯生产配料化学成分按照表 4-35 要求进行控制。

表 4-35 铝合金铸坯生产配料化学成分

合金	要求	化学成分（无区间的均为杂质不大于）/%								
		Si	Fe	Cu	Mn	Mg	Cr	Zn	V	Ti
1050	内控	0.08	0.25 ~ 0.35	0.03	0.03	0.03	0.03	0.01	0.03	0.015 ~ 0.025
	配料	0.06	0.30							0.015
1235	内控	0.10 ~ 0.15	0.35 ~ 0.45	0.003	0.003	0.003	—	0.02	0.008 ~ 0.015	0.01 ~ 0.015
	配料	0.12	0.40						0.01	0.01
3104	内控	0.17 ~ 0.25	0.35 ~ 0.45	0.15 ~ 0.20	0.85 ~ 0.95	1.15 ~ 1.25	—	0.10	Na≤0.0004	0.01 ~ 0.05
	配料	0.20	0.40	0.18	0.90	1.20				0.03
5052	内控	0.15	0.25 ~ 0.35	0.10	0.10	2.30 ~ 2.70	0.15 ~ 0.25	0.05	Na≤0.0004	0.01 ~ 0.03
	配料	0.13	0.30			2.50	0.20			0.015
8011	内控	0.60 ~ 0.70	0.70 ~ 0.90	0.10	0.05	0.05	0.05	0.05	0.03	0.01 ~ 0.03
	配料	0.66	0.80							0.015
8079	内控	0.08 ~ 0.16	0.8 ~ 1.3	0.05	0.02	0.005	0.05	0.05	—	0.01 ~ 0.03
	配料	0.10	1.0							0.02

原材料洁净度要求：原材料无积水、无泥土及严重油污（轧制油除外）。

配料计算按照表 4-36 要求进行。

表 4-36 常用铝合金配料计算

合金代码	化学成分（杂质元素为不大于）/%									备 注
	Si	Fe	Cu	Mn	Mg	Cr	Zn	V	Ti	
1050	0.06	0.30	—	—	—	—	—	—	0.015	
1235	(0.12)	0.42	—	—	—	—	0.01	0.01	0.015	Fe/Si：3.0 ~ 3.8 Fe + Si≤0.65
3104	(0.20)	0.40	(0.18)	(0.90)	(1.20)	—	—	—	0.03	Fe + Mn≤1.80
5052	0.13	0.30	—	—	(2.50)	(0.20) -	—		—	Na≤0.0004
8011	(0.70)	(0.80)	—	—	—	—	—	—	0.015	

注：括号（ ）中的数值是指合金元素，其余的为杂质元素计算值，均为不大于。

4.7.3.3 装炉

投料顺序依次为：主体冷料（Al99.60%以上品位的铝锭或一级废料）→中间合金→电解铝液→添加剂→电磁搅拌 12min 后→镁锭或锌锭→除气除渣。

装炉操作时必须先关闭加热系统，采用天车或装料车把固体废料和回炉料中的碎料均匀地装入熔炼炉底部，然后将大块固体料和回炉料装到碎料上面，再将难熔金属的中间合金均匀装在固体料上面，采用天车灌入电解铝液体。电解铝液体全部淹没固体料后，操作工将金属添加剂均匀投入到炉内熔体中。注入电解铝液体的操作参见重熔用普通铝锭铸造中装炉的相关操作介绍。镁锭或锌锭待熔体全部熔化并精炼后再加入，也可以待熔体倒入到静置炉后再加入，以减少易熔金属的烧损。

4.7.3.4 熔炼

温度控制：

（1）熔炼温度：正常熔炼温度必须控制在 740 ~ 780℃范围内；

（2）除渣温度：除气除渣必须控制在 730 ~ 750℃范围内；

（3）转炉温度：熔炼炉的温度保持在 750℃以上方可转炉。

电磁搅拌：装炉完毕，每隔 40min 对熔体进行电磁搅拌 12min，打开电磁搅拌机对熔体进行搅拌，以加速固体料的熔化，促使成分均匀化，最后一次搅拌后投入易熔金属镁或锌，待固体料全部熔化后即可进行净化处理。

4.7.3.5 一次净化——熔炼炉精炼除渣除气

主要参数：

（1）除渣剂用量：采用 RJ2 - 1 无钠精炼剂，按炉内料重量的 2% 计算。

（2）除钠剂用量：需要专门除钠的合金，如 3003、3104、5052 等合金，按炉内料重量的 2% 计算。

（3）除渣温度：730 ~ 750℃。

（4）搅拌时间：12 ~ 20min。

（5）静置时间：20 ~ 30min。

投放精炼剂：操作工关闭加热系统后打开炉门，按炉内熔体重量的 2% 加入 RJ2-1 无钠除渣剂和除钠剂，将精炼剂的五分之二均匀洒至混合炉的四个角，五分之三均匀洒在混合炉铝液中间的液面上。

净化反应：操作工人打开电磁搅拌机对熔体搅拌24min后，静置不小于20min，使熔体与精炼剂充分接触进行化学反应，以便氧化渣上浮到熔体表面和气体排出。

扒渣：操作工按每吨熔体重量1～3kg的用量添加清渣剂，将其均匀撒在铝液表面，待清渣剂与浮渣充分反应，铝渣显现为粉状漂浮在熔体表面，说明铝渣与熔体分离比较好。再用扒渣车将炉内的浮渣扒到渣箱里，从混合炉一侧铝液表面开始依次扒渣，直到混合炉另一侧为止，然后再对没有扒干净的浮渣进行第二次扒渣，直到看不到浮渣为止。

取样：用扒渣车搅拌，要搅拌到四角，以保证铝液的品位均匀、不偏析，确保每炉所取铝液化学成分试样中杂质Fe、Si含量最大值与最小值相差不大于0.02%。操作工人打开炉门，在熔炼炉内熔体的左、中、右三个方位金属液面15cm以下各取一个试样进行分析。

确认试样化学成分合格后，熔炼炉熔体温度达到750℃，方可转注到静置炉内保温。

如果试样化学成分不符合要求，尽快进行成分调整直到合格为止。成分调整时间一般不超过2h，如果时间超过4h就必须进行再次精炼处理后方可倒炉。

4.7.3.6 倒炉操作

倒炉是把熔炼好的合金熔体从熔炼炉转注到静置炉内进行保温。所以，倒炉前检查静置炉的加热系统或电阻带是否完好，若有损坏及时更换和处理。

熔体成分合格，熔炼炉内熔体温度在740～760℃之间、纯铝倒炉瞬间温度不得超过755℃即可倒炉。倒炉时尽可能将熔炼炉熔体放干净，如果炉底不平则以自然流出为准。如果下一炉更换合金系列时，必须将剩料全部扒出并进行洗炉。

倒炉操作：操作工在静置炉熔体入口处安放导流管，将导流管伸到距炉子底部10cm以内，以减少熔体翻腾造成氧化烧损。操作工拔出熔炼炉堵眼塞子换上控流塞子，控制熔体流量使金属封闭炉眼以减少熔体喷溅造成不必要的伤害，同时向溜槽内均匀撒入粉状精炼剂，随时清除“马粪渣”，直到没有熔体流出时，用塞子堵好熔炼炉出铝口并用卡子固定塞子，以免熔炼炉熔体升高塞子被挤出漏铝，影响正常生产。

倒炉完毕要利用炉膛余温及时清理熔炼炉膛，用扒渣车铲除炉底炉壁上黏附的残渣，同时操作工把溜槽清理干净以备待用。

由于特殊原因，短时间不能倒炉时，可调整好成分，炉膛温度维持在730℃以下保温。

倒炉时静置炉内尽可能保证没有残留熔体。在连续生产相同合金时，静置炉中剩余料须在容量10%以下方可倒炉。转换合金品种时，原则上不能倒炉，特殊情况下按工程师通知要求进行处理。

4.7.3.7 二次净化——静置炉精炼除渣除气

现代静置炉熔体净化采用炉底透气砖的净化方式进行精炼。

精炼频次：当熔体倒入静置炉后均应进行一次精炼；熔体在静置炉中正常精炼后停留超过4h、静置炉内熔体因故搅拌或补料后均应再进行一次补充精炼。

精炼气体：99.99%纯氮气或$\varphi(N_2):\varphi(Cl_2)=85:15$的混合气体。

精炼时间：30～40min；静置时间：10～15min。

精炼操作：精炼前先打开排烟机，关闭静置炉加热系统，打开精炼气体阀门并调整大小，观察熔体液面气泡要尽可能小，一般以不高于5cm为宜。

扒渣：参见熔炼炉扒渣操作。

取样：在静置炉内熔体的左、中、右三个方位金属液面15cm以下各取一个试样进行分析。

确认熔体化学成分合格后保温等待浇注。如果熔体化学成分不合格，投入相关炉料调整化学成分直至合格后保温等待浇注，按照浇注温度控制炉温在720～730℃之间。

4.7.3.8 三次净化——在线精炼

采用Alpur旋转除气装置进行在线精炼，精炼用气为纯度不低于99.99%的氮气。

铸造前期工作准备就绪后，精炼箱已经保存有生产的合金熔体时，铸造前先启动Alpur旋转除气装置。主要参数设定：喷气转子转速为250～300r/min，氮气压力和流量随着转子的转速自动调整。实际操作中观察熔体液面有微小气泡即可，不能有铝液翻腾现象，以减少氧化烧损，温度控制在730～750℃范围内。

铸造前精炼箱如果没有熔体时，待铸造放流出铝加满精炼箱后再启动Alpur旋转除气装置。

4.7.3.9 四次净化——在线过滤

在线过滤采用两级进口陶瓷板过滤板，一级粗过滤为30PPI，二级精过滤为50PPI。

过滤板安装：在过滤箱安装585mm×585mm×50mm（23in×23in×2in）过滤板，粗过滤板放30PPI，细过滤板放50PPI，过滤片四周用硅酸铝纤维毡密封严，以防漏铝。溜槽用自制的火焰加热器加热，温度在300℃以上，过滤箱自带电加热装置，日常保温700～730℃，铸造时熔体温度随着合金品种不同而变化，与合金的浇注温度相同。

陶瓷过滤板使用不能超过5个熔次，否则，必须更换过滤板以确保铸锭的冶金质量。

熔体测氢：第一炉或第二炉必须测氢。正常生产过程中每6～8熔次测一次氢。

4.7.3.10 晶粒细化

晶粒细化采用规格为ϕ9.5mm进口的Al-5Ti-0.2B或Al-5Ti-1B丝来细化铸锭晶粒。

铸造开始前5min内向Alpur反应室添加1.5～2.5kg的Al-5Ti-1B丝，然后落下转子精炼5min以上。

静置炉放流出铝后，操作工启动线材给料机，将Al-Ti-B丝牵引到静置炉出口与Alpur除气箱之间的溜槽中，由线材给料机向熔体中连续加入Al-Ti-B丝。Al-Ti-B丝卷必须是干燥、干净的，启动线材给料机后按表4-37调整进给速度，并观察给料机运转情况。

表4-37 常用铝合金铸坯Al-Ti-B丝用量和加入速度

合金	规格/mm×mm	添加速度/$cm\cdot min^{-1}$	用量/$kg\cdot t^{-1}$	Al-Ti-B丝种类
1050、1235	500×(900～1150)	75～85	1.3～1.8	进口Al-5Ti-0.2B
	500×(1200～1300)	80～100	1.3～1.8	
3104	500×(900～1150)	50～55	1.0～1.2	进口Al-5Ti-0.2B
	500×(1200～1300)	55～60	1.0～1.2	

续表 4-37

合 金	规格/mm×mm	添加速度/cm·min^{-1}	用量/kg·t^{-1}	Al-Ti-B 丝种类
5052	500×(900~1150)	50~55	1.0~1.2	进口 Al-5Ti-0.2B
	500×(1200~1300)	55~60	1.0~1.2	
8011	500×(900~1150)	50~55	1.0~1.2	进口 Al-5Ti-1B
	500×(1200~1300)	55~60	1.0~1.2	

注：棒状 Al-5Ti-1B 中间合金在铸造开始后加入 Alpur 装置前的溜槽内。

4.7.3.11 铸造

A 铸造工艺参数

铸锭规格及工艺参数见表 4-38。

表 4-38 铸锭规格及铸造工艺参数

合 金	规格/mm×mm	铸造速度/mm·min^{-1}	铸造温度/℃	水流量/L·min^{-1}
1050、1235	500×(900~1150)(K)	50~70	735~745	3100
	500×(1200~1300)(K)	45~60		3400
3104	500×(900~1150)(K)	50~60	730~740	3250
	500×(1200~1300)(K)	45~55		3500
5052	500×(900~1150)(K)	50~55	735~745	3150
	500×(1200~1300)(K)	40~45		3410
8011	500×(900~1150)(K)	50~80	735~745	3050
	500×(1200~1300)(K)	45~70		3350

注：不允许单根铸造，特殊情况可进行双根铸造，双根铸造温度允许提高 5~10℃。

B 铸井准备

安装引锭头和结晶器平台：每次铸造停车后，如果更换铸锭规格时，就必须重新安装结晶器平台和引锭头底座，见图 4-44。

图 4-44 更换调整结晶器和引锭头

结晶器调整与校准：确保结晶器轧制面法兰盘被结晶器平台或其他支架全面支撑，按照生产要求调整结晶器尺寸，使之符合铸锭的规格。固定式结晶器不需要调整，结晶器铸锭厚度是固定的，调整的是铸锭宽度，应均匀地移动端块到指定标尺端头，防止损坏石墨内衬，再把底盖销钉对位后紧固结晶器装置中的所有螺栓，见图 4-45。

图 4-45　安装调试好的铸造平台

(a)铝合金扁锭铸造平台;(b)铝合金圆锭铸造平台溜槽及分流

调试喷水分布:清洁进水口过滤器滤网并随即安装好;检查清理结晶器石墨以下的喷水铝孔;根据工程师决定堵塞不必要的喷水孔,用橡胶塞子堵塞指定位置喷水孔,塞子与结晶器主体平齐不能向外突出,避免与铸锭接触。

开启水流并检查每个结晶器中的喷水分布,核实喷水分布没有断流现象后关闭水流。

石墨内衬保养:每次铸造前要对石墨内衬做好保养准备工作。用干燥的棉布擦净结晶器,再用 600 粒度的细砂纸除去变色和拉痕及粗糙部位,用螺丝刀木柄在石墨内衬上轻轻敲打检查。如果石墨紧贴结晶器就不会有空洞的声音,确保全部石墨内衬紧贴到结晶器主体上。在石墨上涂 LHC 油浸渗 15min 后,用干净的布料抛光石墨,看上去像烟黑干燥而无油滴。

定位引锭头:提升引锭头用压缩空气吹干,检查引锭头排放(气)孔并使之畅通。移动结晶器平台到铸造位,触发自动对中汽缸把结晶器与引锭头对中并作微小的调整。提升顶板直到引锭头到达结晶器中石墨底 1.5 ~ 5mm 的位置。

C　溜槽准备

检查溜槽、铸造溜槽、下浇注管和控流塞子有无缺损,若有予以修补,并预热到300 ~ 500℃。

安装下浇注管护套、控流塞子、金属分布袋并对中,再把铸造溜槽放置到位。

降下溜槽闸板把溜槽液面传感器放置到位。

把放渣盘放置到铸造溜槽前端对接处的下面,清理干净并烘干,以确保紧急事故或铸造完毕停车时排放溜槽铝液和残渣。

扁锭铸造分配溜槽和金属液面控制装置见图4-46。

图4-46 扁锭铸造的分配溜槽和金属液面控制装置

(a)激光测距控流；(b)电磁感应控流；(c)机械式控流

D 开车前的核查

核实静置炉合金熔体温度是否符合工艺要求,出铝口溜槽闸板和液面传感器是否已经放置到位。

核实在线除气和过滤箱是否已经开始运转,并且相关参数是否符合工艺要求。

核实晶粒细化给丝机是否准备就绪,Al-Ti-B丝是否已经牵引到除气箱熔体入口前端的溜槽中。

核实铸井铸造是否准备就绪,引锭头是否已经就位;金属分配袋、浇注管护套是否已经与结晶器调平并平行;结晶器金属液面传感器和控流塞子是否正确定位。

核实铸造自动化系统操作屏上的程序。启动铸造程序,复查自动化设定,检查全部工艺系统的状态,核实铸造参数是否符合工艺要求,见图4-47。

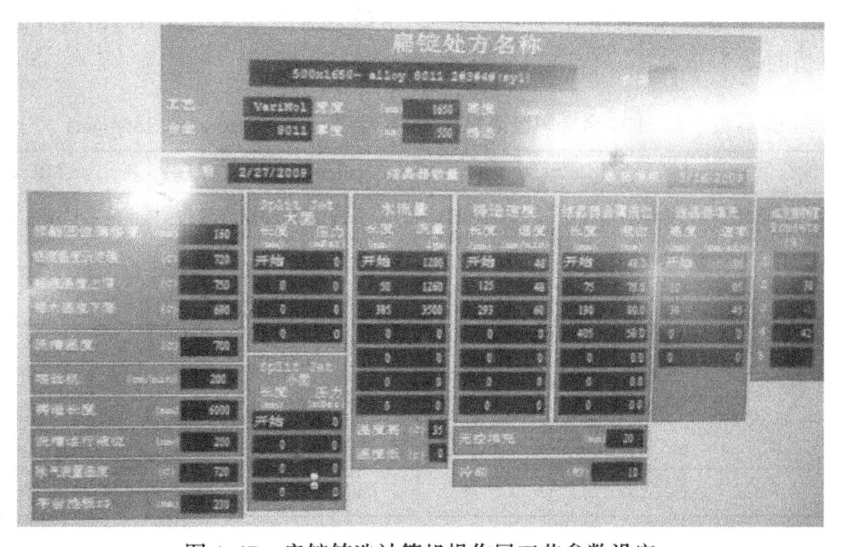

图4-47 扁锭铸造计算机操作屏工艺参数设定

几种常用合金扁铸锭铸造工艺参数：

(1)牌号1050铝合金扁锭铸造工艺参数，见表4-39。

表4-39 1050合金斜线限定表(规格:500mm×1200mm)

LHC阀门		水流量		铸造参数		结晶器金属液位		结晶器填充	
铸造长度/mm	喷嘴压力/mbar	铸造长度/mm	水流量/$L \cdot min^{-1}$	铸造长度/mm	铸造速度/$mm \cdot min^{-1}$	铸造长度/mm	金属液位/mm	高度/mm	速率/$mm \cdot min^{-1}$
0		0	1320	0	45	0	50	0	93
		90	1320	125	45	75	75	10	93
		320	3400	250	60	125	80	40	50
		0				320	56		

注：$1bar = 10^5 Pa$。

(2)牌号1235铝合金扁锭铸造工艺参数，见表4-40。

表4-40 1235合金斜线限定表(规格:620mm×1050mm)

LHC阀门		水流量		铸造参数		结晶器金属液位		结晶器填充	
铸造长度/mm	喷嘴压力/mbar	铸造长度/mm	水流量/$L \cdot min^{-1}$	铸造长度/mm	铸造速度/$mm \cdot min^{-1}$	铸造长度/mm	金属液位/mm	高度/mm	速率/$mm \cdot min^{-1}$
0		0	1522	0	38	0	50	0	112
		90	1522	125	40	125	75	10	108
		340	4100	250	60	167	80	40	57
		0				410	58.5		

注：$1bar = 10^5 Pa$。

(3)牌号AA 3004铝合金扁锭铸造工艺参数，见表4-41。

早期程序：开始温度控制在690～699℃，正常铸造温度688～695℃，铸造开始金属在结晶器内的停留时间为90s。

表4-41 AA3004合金斜线限定表(早期程序)(规格:699mm×1854mm)

铸造参数		水流量		结晶器金属液位		LHC阀门	
铸造长度/mm	铸造速度/$mm \cdot min^{-1}$	铸造长度/mm	水流量/$m^3 \cdot h^{-1}$	铸造长度/mm	金属液位/mm	铸造长度/mm	喷嘴压力/MPa
0	41	0	17.0	0	43	0	0.28
51	41	76	17.0	25	56	150	0.28
280	64	280	50.0	125	61	175	0.00
		400	56.8	200	61		
				400	41		

(4)牌号5052铝合金扁锭铸造工艺参数，见表4-42。

表 4-42 5052 合金斜线限定表(规格:620mm×1310mm)

LHC 阀门		水流量		铸造参数		结晶器金属液位		结晶器填充	
铸造长度 /mm	喷嘴压力 /mbar	铸造长度 /mm	水流量 /L·min⁻¹	铸造长度 /mm	铸造速度 /mm·min⁻¹	铸造长度 /mm	金属液位 /mm	高 度 /mm	速 率 /mm·min⁻¹
0	3600	0	744	0	35	0	45.0	0	115
138	3600	85	744	50	35	80	64.0	10	110
151	3600	320	3986	245	55	150	72.0	38	56
		0				230 360	66.0 52.0		

注:1bar = 10^5 Pa。

早期程序:开始温度控制在 688~696℃,正常铸造温度 690~704℃,铸造开始金属在结晶器内的停留时间为 88s。表 4-43 为 5052 合金早期程序工艺参数表。

表 4-43 5052 合金斜线限定表(早期程序)(规格:648mm×1842mm)

铸造参数		水流量		结晶器金属液位		LHC 阀门	
铸造长度 /mm	铸造速度 /mm·min⁻¹	铸造长度 /mm	水流量 /m³·h⁻¹	铸造长度 /mm	金属液位 /mm	铸造长度 /mm	喷嘴压力 /MPa
0	38	0	13.6	0	43	0	0.28
51	38	76	13.6	25	51	125	0.28
200	56	254	31.8	150	64	175	0.28
		356	56.8	400	43		

(5)牌号 8011 铝合金扁锭铸造工艺参数,见表 4-44。

表 4-44 8011 合金斜线限定表(规格:500mm×1650mm)

LHC 阀门		水流量		铸造参数		结晶器金属液位		结晶器填充	
铸造长度 /mm	喷嘴压力 /mbar	铸造长度 /mm	水流量 /L·min⁻¹	铸造长度 /mm	铸造速度 /mm·min⁻¹	铸造长度 /mm	金属液位 /mm	高 度 /mm	速 率 /mm·min⁻¹
0		0	1200	0	43	0	48.0	0	81
		50	1260	125	43	125	75.0	10	81
		429	3500	225	60	167	80.0	38	40
		0				393	57.5		

注:1bar = 10^5 Pa。

E 开始铸造

主操作手启动自动化铸造系统,开始自动化连续铸造后需要进一步核实下列状况:

(1)自动化系统启动的水流量、静置炉出铝口溜槽的金属液面高度。

(2)正确地控制使金属熔体在相隔 5s 内到达所有的结晶器内。一旦金属熔体在结晶内被金属传感器探测到,金属熔体浇注控制就传到自动化系统。

(3)在预设定的金属液面达到时,顶板开始下降。系统根据所用的时间或铸造长度控制全部其他铸造工艺技术参数,直至系统工艺参数达到表4-39～表4-44中的稳定状态条件,并完成设定的铸锭长度。

(4)稳定状态操作过程中操作人员的基本责任是监视铸造进程。注视铸造过程、水流量、铸锭及铸锭尺寸、控制参数、指示器等,在需要的时候做适当的矫正。

当铸锭铸造到500～1000mm时,从在线除气箱与过滤箱之间的溜槽中取样2个,分析成分。

待供流稳定,铸锭长度为1m左右时,在铸造溜槽前端测量铝液中的氢含量是否符合质量要求,如果不符合质量要求,及时进行相关操作予以处理,直至符合要求。

铝合金扁锭氢含量要求:

合金牌号	100g熔铝氢含量/mL
PS版基、铝箔坯料、深冲用料	≤0.12
1×××、3×××、5×××、8×××	≤0.15
6061、5083	≤0.18

铝合金扁锭铸造见图4-48。

(a)

(b)

图4-48 正在进行的铝合金扁锭铸造
(a)正在进行的自动化扁锭铸造;(b)人工控制的扁锭铸造

F 终止铸造

铸锭达到设定的长度时,自动化系统"终止铸造"报警,并终止铸造。操作人员也可以随时手动终止铸造。此时顶板停止下移,控流塞子关闭。

操作工倾斜铸造溜槽,将金属熔体和残渣倒入渣盘,打开铸造溜槽连接销钉,用天车将铸造溜槽吊至指定场所，及时拆除控流塞子和分布袋。

4.7.3.12 吊离铸锭

待铸锭冷却后，降低顶板直到铸锭顶部低于结晶器平台底部，确保铸锭顶部与结晶器平台底部有足够的空间，倾斜结晶器平台至垂直状态或从铸井上移开。

升起顶板直到铸锭顶部到达适当的位置，用天车和专用夹具从铸井中吊出铸锭，见图4-49、图4-50。

图4-49 操作工正在从铸井中调出铝合金扁锭和圆锭

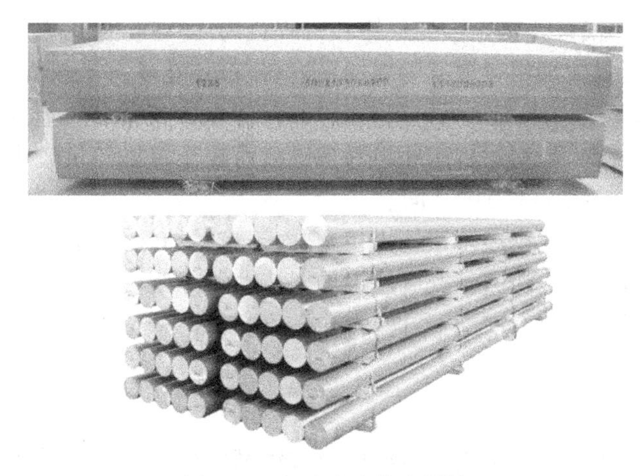

图4-50 铝合金扁锭和圆锭

检查铸锭缺陷，以便在结晶器中予以矫正。

4.7.3.13 锯切标记

锯切：采用专用锯床锯切铸锭，铸锭底部锯切量不小于200mm，铸锭顶部浇注口锯切量不小于80mm，应保证全部切除铸锭头尾的铸造缺陷；锯切端面应平直，锯切斜度不大于10mm。

锯切低倍样：从检查的铸锭中取两块铸锭，在铸锭底部和尾部切取头部后分别锯切一块20mm厚的横截面，再将锯切的横截面平分成四块，任取一块一分为二作为低倍样。

标记：在验收合格的每块铸锭的侧面用红色标记供方简称、合金牌号、熔次号、批号、规格，或在铸锭端面打上检印、合金牌号、状态、熔次号、铸锭顺序号。

【事故案例】2004年6月19日凌晨5:50左右，青海某铝厂第二电解厂铸造车间合金二班职工某某发现10号溜槽铝液过满溢出，为防止流入结晶器造成质量事故，某某准备铲渣处理时，流到竖井平台上的铝液遇水发生爆炸，某某被从劳保眼镜侧部溅入的铝液烫伤双眼。

2006年6月8日中午12点15分左右，辽宁某铝厂铸造工段合金一班在往静止炉内加前一天从井里掏出来的铝渣时发生爆炸。事故发生前，合金一班某某负责向炉内加铝渣，加完铝渣后，某某离开炉门背对着静止炉门，准备做其他工作，这时静止炉发生爆炸，气浪夹带着铝液将某某推出3m远，造成某某肋骨骨折。

4.8 铝合金铸轧带生产

4.8.1 铝合金铸轧铝板生产方法

目前，铝合金铸轧板(带)的生产方法主要有两种，一是采用双辊式连续铸轧机生产技术；二是采用双带式连续铸轧机生产技术，该机由美国黑兹雷特(Hazellett)五金板带制造公司研制开发的，所以也称为黑兹雷特双带连铸轧机。

双辊铸轧机按开发进程又分为三种类型：第一代铸轧机——标准型铸轧机；第二代铸轧机——超型铸轧机；第三代铸轧机——超薄快速型铸轧机。第一代铸轧机是美国亨特工程公司于20世纪60年代初研发的，辊径在600mm左右。我国华北铝业有限公司于20世纪80年代初研制出第一代铸轧机。第二代铸轧机辊径约为900mm，由于辊径加大，因而铸轧辊刚度和熔体凝固区长度都相应地有所增加，生产板带坯宽度有了较大增加。第三代铸轧机是亨特工程公司(现为意大利法塔·亨特公司)与原法国普基公司研究开发的，铸轧速度不小于10m/min，产品最薄厚度为1mm。双辊连续铸轧法单机产量较小，年产能一般不超过1万吨，经济规模在0.5~3万吨之间。

双带式连铸连轧机与双辊连续铸轧机相比，由于液穴加深，结晶器加长，因此可以生产的合金范围大大拓宽。在当前蓬勃发展的铝加工技术中，特别是在“1+3”、“1+4”铝热连轧技术不断应用于工业生产的情况下，连铸连轧工艺依然具有旺盛的生命力，其工艺革新和设备优化具有广阔的空间。

4.8.1.1 双辊式铸轧机

双辊式铸轧机生产技术是将铝合金液体通过铸嘴引到两个旋转的水冷轧辊中间，实现铝合金铸造结晶成型并轧制一体化铝合金板坯的制造方法。双辊式铸轧机按照铝液注入轧辊的方向可分为下注式、倾斜式、水平式三种,目前下注式铸轧机几乎淘汰了。连续铸轧过程如图4-51所示。

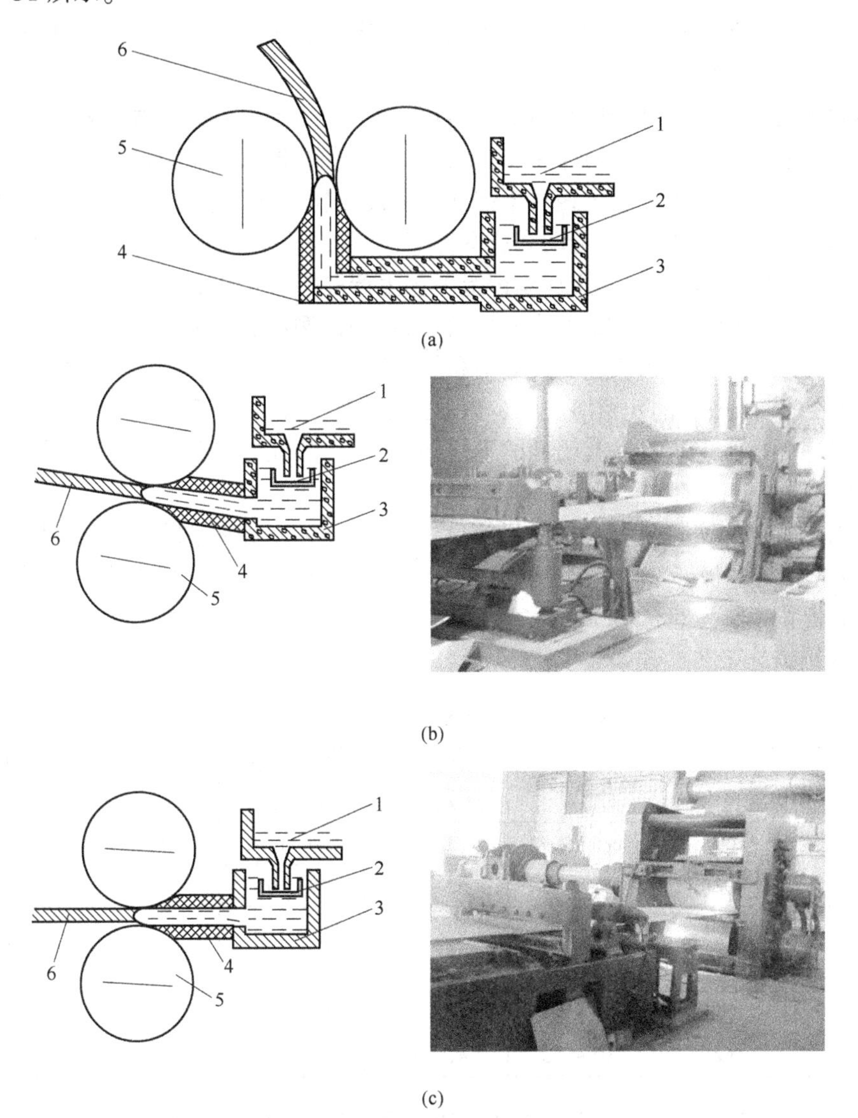

图4-51 双辊下注式、倾斜式、水平式铸轧

(a)下注式铸轧示意图;(b)倾斜式铸轧示意图;(c)水平式铸轧示意图

1—铝液溜槽;2—液面控制浮漂;3—前箱;4—铸嘴;5—轧辊(内冷);6—铝铸轧板

我国早期采用的进口机型有美国亨特公司研制的大型双辊连续铸轧机Supercaster和法国彼施涅公司研制开发的大型双辊连续铸轧机Jumbo3C,近年来大都采用国产双辊连续铸轧机。涿神公司制造的铸轧机无论在技术和质量上都已经达到国际水平,但价格比欧洲设备便宜很多,在性价比上对发展中国家客户很有吸引力,2011年3月与希腊Elval公司签订了两台2340mm宽幅水平式铸轧机合同,这是涿神公司铸轧机首次打入欧洲市场,是涿神公司迄今为止制作最宽的铸轧机。

截至2006年底,全世界约有590条双辊式铸轧生产线,而中国则占有约近300条,铸轧产能约为2500kt/a,其中,从国外引进的有14台,产能为152kt/a。到2010年,我国拥有约350台连续铸轧机,板带坯生产能力可达到3700kt/a左右,是全球拥有铝带坯铸轧机最多的国家。但单台的平均生产能力约比工业发达国家低35%,因此,今后在增加铸轧机数量的同时,应提高现有装备的效率。

在2007年,我国铝材总产量达到11800kt/a,同比增长约34%;铝加工材的总生产能力超过16200kt/a,其中铸锭热轧约为3500kt/a,双辊式铸轧带坯为2800kt/a。

铝合金连续铸造的板坯工艺相对于传统的铸锭热轧开坯工艺来说,在经济上占很大优势,主要表现为投资省、能耗低、劳动力成本低等,所以,采用连续铸造工艺生产的铝合金板、带、箔材产量增长速度很快。采用连续铸造工艺生产的铝合金板、带、箔材总产量的比例由1970年的10%很快增长到2002年的30%,而且这一比例还在继续上升。

双辊式连续铸轧工艺的快速瞬间凝固和热轧温轧产生一种显微组织,其特性为细晶粒、细金属间晶粒分布、较高的残留溶质和少许的残余变形。这种显微组织特性与传统的铸锭热轧工艺板坯的显微组织特性有明显的不同,因而在下游轧制工艺上需采用不同的退火工艺,以获得优质的铝板、带、箔材产品。

基于以上原因,双辊式连续铸轧法目前只能生产1×××系列、部分3×××和5×××系列及8×××铝合金板坯料。生产规格板厚一般为5~10mm,新开发的高速铸轧机可以到1.3~3mm,板宽一般为600~2000mm,生产能力为1.2~1.8t/(m·h)。

双辊连续铸轧工艺参数如表4-45所示。

表4-45　双辊连续铸轧的工艺参数

轧机型号	铝合金代号	铸轧温度/℃	铸轧区长度/mm	铸轧速度/mm·min^{-1}	冷却水入口温度/℃	冷却水压力/MPa
亨特 ϕ980	1060	685~705	55~66	850~1200	≤35	0.2~0.5
	3A21	685~715	52~60	750~1050		
3C ϕ960	1060	685~705	60~70	980~1100	≤35	0.2~0.5
	3A21	690~715	58~68	900~1000		
亨特 ϕ650	1060	695~705	48~52	800~1000	≤35	0.25~0.5
	3A21	705~715	42~44	600~800		

过去,在传统热轧生产线的提倡者和连续板带铸轧机的支持者之间存在着有关铸轧金属质量的争论,铸轧金属规格、带坯厚度、生产效率以及产品性能的制约限制了铸轧坯料的生产发展。20世纪90年代下半期,薄规格铸轧工艺的发展给连续铸轧带来一个新的生命期。通过对连续铸轧机关键元件:金属流嘴、轧辊冷却系统、轧辊润滑油以及控制系统等进行重大改进,并通过更佳的工艺控制参数实现了铸轧更轻规格、更薄更宽带坯的目标,同时也带来了板带质量连贯性的重大改进,拓展了铸轧坯料的使用空间。

意大利法塔·亨特工程公司开发出的新型超薄高速辊式铸轧机,以及新型Jumbo 3CM连续铸轧机证明了铸轧设备有能力生产出完全适合下游冷轧的高品质产品。最近在美国Norandal Quantum Leap项目中,4套铸轧机向一台24t 2300mm宽的超现代化6倍高速冷轧机供料,冷轧机以最高速度轧制,再一次论证了铸轧产品所具有的高品质。

当前国外70%左右铝箔是用铸锭热轧坯料生产的，而我国2005年生产的铝箔约有82%是用双辊式连续铸轧带坯轧制的，不但掌握了以铸轧坯料生产厚箔与单零箔的技术，而且全面系统掌握了以铸轧坯料轧制双零5箔与双零6箔的工艺，既可用这种坯料轧制普通的包装箔，又可用这种坯料轧出优质的、具有国际市场竞争力的超薄电力电容箔，形成了有中国特色的以铸轧带坯为主生产铝箔的工艺。如2005年云南新美铝铝箔有限公司自主开发的铸轧坯料生产0.005mm铝箔技术，在国内首次应用铸轧坯料批量生产出电容器用0.005mm规格铝箔。最近，华北铝业公司采用铸轧工艺生产超宽幅铝箔坯料获得成功，成为国内首家采用铸轧坯料生产1700mm以上规格超宽幅双零铝箔坯料的企业。从我国铝板坯铸轧生产线分布情况看，以铝箔生产为主的企业，坯料生产大多采用铸轧卷；而综合性的铝板带生产企业，坯料大多采用热轧卷。

采用薄带坯高速铸轧工艺生产PS版基铝板带材的坯料能弥补常规铸轧坯料生产方式的不足。由于薄带坯高速铸轧比常规铸轧具有更大的冷却强度，可以得到更细小的晶粒尺寸及枝晶间距，提高合金元素在固溶体中的过饱和度，可以充分抑制常规铸轧带坯表面经常出现的，由于重熔而产生的粗大化合物组织和表面偏析等缺陷，从而能提高表面和内部质量。

电磁铸轧技术可以明显改善铸轧带坯质量。研究表明，电磁场不仅能使枝晶破碎，增加“外来”核心，还能促进亚稳熔体中的自发形核，增加熔体中的晶核数量。同时电磁场能有效地使铸轧组织细化、等轴化，可以取代传统使用的Al-Ti-B合金细化晶粒。

我国铝带坯连续铸轧技术的研究开发工作是从20世纪60年代初在东北轻合金有限公司开始的，1981年开始在华北铝业有限公司进行铝带坯连续铸轧商业化生产。1998年中南大学开始在华北铝业公司研究高速铸轧技术，取得了许多可喜成果。此外，我国从20世纪90年代开始研究电磁铸轧技术，也取得了一些成绩。经过20多年的研究开发，我国铝带坯连续铸轧技术工作取得了长足的发展。以涿神公司、中色科技公司、上海捷如公司等为代表的铸轧机生产厂已成为具有国际竞争力的大型铝材铸轧机制造厂。

4.8.1.2 双带连铸机

双带连铸机是美国黑兹雷特(Hazellett)五金板带铸造公司1919年研制开发的，到目前为止共设计制造了近百台黑兹雷特双带铸轧机。双钢带连铸法适合铸造多种金属的坯料，如锌、铝、镁、铅和铜，甚至铸造钢坯，在20多个国家用于连铸生产。坯料的规格尺寸也较多，从宽板、窄带直到扁坯、型材和棒材等坯料。双钢带连铸法生产的铸坯偏析较轻，如熔体处理得好，也可以得到光洁的表面。在铝工业上应用也颇受人们的重视。到2000年底全世界有10余条黑兹雷特铝板坯连铸机在运行。

双带连铸机采用平行环状移动结晶器的结构，外观貌似坦克，钢带环绕在带槽的辊子上。上辊安装有钢带预热和水冷装置，边铸造边进行水冷，下辊带有张力并驱动，金属液体通过供料嘴进入有水冷的上下钢带之间，熔体在两条平行移动的钢带和侧向金属块组成的型腔内凝固成型，随着水冷钢带的移动，金属液体连续不断地凝固成板坯。

黑兹雷特连铸法示意图如图4-52所示。这种双钢带式连铸机的两条同步运行的钢带用导轮支承在框架上，框架间距离可以调节，从而可以得到不同厚度的铸坯。下框架上有用不锈钢丝绳连接起来的金属块，构成模腔的侧边，它们靠钢带的摩擦力与运动的钢带同步移动。调整边块的距离可以得到不同宽度的铸坯。

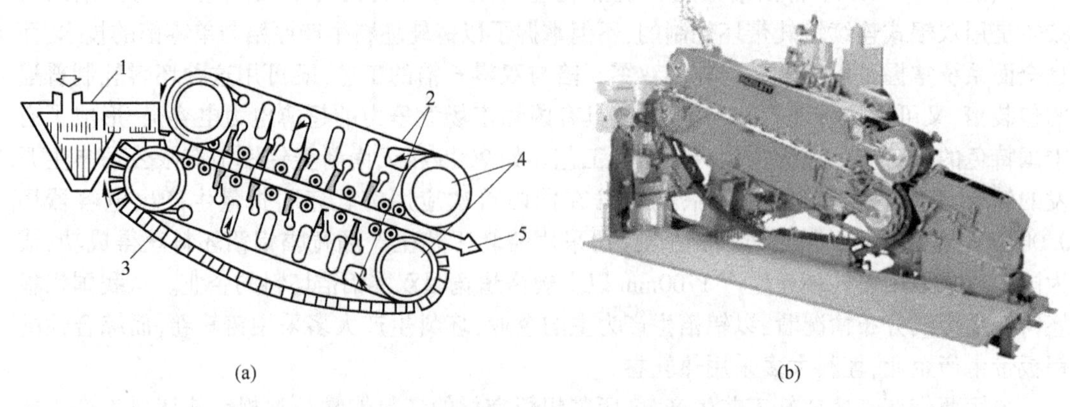

图 4-52 黑兹雷特连铸法(a)及连铸机(b)

1—浇包;2—移动钢带;3—侧向金属块;4—导轮;5—铸坯

铸轧板坯厚度是由可更换的支架垫块来调整,铸轧板坯原为 12 ~ 75mm,大多数铝板坯厚度为 19mm,可继续通过二机架或三机架热连轧机轧成铝板,其厚度为 1 ~ 3mm。

铸轧板坯宽度是由侧部挡块的横向垫块来调整,根据机型的不同,板宽为 1250 ~ 1900mm。

双带连铸机生产能力比较大。一台 1m 宽的黑兹雷特双带连铸机年产量可以达到 10 万吨,一台 1500m 宽的双带连铸机生产率可达到 30 ~ 35t/h,年产量为 15 ~ 20 万吨铝板坯。

双带连铸机可以生产多种铝合金,如 1×××、3×××、5×××的多数铝合金板坯。

双带式连铸机的优点是:产能大和可以生产多种铝合金板、带坯料。缺点是投资较大。但在生产数量大的特定单一板材时,如建筑用的铝板材带材产品,该生产技术比采用传统的 DC 铸造经过热轧开坯后,再进行冷轧生产铝板材的方法相对投资成本要低 10% ~25%。

双带连铸机铸造的铝合金相对于传统的 DC 铸造铝合金来说,差异比较明显,主要表现为:

(1)晶粒结构为更细的树枝晶格,在固熔体中某些元素有较高的保持力,这就说明可生产表面质量要求非常严格的板材。与双辊式铸轧板相比,双带连铸机铸造的板坯晶粒较大。板坯断面上的晶粒为等轴晶粒和无规则的结构,所以,各个方向上的力学性能差异很小。

(2)固熔体中某些元素如锰和镁因快速冷却,作为固熔体留在铝中,在热轧期间也留在铝中,从而得到充分的强化。而 DC 铸造板坯需在热轧前进行均匀化处理,析出的锰是作为弥散体出现的。

4.8.2 铝及铝合金铸轧带材质量要求

铝及铝合金铸轧带材质量要求应符合《铝及铝合金铸轧带材》(YS/T 90—2008)标准的要求。

4.8.2.1 产品分类和标记

铸轧带材的牌号、规格应符合表 4-46 规定。

表4-46 产品牌号及规格

牌号	规格			
	厚度/mm	宽度/mm	内径/mm	外径/mm
1070、1060、1050、1145、1100、1235、8006、8011、8011A、8079	5~12	700~1600	505、605	1100~2000
3003、3004、3005、3102	5~12	700~1450	505、605	1100~2000
5005、5052	5~12	700~1300	505、605	1100~2000

注:用户需其他牌号、规格时,由供需双方协商确定。

标记:铸轧带材标志按产品名称、合金牌号、规格及标准编号的顺序表示,标记示例如下:

1060牌号,边部厚度为6.5mm,宽度为1200mm,卷径为1830mm的铸轧带,标记为:

铸轧带 1060 6.5×1200ϕ1830 YS/T 90—2008

4.8.2.2 化学成分

常用铝合金铸轧带材牌号化学成分应符合表4-47要求。其他合金的化学成分应符合标准GB/T 3190的规定。

表4-47 常用铸轧带材牌号化学成分

牌号	化学成分/%										
	Si	Fe	Cu	Mn	Mg	Cr	Zn	Ti	其他		Al
									单个	合计	
1070	0.20	0.25	0.04	0.03	0.03	0.05V	0.04	0.03	0.03	—	99.70
1060	0.25	0.35	0.05	0.03	0.03	0.05V	0.05	0.03	0.03	—	99.60
1050	0.25	0.40	0.05	0.05	0.05	0.05V	0.05	0.03	0.03	—	99.50
1100	Si+Fe:0.95		0.06~0.20	0.05	—	—	0.10	—	0.05	0.15	99.00
1145	Si+Fe:0.55		0.05	0.05	0.05	—	0.10	0.03	0.03	—	99.45
1235	Si+Fe:0.65		0.05	0.05	0.05	0.05V	0.10	0.06	0.03	—	99.45
3003	0.6	0.7	0.06~0.20	1.0~1.5	—	—	0.10	—	0.05	0.10	余量
3102	0.40	0.7	0.10	0.05~0.40	—	—	0.30	0.10	0.05	0.15	余量
8006	0.40	1.2~2.0	0.30	0.30~1.0	0.10	—	0.10	0.10	0.05	0.15	余量
8011	0.50~0.90	0.60~1.0	0.10	0.20	0.05	0.05	0.10	0.10	0.05	0.15	余量
8011A	0.40~0.80	0.50~1.0	0.10	0.10	0.10	0.10	0.10	0.05	0.05	0.15	余量
8079	0.05~0.30	0.70~1.3	0.05	—	—	—	0.10	—	0.05	0.15	余量

4.8.2.3 尺寸偏差

铸轧带材边部厚度、宽度尺寸偏差应符合表4-48的规定。

表 4-48 铸轧带材的尺寸偏差

允许偏差/mm	
边部厚度偏差(*h*)	宽度偏差(*b*)
±0.30	+15 -5

铸轧带材的纵向和横向厚度应均匀一致,厚度差、中凸度、同板差等参数应符合表 4-49 的规定,铸轧板样厚度检测点分布如图 4-53 所示。需方对尺寸有其他特殊要求时,供需双方协商确定,并在合同中注明。

表 4-49 铸轧带材纵向、横向尺寸偏差

尺寸偏差	高精度	普通级
两边厚度偏差/mm	≤0.03	≤0.06
中凸度/%	0~1.00	0~1.00
相邻两点厚度差/mm	≤0.02	≤0.04
相对同板差/%	≤0.6	≤0.6
中凸度偏差/%	≤0.4	≤0.6
纵向厚度差/mm	≤0.10	≤0.15

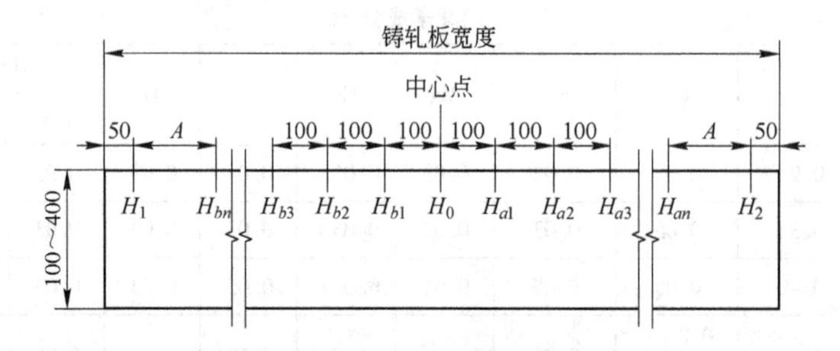

图 4-53 铸轧板样厚度检测点分布示意图

边部厚度:铸轧带侧边 50mm 处,图 4-53 中 H_1、H_2 点测得的厚度。

两边厚差:铸轧带任意横截面上,距侧边 50mm 处,图 4-53 中 H_1、H_2 点测得的厚度的差值。

中凸度:铸轧带任意横截面上的中心 H_0 点厚度与两侧边测点 H_1、H_2 厚度的平均值的差值,相对于中心厚度的百分比。

中凸度偏差:在一个铸轧辊周长内的最大与最小中凸度差值。

相邻两点厚度差:铸轧带任意横截面上,任意相隔 100mm 的两个厚度测量点的厚度差值,即图 4-53 中 H_0 与 H_{a1}、H_{a1} 与 H_{a2} 点测得的厚度的差值。

相对同板差:铸轧带任意横截面上,任意与中心 H_0 点对称的两个测量点 H_{an} 与 H_{bn} 的厚度差值,相对于中心厚度的百分比。

纵向厚度差:沿铸轧带纵向长度测得的任意两点厚度的最大差值。

铸轧带任意横截面上的厚度最大值应在中心点两侧 100mm 范围内。距中点大于

100mm,并且距侧边大于50mm 测量点的厚度应不大于中心厚度,并且不小于边部厚度。

4.8.2.4 力学性能

铸轧带材的室温纵向力学性能参见表4-50,表中未列入的合金牌号的力学性能供需双方协商确定,并在合同中注明。

表4-50 铸轧带材室温纵向力学性能

牌　号	边部厚度/mm	抗拉强度 R_m/MPa	断后伸长率 A_{50mm}/%
1070	5.0～10.0	60～115	≥30
1060	5.0～10.0	60～115	≥25
1050	5.0～10.0	60～120	≥25
1100	5.0～10.0	90～150	≥25
3003	5.0～10.0	115～170	≥15
8011	5.0～10.0	105～160	≥20

4.8.2.5 低倍组织

铸轧带材的低倍组织不允许有影响使用的裂纹、夹杂、孔洞、分层等缺陷。

铸轧带材表面晶粒度不得低于2级,需方有其他特殊要求应在合同中注明。

4.8.2.6 外观质量

铸轧带材表面应平整、洁净,不允许有热带、夹渣、孔洞、气道、裂纹、腐蚀、偏析条纹、严重粘辊、划伤等缺陷。

铸轧带材表面允许有不影响使用的金属及非金属压入、轻微擦伤、轻微划伤、纵向及横向条纹等表面缺陷。

铸轧带端面应整齐,端面允许有局部错层,但错层不得超过5mm,内3圈外1圈错层不得超过30mm,塔形不得超过15mm。

铸轧带表面不允许有影响使用的边部缺陷,但允许有工艺裂边。工艺裂边的深度控制为:1×××系不超过8mm,3003、8011系不超过10mm。

4.8.2.7 熔体氢含量

高精级铝合金带材100g熔体氢含量应控制在0.14mL以下,普通级铝合金带材应控制在0.18mL以下。需方有其他特殊要求时,供需双方协商决定,并在合同中注明。

4.8.3 铝合金铸轧带材生产工艺

铝合金铸轧板生产线见图4-54。

主要作业过程:配料→投固体料→投液体料→熔炼→取样分析→调整成分→再次取样分析→合格→精炼→静置→扒渣→倒炉→静置炉精炼→静置→扒渣→放流→流量控制→取样分析→精炼箱除气→Ti丝细化晶粒→两级过滤除渣→前箱液面控制→立板→连续铸轧→取板样检测→卷取→剪切→卸卷→计量→捆扎→产品转送包装。

双辊铸轧板生产线工艺如图4-55所示。

图 4-54　铝合金铸轧板生产线

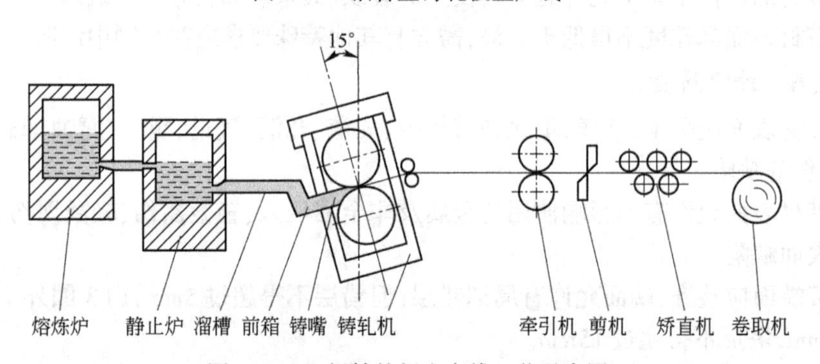

图 4-55　双辊铸轧板生产线工艺示意图

4.8.3.1　铸轧工艺主要技术参数

铸轧工艺主要参数如表 4-51 所示。

表 4-51　铸轧工艺主要参数

技 术 参 数	合 金 牌 号		
	1×××	3003	8011
高压系统压力/MPa	22 ~ 28		
低压系统压力/MPa	8 ~ 12		
铸轧板厚度/mm	$7.0^{+0.30}_{-0.25}$	$7.0^{+0.30}_{-0.25}$	$7.0^{+0.30}_{-0.25}$
铸轧板宽度/mm	700 ~ 1600	700 ~ 1450	700 ~ 1450
混合炉铝液温度/℃	740 ~ 760	760 ~ 780	750 ~ 770
静置炉铝液温度/℃	740 ~ 760	765 ~ 780	745 ~ 765

续表 4-51

技术参数	合金牌号					
	1×××		3003		8011	
精炼箱铝液温度/℃						
前箱铝液温度/℃	685~710		715~725		685~710	
前箱熔体液面高度	高出铸嘴熔体入口上沿 20mm					
机列/mm×mm	ϕ800×1600	ϕ960×1800	ϕ800×1600	ϕ960×1800	ϕ800×1600	ϕ960×1800
铸轧区长度/mm	55~66	56~70	48~56	48~58	48~56	48~58
嘴子开口度/mm	13~14	12~13	11~12	11~13	11~12	11~13
铸轧速度/mm·min^{-1}	850~1300		610~850		610~850	
轧辊水进口温度/℃	25~50		25~50		25~50	
轧辊水出口温度/℃	28~54		28~54		28~54	
钛丝给进量/mm·min^{-1}	200~320		180~280		150~250	

4.8.3.2 配料

配料计算要求:采用电解液必须搭配 10%~20% 的固体料或废料;合金元素配料按中间值进行计算,杂质元素主要是控制 Si 和 Fe,其他杂质在电解铝中属于微量元素,所以,在配料计算时不必考虑,但是,在生产含有 Cu、Mn 等金属元素合金后,洗炉更换合金品种时必须进行检测和控制。杂质 Si 和 Fe 元素一般按最大值的 70%~85% 进行配料计算,以消除熔炼和工艺环节上杂质含量升高的影响,当然计算结果小于最大值的 70% 更好。工厂一般是按照《熔炼铸轧生产卡片》的技术要求进行配料计算。

金属 Ti 元素在铝及铝合金中作为杂质控制,为了细化板带的组织晶粒,专门在线添加 Al-Ti-B 丝,所以,Al-Ti-B 的添加给进速度必须控制,回炉废料量必须控制在 30% 以内。常用铸轧卷铝合金化学成分配料计算见表 4-52。

表 4-52 常用铸轧卷铝合金化学成分配料计算值

合金代码	化学成分配料计算值/%			
	Si	Fe	Cu	Mn
1070	0.16	0.20	—	—
1060	0.20	0.30	—	—
1050	0.20	0.35	—	—
1100	Si+Fe:0.85		(0.13)	—
1145	Si+Fe:0.50		—	—
1235	Si+Fe:0.60		—	—
3003	0.50	0.50	(0.13)	(1.25)
3102	0.35	0.60	—	(0.20)
8006	0.35	(1.6)	—	(0.65)
8011	(0.70)	(0.80)	—	
8011A	(0.60)	(0.80)	—	
8079	(0.16)	(1.0)	—	—

注:括号中的数值是指合金元素,其余的为杂质元素。

配料量控制在炉子容量的90%以下,以便调整成分。

基体铝杂质元素的控制,首先控制硅含量,其次控制铁含量,最后再重复计算一次,审核杂质总量不要超标。

通用计算公式:

$$\text{加入金属的重量}=\frac{\text{要求量(Fe、Si、…)}-\text{铝液含量(Fe、Si、…)}}{\text{配料铝量(Fe、Si、…)}-\text{要求量(Fe、Si、…)}}\times\text{铝液总量}$$

冲淡配料计算公式:

$$\text{加入金属的重量}=\frac{\text{铝液含量(Fe、Si、…)}-\text{要求量(Fe、Si、…)}}{\text{要求量(Fe、Si、…)}-\text{配料铝量(Fe、Si、…)}}\times\text{炉内铝液总量}$$

4.8.3.3 装炉

装炉前各种工器具必须干燥,能预热的尽可能预热,以免发生放炮现象。检查工器具、设备、电气、烧嘴、加料桶等是否齐全完好;压缩空气、燃料是否充足。装炉前必须清炉,即将炉底、炉角、炉墙各处的渣子及其他脏物彻底清除干净,否则不得装炉。严格核对炉料是否与要求相符,确认无误后方可装炉。

装炉时必须关闭燃烧器,以免发生烧伤。首先用加料桶加入固体料、工艺废料。加料时加料桶底部距炉底的高度不得大于50cm,并吊在炉膛中间,以免砸坏炉底、碰坏炉膛。

电解槽运来的铝液直接由加料口倒入炉内,具体操作参见普铝铸造中注入液体铝的介绍。

4.8.3.4 熔炼

熔炼温度:炉膛温度控制为750~850℃,熔体温度按合金系列分别控制为:

1×××系:740~760℃;3×××系:760~780℃;8×××系:750~770℃。

搅拌:搅拌时必须关闭燃烧器!搅拌时间为5~15min,以免铁工组熔化。熔化过程中要进行搅拌,可加速物料的熔化,促进熔体化学成分均匀化。

扒渣:在熔炼温度范围内进行扒渣,扒渣时要平稳,不能用金属浪推渣,将浮渣扒到炉门口稍停后,再扒出炉外,扒出的浮渣中金属含量尽可能少。

4.8.3.5 熔炼炉熔体精炼

精炼方法较多,常用有喷粉精炼法和氮氯混合气体精炼法,实际生产采用一种即可。

A 精炼主要参数

精炼温度:740~760℃。

氮氯混合气体:$\varphi(N_2):\varphi(Cl_2)=85:15$,压力:0.2~0.4MPa,精炼时间:10~20min。

喷粉精炼剂用量:每吨铝液2~3kg,40~60kg/熔次。

清渣剂用量:每吨铝液1~3kg,20~60kg/熔次。

B 喷粉精炼操作

打开精炼机罐体盖子,把60kg粉状精炼剂全部装入罐体后,关闭罐体盖子并旋紧压紧丝杆,确定不漏气后,通氮气(氮气纯度为99.99%),调整氮气压力在0.2MPa左右,将精炼管头部置于炉门口;打开电动喷粉精炼机电源开关,使精炼机运转,确认精炼管头部有气体和粉剂喷出,再将精炼管头部插入炉底,按“Z”字形缓慢移动精炼管头部从炉子的一侧到另一侧，直到炉膛全部底面，不能有死角。

粉剂精炼剂全部喷完后，关闭精炼机电源，取出精炼管继续通氮气 1 ~ 2min 后关闭氮气阀门，以免有熔体凝固堵塞管道。喷粉精炼机见图 4-56。

C 氮氯混合气体精炼操作

检查氮氯混合气体管道接口、阀门（图 4-57）是否漏气，确认无误方可进行操作。将精炼器头部置于炉门口，$N_2 - Cl_2$ 混合气压力为 0.2 ~ 0.4MPa，打开氮氯混合气体管道阀门，确保有气体从精炼器头部喷出，然后，将精炼器头部插入炉底，调整阀门控制气泡，一般以熔体不高于液面 10cm 为宜，按“Z”字形缓慢移动精炼器头部从炉子的一侧到另一侧，直到炉膛全部底面，不能有死角，精炼时间 10 ~ 20min。

精炼完毕以后，先将精炼器脱离液面后关闭氮氯混合气体阀门，然后取出炉外。

图 4-56 喷粉精炼机

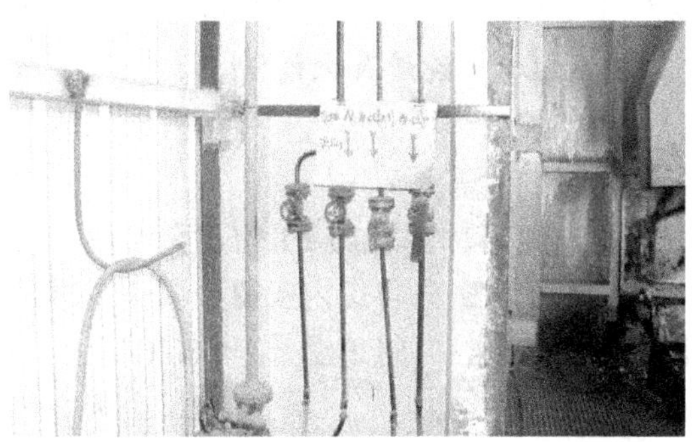

图 4-57 N_2-Cl_2 混合气体管道接口和阀门

D 扒渣

操作工按每吨熔体加入清渣剂 1 ~ 3kg 的用量，将其均匀撒在熔体表面，待清渣剂与浮渣充分反应，铝渣显现为粉状，漂浮在熔体表面，说明铝渣与熔体分离比较好，然后将熔体表面浮渣扒出。

4.8.3.6 取样与成分调整

取样前熔体应进行充分搅拌；搅拌时对流操作平稳、均匀，不起大波浪，以确保熔体表面及底部的铝液搅拌均匀。

取样勺应充分预热。快速分析试样分别在两个炉门中间，熔体深度的二分之一处选取。

试样上打上合金牌号、熔次号后与《熔炼铸轧生产卡片》一起送到快速分析室。

分析结果不符合《熔炼铸轧生产卡片》的技术要求时，进行成分调整。调整成分后必须重新取样分析，直到分析结果符合《熔炼铸轧生产卡片》的技术要求后方可进入到下道工序。

4.8.3.7 倒炉

倒炉是把熔炼好的合金熔体从熔炼炉转注到静置炉内进行保温。所以，倒炉前检查静置炉的加热系统或电阻带是否完好，若有损坏，及时更换。

熔体成分合格，熔炼炉内熔体温度在 740 ~ 760℃ 之间，纯铝倒炉瞬间温度不得超过 755℃ 即可倒炉。倒炉时若炉底不平有剩料时，则以自然流出为准。如果下一炉更换合金系列，必须将剩料全部扒出并进行洗炉。

倒炉操作：操作工在静置炉熔体入口处安放导流管，伸到距炉子底部10cm以内，以减少熔体翻腾造成氧化烧损。操作工拔出熔炼炉堵眼塞子换上控流塞子，控制熔体流量使金属封闭炉眼以减少熔体喷溅造成不必要的伤害，同时向溜槽内均匀撒入粉状精炼剂，随时清除“马粪渣”，直到没有熔体流出时，用塞子堵好熔炼炉出铝口并用卡子固定塞子，以免熔炼炉熔体升高塞子被挤出而漏铝，影响正常生产。倒炉完毕要及时把溜槽清理干净以备待用。

由于特殊原因，短时间不能倒炉时，可调整好成分，炉膛温度维持在730℃以下保温。

当连续生产相同合金时，静置炉中剩余料须在4t以下方可倒炉。转换合金品种时，原则上不能连续倒炉，特殊情况下按工程师通知要求和《熔炼铸轧生产卡片》进行处理。

4.8.3.8 清炉及大清炉

熔炼炉每熔次倒炉后和下熔次装炉前，必须彻底清炉（渣线以下不应有突出物），更换合金系列时需大清炉。

生产纯铝时，每10±1熔次大清炉一次；合金每5±1熔次大清炉一次。

大清炉时，先将炉内残留金属全部放净，把炉底彻底清除干净，然后撒入15~20kg粉状清炉熔剂，并将炉温升至800℃以上，用三角铲把炉墙、炉角、炉底的渣子彻底铲净并扒到炉外。

4.8.3.9 静置炉熔体精炼与温度控制

精炼频次：当熔体倒入静置炉后均应进行精炼一次；熔体在静置炉中正常精炼后停留超过4h、静置炉内熔体因故搅拌或补料后均应再进行一次补充精炼。

精炼温度：各种合金的精炼温度均在740~760℃。

精炼方式：所有合金均采用N_2-Cl_2混合气精炼。N_2-Cl_2混合气精炼条件不具备时，可采用其他精炼剂进行精炼。采用六氯乙烷精炼时，用量按熔体重量的0.12%计算。

精炼时间：按表4-53规定执行。

表4-53 精炼时间

精炼剂名称	正常精炼/min	加强精炼/min	补充精炼/min
N_2-Cl_2	8~13	10~15	5~8
其他精炼剂	10~15	10~20	5~8

精炼操作：精炼前先打开排烟机，关闭静置炉电源柜电源。

采用N_2-Cl_2混合气体精炼时，将精炼器放入炉膛内烘干预热，打开N_2-Cl_2混合气体阀门后将精炼器插入熔体中，气泡要小，一般以不高于10cm为宜。

检查N_2-Cl_2混合气体管道接口、阀门是否漏气，确认无误方可进行操作。将精炼器头部置于炉门口，N_2-Cl_2混合气压力为0.2~0.4MPa，打开N_2-Cl_2混合气体管道阀门，确保有气体从精炼器头部喷出，然后，将精炼器头部插入炉底，调整阀门控制气泡，一般以熔体不高于液面10cm为宜，按“Z”字形缓慢移动精炼器头部从炉子的一侧到另一侧，直到炉膛全部底面，不能有死角，精炼时间10~20min。

精炼完毕以后，先将精炼器脱离液面后关闭氮氯混合气体阀门，然后将精炼器取出炉外，清理精炼器。

扒渣：精炼完毕后，按每吨熔体加入1～3kg清渣剂的用量将其均匀撒在铝液表面，待清渣剂与浮渣充分反应，铝渣显现为粉状，漂浮在熔体表面，说明铝渣与熔体分离比较好，然后扒出表面浮渣。

对精炼后的熔体进行含气量测定，高精级铝合金带材100g熔体氢含量应控制在0.14mL以下，普通级铝合金带材应控制在0.18mL以下，含气量超过规定时，应重新精炼。

静置炉温度控制：扒渣完毕后，启动静置炉电源柜电源或加热系统进入自动控温。静置炉铝液温度按合金系列分别为：1×××系：740～760℃；3×××系：765～780℃；8×××系:745～765℃。

4.8.3.10 铸轧前的准备

（1）工器具：准备好放铝箱、塞子、堵套、扦子、撬杠、铁夹子、大锤、钢丝绳、吊具等，将石墨扦子头均匀地缠上一层石棉绳，其他扦子缠成需要的形状。所有工具必须进行彻底干燥，保持清洁无渣。

（2）打磨辊面：关闭铸轧辊供水阀门停止冷却，启动铸轧机，检查机械电气设备是否正常，使铸轧机正转，在出口侧（非咬入侧）用砂纸打磨辊面，清除铝屑，保持辊面光洁无渣。

（3）检查并处理溜槽、过滤箱、精炼箱之间各接口，应做到密封完好，杜绝漏铝。

（4）精炼箱加热，保温温度设定为750℃。

（5）过滤板安装：在过滤箱安装300mm×300mm×50mm过滤板，如果没有过滤箱时在溜槽上安装200mm×230mm×50mm过滤板，粗过滤板放20PPi；细过滤板放30～40PPi，铝箔坯料放50PPi。过滤片四周用硅酸铝纤维毡密封，以防漏铝。溜槽和过滤箱用自制的火焰加热器加热，溜槽加热到300℃以上，过滤箱加热到500℃以上。

（6）启动液压系统：启动全部液压泵，铸轧机预应力为1500～2000t。

4.8.3.11 铸嘴、前箱的组装、安装及调整

A 铸嘴的组装、烘干

铸嘴按图纸组装好后装入铸嘴的底盘（图4-58），然后放入工具炉进行加热烘干。炉温控制150～200℃，时间2h以上。

从工具加热炉内吊出的铸嘴必须重新检查。检查内容包括：阻流块是否牢固；嘴唇是否平直，端部（侧面）是否平整。

若不能满足上述需要时，应采用垫片、砂纸等手段进行修正，直到符合要求为止。

调整铸轧辊缝，辊缝值为：5.4～6.5mm（特殊规格除外），两端辊缝差为0.02mm，以保证板厚及横向厚度差符合标准。

B 铸嘴的安装、调整

铸嘴安装：在安装铸嘴前，轧辊内循环水必须关闭。将烘干的铸嘴吊到轧机前的铸嘴进给小车上并用螺栓固定，在吊运安装过程中要小心，避免碰坏铸嘴。手动将进给小车推入两辊之间，并在侧面观察嘴端与轧辊是否对中良好，当上下嘴唇同时快要接近辊面时，

图 4-58 铸嘴组装

启动轧机使其低速倒转，手动推入进给小车使铸嘴与辊面接触，一点一点地推入磨铸嘴，直至获得要求的铸轧区为止。

测量铸轧区：停止轧辊转动，测量调整铸轧区长度，要在沿铸嘴宽度多个点进行测量，确保两边间距均匀一致。使两端铸轧区大小相等，达到要求的数值时，用风清理干净。

调整辊嘴间隙：使下辊嘴间隙略小于上辊嘴间隙；上辊嘴间隙为 1.5～2mm，下辊嘴间隙为 1.3～1.5mm。

铸轧区长度和铸嘴开口度参数见表 4-54。

表 4-54 铸轧区长度和铸嘴开口度参数

技术参数	合金牌号					
	1×××		3003		8011	
铸轧板厚度/mm	$7.0^{+0.30}_{-0.25}$		$7.0^{+0.30}_{-0.25}$		$7.0^{+0.30}_{-0.25}$	
机列/mm×mm	φ820×1600	φ960×1800	φ800×1600	φ960×1800	φ800×1600	φ960×1800
铸轧区长度/mm	55～66	56～70	48～56	48～58	48～56	48～58
铸嘴开口度/mm	13～14	12～13	11～12	11～13	11～12	11～13

C 固定边部耳子

在铸嘴的两端将已修好的耳子推到与辊面接触，耳子外用铸轧铝板加固，但要防止磨损辊面，然后将固定螺栓拧紧。

启动轧机使其低速倒转磨耳子，磨好后停机，然后再启动换向正转 3～5min。

停机，用灯光检查耳子与铸嘴之间的密封情况，以防漏铝。

再次启动铸轧机，使之反转，检查嘴辊、耳辊间隙，并观察辊身上是否有磨削下来的粉末，若发现异常，应重新调整，检查完毕关机，停止铸轧机运转。

D 安装前箱

前箱与铸嘴之间垫 2cm 厚的硅酸铝纤维，然后用螺栓顶紧。安装完后要进行加热，温度在 200℃以上。

【警告】 在调整和安装前箱的过程中必须停机。

在安装和调整铸嘴、前箱时动作应迅速，从工具加热炉吊出到立板不得超过 3h。

E 安装引板

用 2cm×5cm×2cm 硅酸铝纤维毡堵在耳子前端的辊缝处，要和耳子贴紧，以防漏铝。

在引板上下垫 1mm 厚、3～5cm 宽的纤维毡；把引板推入辊缝与纤维毡压紧，以防漏铝。

目前，实际操作中不安装引板，可直接出板，但是，必须有两名操作工用钢撬棍随时接应立起的铝板，并抬起托引到牵引机入口的辊缝间隙。

4.8.3.12 三次净化——在线精炼箱精炼

立板前期工作准备就绪后，精炼箱已经保存有生产的合金熔体时，立板前先启动精炼箱净化系统，精炼箱熔体采用 99.99% 纯氮气进行除气除渣。主要参数设定：氮气压力为 0.2～0.4MPa，流量为 0.2～0.4m^3（标态），喷气转子转速为 60～100r/min，实际操作中观察熔体液面有微小气包即可，不能有铝液翻腾现象，以减少氧化烧损，温度控制在 720～750℃范围内。

立板前精炼箱如果没有熔体，待立板放流出铝加满精炼箱后再启动在线精炼系统。

4.8.3.13 立板

轧辊预热：立板前再次检查以确保铸轧辊供水阀门处于关闭状态。启动轧机正向空运转，操作工点燃火焰喷炭装置并启动，使之运转，预热轧辊 20～40min 后停机待用，避免铸轧板粘辊。

放流出铝：出铝前在溜槽上先撒一层 1 号粉状熔剂，拔出静置炉炉眼扦子更换成石墨控流扦子（图 4-59），控制铝液流量在溜槽液面距溜槽上沿 10～15mm 范围，随时清除溜槽表面上的浮渣。

图 4-59 静置炉出铝口用塞子控制流量

温度控制：在用废旧的铸嘴材料制作的挡板周边垫一层 1mm 的纤维毡，堵在距铸嘴熔体入口 200～300mm 前端的前箱，囤积溜槽铝液到一定的高度，同时铝液也预热了溜槽、过滤箱和前箱。当前箱前端铝液温度稳定在 705℃±10℃时，快速拿开挡板放铝液到铸嘴，这时铝液会快速充满铸嘴腹腔到铸轧区。铸轧温度控制见表 4-55。

表 4-55　铸轧温度控制

前箱温度控制		
合金品种代码	静置炉熔体温度/℃	前箱熔体温度/℃
1××× 纯铝	740～760	685～700
8011、3003	765～780	715～725

启动铸轧机：主操作手启动铸轧机使之正向运转，起板速度为 300～700mm/min，加速幅度为 20～50mm/min。

引板、切除头部：主操作手开动牵引机，两名操作工用钢撬棍随时接应立起的铝板，并抬起托引到牵引机入口的辊缝间隙，立起的铸轧板引入到输送机后切除头部废板，立板成功。

启动火焰喷炭装置：操作工点燃火焰喷炭装置并启动，使之运转，调整供气阀门使喷出的火焰含有少量黑烟，即炭粉，炭粉均匀喷涂到轧辊表面，避免铸轧板粘辊。

供水冷却：操作工立板成功后，打开铸轧辊供水阀门，主操作手启动循环水冷系统，调整 流量为 60～100t/h，依据合金品种和环境调整轧辊水进出口温度。

前箱液面控制：前箱液面控制采用浮漂式，液面偏高时浮漂上浮，阻塞增大浇注，管流量减小，液面偏低时，浮漂下浮，阻塞减小浇注，管流量增大，见图 4-60。

图 4-60　前箱液面控制和温度监测

立板过程中，负责静置炉流量控制、前箱液面控制人员，主机后的引板人员以及操作台主操作手，天车工都要相互配合，及时处理发生的不正常现象。

【事故案例】 2010 年 9 月 23 日 10 时 30 分左右，西北某铝厂铸轧车间工人某某在吊运渣箱倒出的大块铝渣时，一次同时吊了两块，在放下大块铝渣时，上面的大块铝渣掉下来砸伤脚面，造成右脚三个小趾头粉碎性骨折。

4.8.3.14　添加 Al-Ti-B 丝

放流出铝后，操作工启动线材给料机，将 Al-Ti-B 丝牵引到静置炉出口与精炼箱之间的溜槽中，由在线材给料机向熔体中连续加入 Al-Ti-B 丝。Al-Ti-B 丝卷必须是干燥、干净的，启动线材给料机后，调整速度，观察给料机运转情况。添加 Al-Ti-B 丝设备见图 4-61。

立板前如果精炼箱内没有熔体，添加速度按上限控制，如果有熔体保温时，添加速度按下限控制，一直保持到立板成功生产正常后。生产正常后根据铸轧板质量再做适当调整。添加 Al-Ti-B 丝进给速度见表 4-56。

添加量：纯铝最大添加量不超过 2.8kg/t，其他合金不超过 2.2kg/t。

排除气道、热带、通条横裂纹（嘴唇粘铝或结渣造成）等废品时停止加入 Al-Ti-B 丝；

图4-61 添加Al-Ti-B丝设备

表4-56 添加Al-Ti-B丝进给速度表

技术参数	合金牌号		
	1×××	3003	8011
铸轧板厚度/mm	$7.0^{+0.30}_{-0.25}$	$7.0^{+0.30}_{-0.25}$	$7.0^{+0.30}_{-0.25}$
钛丝给进量/mm·min^{-1}	200～320	180～280	150～250

正常生产中应经常检查给料机运转情况，不得随意中断或增加Al-Ti-B丝加入量。

4.8.3.15 铸轧

取样：切取一块宽(100～150mm)×板带宽度的试样（图4-62），标记炉号-熔次-卷号，合金牌号，并迅速测量板型尺寸，不合格时需立即调整直到合格为止。

图4-62 剪切铸轧板样

卷板：抬起助卷装置（托板），卷取机钳口定位，板带进入卷取机钳口，启动打卷机调整张力使板带拉平并开始卷板，见图4-63。

铸轧参数：立板成功后，在半小时内依据合金品种和铸轧板规格，按照要求调整为正常生产时的工艺参数。随时观察板带上、下表面质量状况，一旦发现缺陷要及时处理。随时用干净的湿布均匀擦辊，避免粘板。铝合金铸轧板正常生产工艺参数见表4-57。

卸卷：当铸轧卷卷径达到尺寸要求时剪断板带；升起卸卷小车快速收卷；当带尾进入卸卷小车底部时停止卷取；卷筒缩径后，将铸轧卷推到卸卷小车上并称重，所称重量作为生产统计用；采用钢带捆紧铸轧卷，天车用U形专用吊具吊运铸轧卷到指定区域，复位助推装置和卸卷小车。重复卷板操作，卷取下一卷，如此重复连续铸轧，见图4-64。

图 4-63　卷板过程和正常铸轧图片

表 4-57　铝合金铸轧板正常生产工艺参数

技术参数	合金牌号		
	1×××	3003	8011
铸轧板厚度/mm	$7.0^{+0.30}_{-0.25}$	$7.0^{+0.30}_{-0.25}$	$7.0^{+0.30}_{-0.25}$
静置炉铝液温度/℃	740～760	765～780	745～765
前箱铝液温度/℃	685～710	715～725	685～710
前箱熔体液面高度	高出铸嘴熔体入口上沿 20mm		
铸轧速度/mm · min⁻¹	850～1300	610～850	610～850
轧辊水进口温度/℃	25～50	25～50	25～50
轧辊水出口温度/℃	28～54	28～54	28～54
钛丝给进量/mm · min⁻¹	200～320	180～280	150～250

更换过滤板：一副铸嘴一般可连续工作 3～12 天，在此过程中为保证铸轧冶金板质量，连续生产 4 天必须更换一次过滤板。

铸轧板若出现气道、局部结渣、同板差超标及其他不能正常处理的缺陷时，可采用断带重新立板的方法处理。断带处理时，用锯条清除结渣及调整辊缝，然后重新立板。

图4-64 卸卷过程

4.8.3.16 停机操作

正常铸轧生产过程中，由于铸嘴连续作业沉积了一定的氧化渣或老化造成局部破损，因而无法保证铸轧板质量，或者是依据销售订单需要更换品种规格等，所以，这时必须先停机，然后再重新立板。停机的操作如下：

（1）停止铝液供给：操作工到静置炉出铝口前，用堵炉眼的塞子换下控流塞子，并旋紧至没有熔体流出为止，然后，用卡子卡住塞子杆以免松动造成熔体渗漏。

（2）关停钛丝给料机：炉眼堵好后，操作工关停钛丝给料机停止钛丝添加，将尾部收回到钛丝卷上，准备下次在用。

（3）关停精炼箱净化：精炼箱没有熔体流入时，操作工关闭氮气阀门，关停喷气转子，继续保温以备再次立板。

（4）卸卷：当铸轧板尾部到牵引机后，主操作手启动剪板机剪断尾部废板；升起卸卷小车快速收卷；当带尾进入卸卷小车底部时停止卷取；卷筒缩径后，将铸轧卷推到卸卷小车上并称重，所称重量作为生产统计用；采用钢带捆紧铸轧卷，天车用U形专用吊具吊运铸轧卷到指定区域，复位助推装置和卸卷小车。

（5）停机：主操作手关停铸轧机、牵引机、输送机、卷取机、循环水等铸轧系统后，操作工分别关闭液压系统、轧辊冷却水阀门等。

（6）收尾作业：拆卸前箱和铸嘴，清理前箱和溜槽内的残渣以备下次待用。

4.8.3.17 计量、标记、包装

铸轧卷放置至少7天自然冷却后方可称重计量（图4-65）；计量完毕直接吊运至包装区，包装采用防雨的双层复合塑料薄膜进行包装，包装时在卷心放置一小包干燥剂；包装完毕在包装外面贴上标签，标签上标记合金牌号，炉号-熔次-卷号、重量、规格及产品等级以及主要化学成分。包装好的铸轧卷成品见图4-66。

图 4-65 集中堆放的铸轧卷自然冷却

图 4-66 包装好的铸轧卷成品

4.9 铝圆杆生产

4.9.1 铝圆杆生产方法

简单工艺流程：

原料电解铝液→熔化炉→保温炉→溜槽→浇煲→轮式连铸机→油压剪（滚剪）→矫直机→倍频感应加热装置→主动喂料装置→连轧机→淬冷装置→牵引装置→连续收杆装置（预成型）→梅花式收线装置→打捆→检验→入库。

轮带式连续铸造是金属液体通过带有沟槽的旋转结晶轮。结晶轮在水冷作用下使金属液体凝固。结晶轮连续旋转，金属液体连续凝固成一定形状的铸锭（一般为梯形断面）。轮带式连铸连轧过程如图 4-67 所示，铝圆杆连铸连轧生产线如图 4-68 所示。

轮带式连续铸造主要用于生产铝圆杆的铸坯，在轮式铸造机后均安装有 9 架、13 架、15 架轧机，铸出的坯锭直接进入轧机进行热轧，最后轧制成 ϕ9.5mm 的铝圆杆，一般每盘铝圆杆为 5t 左右。轮式连续铸造机的应用代替了传统的半连续铸造拉丝铝锭，进行加工铝电线的生产方法。因为轮式连续铸造省去了铸锭的二次加热，生产工序进一步简化，减轻了工人的劳动强度，生产效率得到提高。

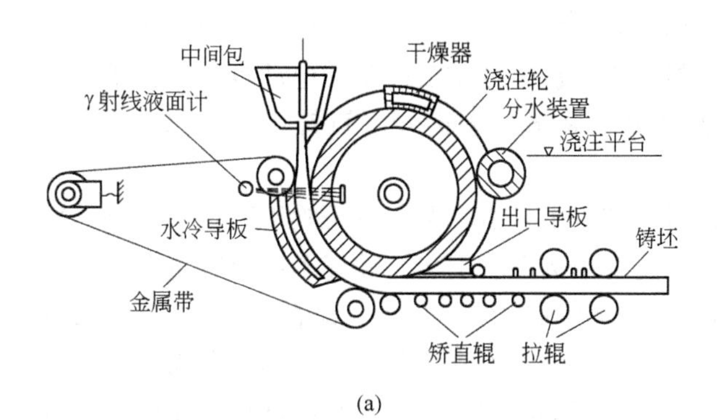

(a)

(b)

图4-67 轮带式连铸连轧示意图（a）及连铸连轧机组（b）

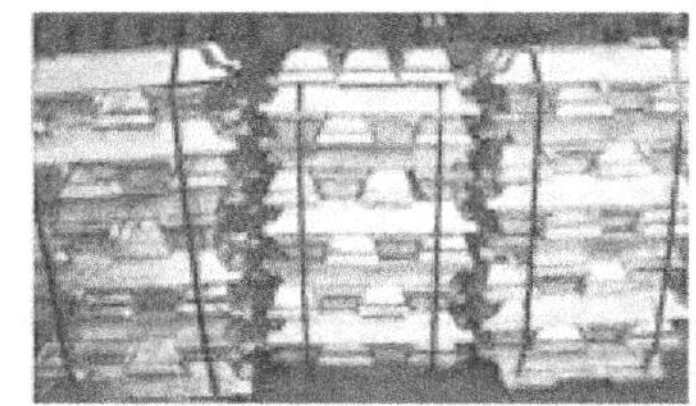

图4-68 铝圆杆连铸连轧生产线

轮带式连续铸造机分为老式的两轮塞西姆式连铸机和新型的五轮式连续浇注机。

法国塞西姆式连铸机由一根钢带和两个大直径转轮组成，上轮为张紧导向轮，下轮为铸造用轮，铸造轮与钢带包络部分组成结晶器。金属液进入结晶器随同铸轮和钢带同步运行，经过结晶轮内冷却水和钢带包络部分外部的冷却水强制冷却，在钢带和铸造轮分离处金属凝结成铸坯，并以与铸造轮周边相同的线速度铸出铝铸坯。

五轮式连续浇注机：浇注机部分主要由驱动电动机、减速器、结晶轮、钢带及钢带张力控制器、钢带吹水及擦水装置、剔锭器、铸锭引桥、水冷却装置、水压显控装置等组成。

五轮式连续浇注机具有以下特点：配有钢带吹干装置；钢带不与引桥交叉干涉，方便高强度、高硬度的铝合金锭子的顺利引出，铸坯不需扭转角度即可直接被送入轧机；钢带的安装和拆卸及坑内的废料清除方便。另外，结晶轮为“H”形，冷却方式为可控的内冷、外冷、侧冷，四面分区、分段喷水冷却，并分别装有调节阀，连铸时可根据工艺要求控制水量大小，使铝合金锭结晶均匀同步；合金溶液在浇注冷却时不易产生偏析现象；五轮式连续浇注机为连体式，便于安装，可确保五轮在同一平面；采用浇煲为一级式，采用气动钢带张紧和压紧方式，从而保证了张紧力和压紧力的连续可调，钢带受热膨胀后的自动张紧。

L + Z-1500 + 255/14 铝镁硅合金杆连铸连轧生产线主要参数如下：

结晶轮直径：ϕ1500mm 的轮式铸造机

铝铸坯断面面积：2300mm^2

出锭速度：8 ~ 12m/min

终轧速度：4 ~ 6.2m/min

铸造温度：680 ~ 720℃

冷却水用量：内部 25t/h，外部：12t/h

生产能力：2.7 ~ 4.5t/h

出杆直径：ϕ9.5mm、ϕ12mm、ϕ15mm

机架数：共 14 机架（水平辊机架 1 台；垂直辊机架 1 台；Y 型上传动机架 6 台；Y 型下传动机架 6 台）

收杆形式：离心甩头式

4.9.2 铝圆杆质量要求

电工铝圆杆要求应符合《电工铝圆杆》（GB/T 3954—2008）标准的规定，其他合金的铝圆杆应符合用户的合同要求。

4.9.2.1 电工铝圆杆材料牌号、型号和规格

电工铝圆杆规格、型号见表 4-58。

表 4-58 电工铝圆杆规格、型号

材料牌号	型号	直径/mm
1B97、1B95、1B93、1B90、	B、B2	
1A60	A、A2、A4、A6、A8	
1R50	RE-A、RE-A2、RE-A4、RE-A6、RE-A8	7.5、9.5、12.0、15.0、19.0、24.0
6101	C	
6201	D	

注：需方需要其他牌号，可由供需双方协商并在合同中注明。

4.9.2.2 标记

铝圆杆按照型号、直径、材料牌号、标准编号顺序进行标记。示例：

型号B，直径9.5mm，材料牌号1B95的圆铝杆标记为：

B ϕ9.5mm 1B95 GB/T 3954—2008。

型号D，直径9.5mm，材料牌号6201的圆铝杆标记为：

D ϕ9.5mm 6201 GB/T 3954—2008。

4.9.2.3 化学成分

电工铝圆杆的化学成分一般不作为验收指标，如需方有要求时应在合同中注明，但是，产品的化学成分应符合《变形铝合金化学成分》（GB/T 3190—2008）标准的规定。

4.9.2.4 尺寸偏差

铝圆杆的直径偏差和不圆度应符合表4-59的规定。

表4-59 铝圆杆的直径偏差和不圆度规定

直　径	偏差（标称直径的百分数）	不圆度（不大于）
7.0~9.0	±5	0.6
>9.0~14.0	±5	0.9
>14.0~22.0	±5	1.0
>22.0~25.0	±5	1.5

注：不圆度指的是铝圆杆垂直于轴线的同一截面测得的最大和最小直径差。

4.9.2.5 力学性能和电阻率

电工铝圆杆的力学性能和电阻率应符合表4-60的规定。

表4-60 电工铝圆杆的力学性能和电阻率

材料牌号	型 号	状 态	抗拉强度（不小于）/MPa	伸长率（不大于）/%	电阻率（20℃，不大于）/Ω·m
1B97、1B95 1B93、1B90	B	O	35~65	35	27.15
	B2	H14	60~90	15	27.25
1A60	A	O	60~90	25	27.55
	A2	H12	80~110	13	27.85
	A4	H13	95~115	11	28.01
	A6	H14	110~130	8	28.01
	A8	H16	120~150	6	28.01
1R50	RE-A	O	60~90	15	27.25
	RE-A2	H12	60~90	25	27.55
	RE-A4	H13	80~110	13	27.85
	RE-A6	H14	95~115	11	28.01
	RE-A8	H16	110~130	8	28.01
6101	C①	T4	120~150	6	28.01
6201	D①	T4	160~220	10	36.00

①自然失效7天以上检验。

4.9.2.6 表面质量

铝圆杆表面应清洁，不应有皱褶、错圆、裂纹、夹杂物、扭结等缺陷及其他影响使用的缺陷，允许有轻微的机械擦伤、麻坑、起皮或飞边等。

4.9.2.7 卷重

铝圆杆大卷重量大于1000kg，小卷为300～1000kg，大卷不超过两根，小卷为一根，铝圆杆不允许有焊接或扭结。

4.9.3 生产工艺控制

生产线一般由5t竖式熔化炉、8t保温炉、电磁搅拌器、150m^{3}冷却塔、五轮式连铸机、油压剪（滚剪）、矫直机、倍频感应加热装置、光纤传感测温仪、连轧机、收杆装置等组成。

4.9.3.1 金属液的冶金质量控制

铝液成分中的Fe、Si含量增加，则电阻率增加，抗拉强度提高，伸长率下降。Fe、Si含量降低，抗拉强度下降，伸长率提高，因此要严格控制其含量，在原铝选择上，主要考虑硅含量不大于0.08%，$w(\mathrm{Fe}):w(\mathrm{Si})=1.5\sim2.0$。在铸造前要对铝液进行精炼，通过高纯氮气将粉末精炼剂吹入铝液内，应尽可能使精炼剂均匀分布到铝液中，以利于除气除渣，精炼完成后要静置40～60min。必要时加入适量的Al-Ti-B细化剂，以保证铸坯组织致密，提高铸坯的内部组织质量。

连续铸锭在浇注系统中增设过滤装置，即在过滤箱中安放两道陶瓷过滤板，一道水平放置，一道竖直安放。使用较长的溜槽时尽可能减少铝液的转注次数，在溜槽落差的衔接处采用密封导管导流，使铝液平稳流动不产生紊流与湍流，保持溜槽与中间包内铝液表面的氧化膜不破裂，减少铝液的再次吸气、氧化，避免氧化膜进入铸腔产生夹渣。采用目前国内通行的水平浇注法，不会使铝合金液产生紊流而引起产品质量下降。浇注系统采用新型整体结构打结，耐火材料坚固耐用，消除了耐火材料对铝液的二次污染。

4.9.3.2 连续铸造工艺控制

在铸造过程中，严格控制铸造温度、铸造速度、冷却条件三要素，铝液出炉温度一般控制在730～740℃，浇注温度控制在700～710℃，浇注速度控制在0.20～0.22m/s，冷却水压控制在0.1～0.3MPa，冷却水温度不高于40℃。

4.9.3.3 连续轧制工艺控制

连续轧制热轧时金属具有较高的塑性，抗变形能力较低，因此可以用较少的能量得到较大的变形。在轧制中连轧机的轧制速度、轧制温度、工艺润滑是保证铝杆质量的三要素，轧制时要根据铸坯情况，及时、合理调整轧制参数，以保证铝杆质量。

现代连轧机具有主动喂料和堆杆故障自动停车功能。主动喂料系统，动力从主传动箱输出，由气缸夹紧铸锭助推喂入1号机架，粗轧部分采用两副两辊式机架，平立各1副，精轧部分采用10副三辊式机架，分上下传动交替布置。当轧制过程中发生事故而引起过载时，安全联轴节中的剪切销将被剪断，以保护传动齿轮和轴。前面采用大压缩比，可改善和提升轧出杆内部金相组织的致密性，大大提升了铸锭潜在裂纹和气泡的消除能力，成品杆质量极大地得到提升，使得轧制出的铝圆杆具有良好的力学性能。轧机乳液润滑和油路润滑自成封闭系统，具有冷却、过滤和总管压力显示功能。

轧制温度：轧制温度过高会使坯料内部低熔点组织熔化而造成轧件过热，出现高温脆裂和轧辊粘铝，铝杆表面有疤痕；轧制温度过低，坯料变形易造成堵杆。根据实际经验，铸锭坯料温度入轧前控制在480～520℃为宜。现代连铸连轧生产线配备有感应在线加热器以保证铸锭在进入轧机时的工艺温度要求；采用目前最先进的、精度最高的非接触式光纤测温仪，对温度进行测量和控制，具有自动加热和调节功能，可确保铝合金杆获得良好的电气和力学性能。

轧制速度：轧制速度直接影响铝杆的生产效率和力学性能。在铝杆的化学成分和生产冷却条件不变的情况下，轧制速度高时热效应大，出现热脆现象，铝杆抗拉强度降低，轧件易拉断；轧制速度低时，铝杆抗拉强度提高，但轧制效果不佳。一般入轧速度控制在0.18～0.22m/s，终轧速度控制在6m/s左右为佳。

在线淬火：生产线具有连续淬火、快速冷却功能。淬火冷却用水系统自成封闭系统，具有冷却、过滤、总管压力指示功能。连续淬火装置，使生产铝合金杆的工序能够连续地一次完成，提高了产品的质量，减少了能源和人工的浪费。

收线盘卷：收线导管出口处有吹水装置，以清除铝合金杆表面的水分。同时安装有主动牵引装置，以保证铝合金杆的顺利导出，圆弧导向管采用滚轮导向结构，以减少铝合金杆的表面擦伤。绕杆方式为离心甩头式，一方面使铝合金杆在进入收线框前给予预变形，另一方面在轧制过程中若发生断杆，杆尾能自动转到收线车移动换盘储线装置，使其换盘时不乱杆。

自动控制：电控系统采用直流电机全数字式调速和交流变频调速控制。人机界面的触摸屏采用串口通信方式与PLC进行双向的数据交换，通过PLC的程序控制实现对系统的监测和控制，工艺参数可以通过人机界面进行设定、修改、显示，并有故障诊断功能。浇注机、轧机和成圈收线的速度可通过操作台或控制柜上的电位器单独调整。系统可对铸锭温度、开轧温度、终轧温度、乳液温度、油温、冷却水等温度进行显示和控制，可对系统各主、辅机的调速装置的工作状态及故障进行监控和报警。生产线整个工艺流程为全动画直观显示，同时具有冷却系统、润滑系统、堵转报警等分支子系统动画显示，能方便发出操作指令，查看设备运行状况。系统同时对电流、电动机速度进行异常提示，连续轧机堵转自动报警、自动停车。

【事故案例1】 2003年1月14日，青海某铝厂二电解厂铸造车间合金工段连轧班开完班前会，对工作进行了分工以后，某某在处理连轧机卫生，某某对连轧机接结晶轮上的水珠进行擦拭，因不按要求擦拭（操作规程要求反向左侧擦拭，严禁正向擦拭，并且擦拭方法要求应用铝杆缠绕棉纱，手不能直接接触机械任何部位，而某某正好相反），不慎将右手卷入结晶轮与钢带之间，现场作业的维修钳工听到叫喊声，转头发现某某右手被夹住，立即上前停了铸造机结晶轮，但某某右手已夹伤。

【事故案例2】 2008年10月23日，中国西北某铝厂合金厂盘圆三班上下午班，下午16时接班后，连轧机因故障正在检修，约18时20分左右，连轧机修复，班长安排人员试机，副班长何某下达开机命令，操作工裴某从操作台启动了连轧机，在结晶轮和钢带运转的情况下，何某用右手在浇注口溜槽和结晶轮之间抹滑石粉时，右手被卷入结晶轮和钢带之间，听到何某的喊声后，裴某从操作台立即停止了连轧机，在何某附近的当班职工马某赶快调松钢带压轮，何某才将压伤的右手从结晶轮和钢带之间取出，随后当班人员立即将何某送往医院。诊断为右手食指骨裂、无名指皮外伤、中指第三节骨折。

4.10　铝及铝合金铸锭常见缺陷及其防止办法

4.10.1　偏析

4.10.1.1　定义及特征

铸锭中各部位化学成分分布不均匀的现象称为成分偏析。偏析分为微观偏析和宏观偏析。

微观偏析：微观偏析也称为晶内偏析或枝晶偏析，它是显微组织中晶粒内化学成分不均的现象。晶内偏析的显微组织特征是，浸蚀后的晶内呈水波纹状的，类似树木年轮状组织。晶粒内显微硬度不同，晶界附近显微硬度高，晶粒中心显微硬度低。

宏观偏析：用放大镜（低倍）或肉眼可见的化学成分大范围的不均匀性称为宏观偏析，如铸锭内、外成分不一致。铝合金常见的宏观偏析有：密度偏析、逆偏析、偏析瘤、粗大金属间化合物和浮游晶。密度偏析是指和液体共存的固体或互不相溶的液相之间存在密度差时铸锭易产生的一种宏观偏析。逆偏析是指铸锭边部的溶质浓度高于铸锭中心溶质浓度的现象。逆偏析的组织特征不易从显微组织辨别，只能从化学成分分析上确定。偏析瘤是指在铝合金铸锭表面上凸现的珠状或带状析出物，常发生在半连续铸造过程中，其宏观组织物与基体金属并无差异，只是铸锭表面凸起而已（约0.5~15mm），显微组织特征为浮凸处金属化合物多且粗大，往往有初晶存在。

4.10.1.2　偏析产生及形成原因

晶内偏析产生的原因：结晶区间间隔大，引起不平衡结晶；结晶过程中溶质原子在晶体中的扩散速度小于晶体生长速度。

密度偏析产生原因：一般是由于熔炼过程中某些元素的化合物因密度与基体金属不同而沉淀或上浮。

逆偏析产生原因：结晶时富集溶质受力，穿过已结晶的树枝晶枝干和分枝缝隙向铸锭表面移动的结果。

偏析瘤产生原因：铸造温度高，铸造速度快；结晶器和芯子锥度大；冷却强度低或结晶器内部缺水。

4.10.1.3　偏析的预防

宏观偏析可以通过适当缩短溶液在炉内的停留时间；浇注时充分搅拌熔体（合金液）；在合金中加入阻碍初晶浮沉的元素；降低浇注温度；加快凝固速度等方法来防止或减弱。

选用合适的变质剂或晶粒细化剂对合金进行变质或细化处理，提高冷却速度和均匀化热处理可减轻微观偏析。

4.10.2　疏松（显微缩松）

4.10.2.1　定义及特征

当熔体结晶时，由于基体树枝晶间液体金属补充不足或由于存在未排除的气体（主要为氢气），结晶后在枝晶内形成的微孔称为疏松。由于补缩不足形成的微孔称为收缩疏松，由气体形成的疏松称为气体疏松。

疏松的宏观组织特征为黑色针孔，断口组织粗糙，不致密，疏松严重时断口上有白色小亮点。显微组织为有棱角的黑洞，疏松愈严重，黑洞数量愈多，尺寸也愈大。

4.10.2.2 疏松产生的原因

（1）合金的开始凝固温度与凝固终了温度相差很大，即过渡带宽，使补缩和气体逸出困难；

（2）熔体过热、停留时间长、高镁合金不覆盖或覆盖不好等，造成吸收大量气体；

（3）熔体、工具、熔剂、氮气与氯气水分含量高，或精炼除气不彻底；

（4）铸造温度低、铸造速度快、冷却强度小，熔体中气体逸出困难。

4.10.2.3 疏松的预防

（1）保持合理的凝固顺序和补缩；

（2）保持炉料干净，做好除气除渣精炼，减少含气量和夹渣；

（3）在疏松部位可放置冷铁，或采用短结晶器或低金属液面水平，适当提高浇注温度、降低浇注速度、加强二次水冷、使液穴浅平，以便使铸锭由下而上进行凝固。

4.10.3 气孔

4.10.3.1 定义及特征

当熔体中氢含量较大且除气不彻底时，使氢气以泡状形态存在，并在金属凝固后被保留下来，在金属内形成球形空腔，该空腔称气孔。

气孔组织特征为圆孔状或梨形、椭圆形；孔壁内表面光滑明亮，带有金属光泽；大多存在于铸锭或铸件皮下，大气孔单独存在，小气孔成群出现。常常在热加工或热处理过程中产生起皮起泡现象。

4.10.3.2 气孔产生及形成的原因

（1）原材料潮湿，有油污、水分；

（2）炉子大修、中修、长期停炉后干燥不彻底；

（3）液体金属浇注时被卷入的气体在合金液凝固后以气孔形式存在于铸件中；

（4）金属与铸型反应后在铸锭或铸件表皮下生成皮下气孔；

（5）合金液中的夹渣或氧化皮上附着的气体被混入合金液后形成气孔；

（6）二次冷却水的水蒸气、涂料和润滑油挥发产生的气体，也可能产生皮下气孔。

4.10.3.3 气孔的预防

（1）浇注时防止空气卷入；控制浇注温度，浇注时不能断流，液柱要短；

（2）合金液在进入型腔前先经过过滤装置以除去夹渣、氧化皮和气泡；

（3）更换铸型材料或加涂料层防止合金液与铸型发生反应；

（4）严格控制炉料和造型材料成分，特别注意控制水分。

4.10.4 夹杂

4.10.4.1 夹杂的定义及特征

夹杂主要分为非金属夹杂、金属夹杂和氧化夹杂三类。

混入铸锭中的熔渣或落入铸锭内的其他非金属杂质称为非金属夹杂。其断口特征为黑色条状或片状，显微组织特征为黑色线状、块状、絮状的紊乱组织，与基体色差明显。

由于铸造工艺不当，或外来金属掉入液体金属中，致使铸锭结晶后在组织中存在外来金属物。在组织中存在的外来金属称为金属夹杂。其宏观组织和显微组织特征为有棱角的金属物，颜色与基体金属有明显差别。铸锭变形后金属夹杂与基体金属间易产生裂纹。

熔炼和铸造时由于操作不当和熔体污染，铸锭中存在的主要由氧化铝等形成的非金属夹杂物和未排除的气体（主要为氢气）称为氧化膜。由于氧化膜尺寸较小，在铸锭宏观组织中很难被发现。将铸锭变形后做断口检查，氧化膜很容易被发现，其特征为黄褐色条状或片状物。显微组织上的氧化膜特征为黑色线状包瘤物，黑色为氧化膜，白色为铝基体，包瘤物往往呈窝纹状。

4.10.4.2 夹杂产生的原因

（1）原、辅材料不干净，有油污、潮湿、水分、腐蚀、灰尘、泥土等；

（2）炉子、溜槽、倒炉流管处理不干净；

（3）熔剂潮湿未经充分烘烤，空气湿度大，精炼除气不彻底，精炼温度低，渣子分离不好；

（4）熔炼过程中反复补料、冲淡，搅拌方法不当，破坏了表面氧化膜，使其成为碎块搅入熔体；

（5）操作不当，导致外来金属掉入液体金属中，进入铸锭；

（6）熔体转注过程中金属熔体没有满管流动，冲击太大或各落差点没有封闭造成氧化膜碎块掉入熔体内。

4.10.4.3 夹杂的预防

（1）在生产过程中应尽可能减少搅拌合金的次数，以减少氧化物的产生；

（2）在熔炼含有 Ti、Mn、Sb、Ni、Cr、Fe 等密度比基体铝大的金属元素时，尽可能采用中间合金或金属添加剂，严格按照工艺要求投放炉料，确保足够的熔炼时间使其合金化，避免偏析产生的夹杂；

（3）强化熔体净化过程，严格执行熔体净化的每道精炼除渣操作和过滤板的安装规范，使熔体得到充分的净化，尽可能减少熔体中的夹杂。

4.10.5 针孔

4.10.5.1 定义及特征

针孔是指均匀分布在铸锭或铸件整个断面上的析出性小孔（直径小于 1mm）。一般在凝固快的部位孔小且数量较少，凝固慢的部位孔大且数量多。

针孔在共晶合金中呈现圆形孔洞，在凝固间隔范围宽的合金中呈长形孔洞。在 X 射线底片上呈小圆点，在断口上呈互不连接的乳白色小凹点。

4.10.5.2 针孔形成的原因

（1）针孔主要是由于合金在液态下溶解的气体（主要为氢），在合金凝固过程中自合金中析出；

（2）炉料潮湿，含油污、锈蚀等；

（3）熔炼时炉内气氛为还原性；

(4) 熔炼温度过高，时间长，吸气严重；

(5) 除气不良，熔剂脱水不足；

(6) 浇注系统设计不当。

4.10.5.3 针孔的预防

(1) 合金液体状态下彻底精炼除气；

(2) 在弱氧化性或氧化性气氛下快速熔炼；

(3) 在凝固过程中加大凝固速度，防止溶解的气体自合金中析出；

(4) 铸件在压力下凝固（压力铸造），防止溶解的气体析出；

(5) 炉料、辅助材料及工具应预热干燥。

4.10.6 裂纹

4.10.6.1 定义及特征

裂纹分为热裂纹和冷裂纹两类。

热裂纹：金属凝固过程中，在线收缩开始温度至固相点温度的结晶终了区间，由于结晶收缩受到阻碍而产生拉应力，又由于这个区间含有较多的脆性金属化合物，拉应力超过该区金属的强度极限时产生的裂纹称为热裂纹。热裂纹的宏观组织特征为裂纹弯曲、分叉或呈网状、圆弧状；断口上裂纹处多呈黄褐色，有氧化现象，裂纹凸凹不平。显微组织特征为裂纹沿晶界开裂，且裂纹处有低熔点的共晶物填充。

冷裂纹：液态金属凝固后，由于铸锭内部冷却不均产生的拉应力超过了金属的强度极限，而在铸锭的某个或某几个塑性薄弱区产生的裂纹称为冷裂纹。其宏观组织特征呈平直的裂线，断口上裂纹晶亮。

4.10.6.2 裂纹产生的原因

(1) 合金化学成分及杂质含量控制不当；

(2) 熔体过热或在炉内停留时间过长；

(3) 铸造温度偏高，铸造速度快，铸锭或铸件各部分冷却不均匀；

(4) 铸造开始或结尾处理不当；

(5) 铸锭或铸件结构设计不合理；在凝固和冷却过程受到外界阻力，而不能自由收缩，内应力超过合金强度。

4.10.6.3 裂纹的预防

(1) 控制合金成分及杂质含量；

(2) 改善铸锭或铸件结构，采取措施使铸锭或铸件成分均匀，同时冷却；

(3) 尽可能保持顺序凝固或同时凝固，减少内应力，适当降低浇注温度，采用低速浇注、降低金属液面水平、缩短结晶区、匀速供流及合理的冷却措施；

(4) 加适量变质剂进行变质处理，减少熔点低的共晶含量并改善其分布状况；采用细化剂细化合金组织，降低裂纹倾向。

4.10.7 晶粒粗大

4.10.7.1 定义及特征

在宏观组织上出现的均匀或不均匀的超出晶粒标准的大晶粒，称为晶粒粗大。粗大的晶粒不破坏金属的连续性，只使金属某些性能指标降低或使性能不均。

4.10.7.2 晶粒粗大产生的原因

（1）合金熔体过热或局部过热，使非自发性晶核被熔解，结晶核心减少；
（2）铸造温度高，晶核产生数量少；
（3）冷却强度弱，结晶速度慢；
（4）合金成分与杂质含量调整不当。

4.10.7.3 晶粒粗大的预防

（1）采取合理的晶粒细化工艺；
（2）适当降低浇注温度和加大冷却速度；
（3）合理控制熔炼温度和合金成分。

4.10.8 冷隔

4.10.8.1 定义及特征

铸锭表皮上存在的有规律性的重叠或内部形成隔层的现象称为冷隔或隔层。冷隔一般可通过车皮去掉。冷隔在铸锭上表现为穿透或不穿透性的、边缘呈圆角状的裂缝。

4.10.8.2 冷隔产生的原因

（1）铸造速度慢，金属熔体供流少，边部易凝固，继续供给熔体补充不上提前凝固；
（2）铸造温度低，金属熔体流动性不好，靠近结晶器壁处凝固；
（3）铸造漏斗安放不正，向漏斗供给的金属熔体流速不均匀；
（4）漏斗孔堵塞，冷凝槽内冷却不均，冷却强度大的地方金属很快凝固。

4.10.8.3 冷隔的预防

（1）适当提高浇注温度和浇注速度；
（2）调整浇冒系统位置，减少金属液流程。

4.10.9 缩孔

4.10.9.1 定义及特征

液体金属凝固时，由于体积收缩，液体金属补缩不足，凝固后在铸锭尾部中心形成的空腔称为缩孔。缩孔相对集中，形状极不规则，孔壁粗糙并带有枝晶状。

4.10.9.2 缩孔形成的原因

合金从液态向固态转变，在结晶凝固冷却过程中，由于体积收缩得不到补充形成了缩孔。

4.10.9.3 缩孔的预防

合理设计浇注冒口，尽量保证顺序凝固和充分补缩。适当降低浇注温度和浇注速度。

4.10.10 过烧

4.10.10.1 定义及特征

铸造铝合金当固溶处理温度超过熔点低的共晶温度时造成铸锭或铸件局部组织熔化的现象称为过烧。通常显微组织表现为，由于加热温度过高，铸锭或铸件表层严重氧化，晶界或枝晶间低熔点相熔化。铸锭或铸件表面由于局部熔化可产生结瘤，伸长率下降，金相组织中出现复熔物。

4.10.10.2 过烧产生的原因

（1）低熔点金属或形成低熔点共晶相的元素含量偏高，如 Al-Cu 合金中的 Si 和 Mg 含量偏高；

（2）不均匀加热或加热过快，使铸锭或铸件局部加热温度超过过烧温度；

（3）炉内工作区的温度局部超过过烧温度；

（4）测量和控温仪表失灵，使炉温过高。

4.10.10.3 过烧的预防

（1）选用合格炉料和合理的升温速度；

（2）分段加热；定期校测炉内各加热区的温度，使各区之间温度差不大于 ±5℃；

（3）定期校正仪表，保证测温和温控准确无误。

4.11 熔炼设备

4.11.1 火焰反射炉

火焰反射炉是铝合金熔炼炉最普通的一种炉子，是以燃料的燃烧作为热源，利用燃料燃烧产生的火焰和高温气体的热量，直接从炉顶反射到熔池的金属料上，或火焰直接喷向熔池内的金属炉料上，从而对金属炉料进行加热熔化。火焰反射炉所用燃料有粉煤、重油、柴油、煤气、天然气等，但目前大多采用的都是柴油、煤气和天然气。

有条件的情况应尽可能采用天然气。天然气属于一次能源，直接燃烧发热不需要能量转换，相对其他二次能源来讲，能源利用效率较高。

工业上采用火焰反射炉一般为矩形炉膛，且炉型容量规格繁多，没有统一的标准，但其结构形式基本相同。炉子通常都是由钢结构炉壳、炉膛（熔池）、燃料燃烧装置、废热利用装置、烟气排放装置及辅助设备等组成。这种炉子热效率较低，一般情况火焰反射炉的热效率约为 30%，炉子容量为 5～120t。

目前，比较先进的炉型较多采用圆形炉，且采用蓄热式燃烧器者居多。圆形炉采用可移动的炉顶加料方式，料斗装料，机械化程度较高，炉料一次装完，这样可集中加料，缩短加料时间；燃料烧嘴沿圆周切线方向分布，热气流和火焰在炉内旋转，从而可获得较高的热效率，热效率可达到 50% 以上；圆形炉容量较大，目前为 20～50t 容量的炉子较多；圆形炉子的熔化速率较高，熔化速率可达到 9～11t/h。

火焰反射炉主要用于铝合金熔炼或铝及铝合金熔化，也有个别厂家作为保温使用。火焰反射炉结构如图 4-69 所示。火焰反射炉有关参数见表 4-61。

表 4-61 火焰反射炉有关参数

熔炼炉类型	容量/t	吨铝燃料消耗 /m^3（标态）	熔化效率 /$t \cdot h^{-1}$	炉膛温度 /℃	铝液温度 /℃
圆形固定式熔炼炉	20	≤71	≥5	800～900	710～760
可倾式圆形熔炼炉	35	—	9～11	800～900	710～760
固定式矩形保温炉	40	—	保温	800～900	710～760
固定式矩形熔炼炉	6	<85g（柴油 1）	—	800～900	710～760

(a)

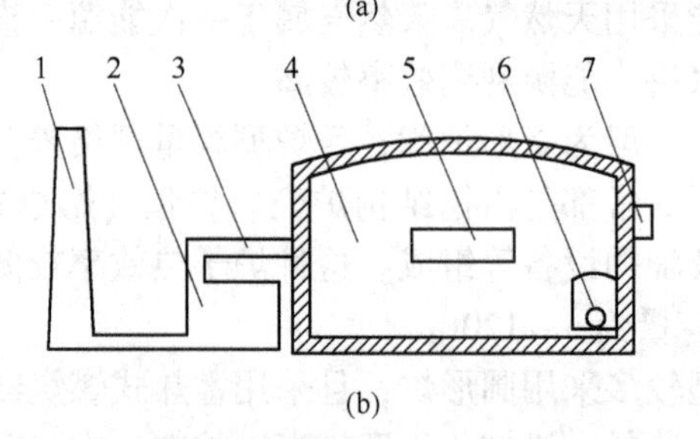

(b)

图4-69 火焰反射炉（a）及火焰反射炉结构示意图（b）

1—烟筒；2—废热利用装置；3—烟道；4—炉膛（熔池）；5—炉门；6—出料口；7—燃烧器

4.11.2 电阻反射炉

电阻反射炉在铝工业上应用较多。我国铝电解厂的铸造车间大都采用电阻反射炉作为静置保温用，在铝加工行业电阻反射炉被作为熔炼炉和静置保温炉两种炉型使用。

电阻反射炉是利用电阻热的原理，通过电热体（电阻丝或带）发热，将此热量通过辐射传热的方式传给被加热的金属熔体，使金属熔化或保温。

电阻反射炉与火焰反射炉相比，主要优点是：热效率较高，一般约55%～60%；金属烧损少，一般约0.8%左右；炉温控制准确，且易实现自动化控制，温度控制的准确度为±2～5℃。但其也存在一些不足之处，主要是熔化速率较慢，根据炉子功率的不同，每小时熔铝约0.5～2t；其次是炉子的使用费用较高，因电热体易氧化、腐蚀，且炉顶砖易损坏。

电阻反射炉电热原理为焦耳-楞次定律。

$$Q = I^2 \cdot R \cdot t$$

式中 Q——电热体产生的热量，J；

I——电热体通过的电流，A；

t——电热体的通电时间，s；

R——电热体的电阻，Ω。

根据焦耳-楞次定律的计算式可知，电热体通过的电流越大，电热体的电阻越大，通过的电流时间越长，则电热体产生的热量也越大。作为工业应用，电阻反射炉选用的电热体必须满足最基本的三个要求：（1）电阻率大，这样才能产生更多的热量；（2）耐高温，在高温下不变形软化，就熔铝而言，发热体耐热温度应在1000℃以上；（3）高温抗腐蚀，抗氧化性能好。其他方面的要求就是材料易得，易加工，价格适中，这样才有一定的使用价值。

根据上述要求，用于铝工业的电热体目前主要有两种：镍铬合金 Ni80Cr20 和碳化硅棒。镍铬合金工作温度为 1100～1150℃，在高温下具有较强的抗氧化性，而且易加工，可反复成型、焊接修复反复多次使用。所以，镍铬合金是铝合金用电阻反射炉应用最多的电热体材料。镍铬合金为丝状和带状，铝工业中电阻反射炉运用较多的是 ϕ7mm 的镍铬丝和 3mm×30mm 的镍铬带，一般将镍铬丝加工成螺旋状，将镍铬带加工成 S 形，将其悬挂于炉顶上。镍铬丝和镍铬带加工形状如图 4-70 所示。

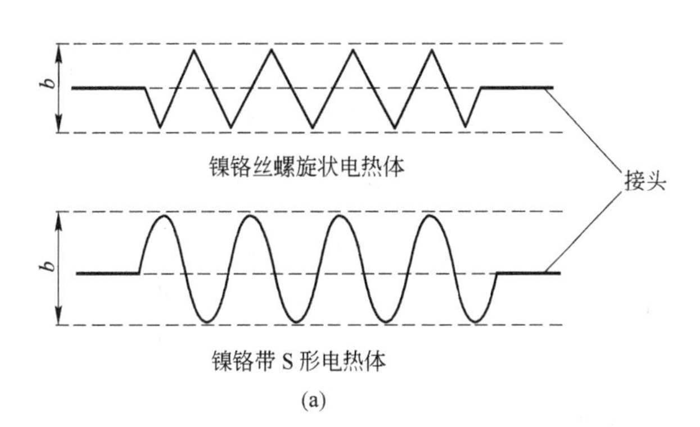

(a)

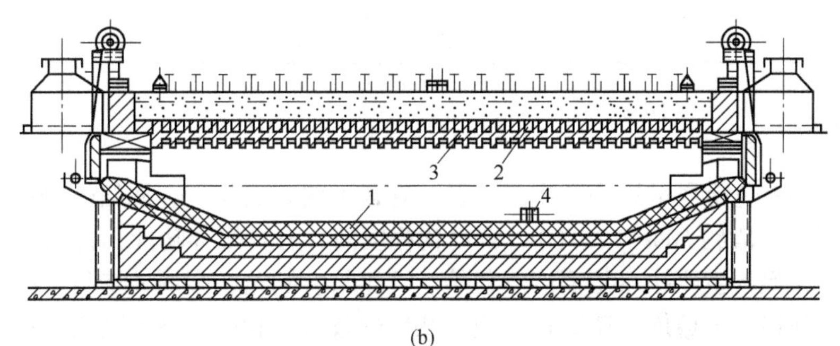

(b)

图 4-70 镍铬丝和镍铬带加热体形状示意图（a）及电阻反射炉结构图（b）

1—炉底；2—型砖；3—电阻发热体；4—金属流口

碳化硅棒属非金属电热体材料，电阻率为 1000～2000Ω·mm²/m（20℃），使用温度为1350～1400℃，所以，发热功率较大，升温速度较快，其缺点是易脆断，易老化，但更换方便。目前个别电解铝厂和铝加工厂采用此类电热体。

电阻反射炉示意图如图4-71所示。其主要技术参数见表4-62。

(a)

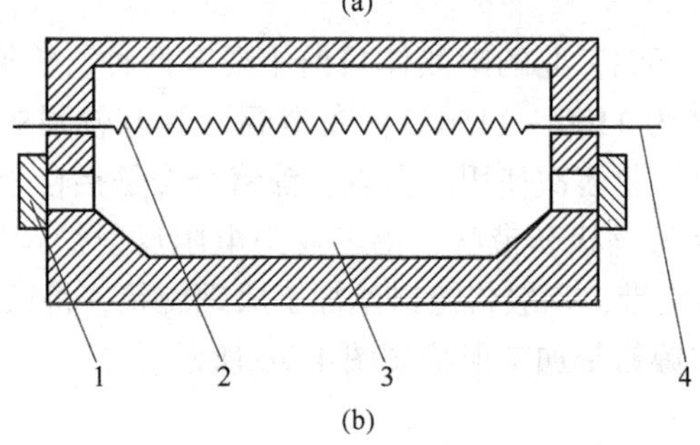

(b)

图4-71　电阻反射炉（a）及电阻反射炉结构示意图（b）

1—炉门；2—电热体；3—熔池；4—电源接头

表4-62　电阻反射炉主要技术参数

炉子类型	炉膛尺寸/mm×mm×mm	容量/t	功率/kW	工作温度/℃	熔化能力/t·h⁻¹
熔炼炉（9t）	5320×2400×440	9	570	930	0.90
保温炉（9t）	4200×2400×485	9	300	780	保温
保温炉（18t）	8930×5068×3485（外形尺寸）	18	600	900	保温
保温炉（22t）	5200×3100×700	22	600	900	保温

4.11.3　感应电炉

感应电炉是有色金属熔炼中常用的设备，它最大的特点是：金属熔炼烧损小，吸热量少，热效率高（一般约60%～75%），自动化程度高，有自搅拌功能，污染小，金属熔体质量好等优点，但其主要缺点是需液体起炉。近年来特别是在金属铸造行业感应电炉应用比较广泛。国外铝合金熔炼与铸造行业应用感应炉较多，我国因技术要求较高和感应电炉设计制造水平等因素的影响，感应炉在铝行业应用还不是十分广泛，但在铝合金铸造行业应用较多。

感应电炉是根据法拉第电磁感应定律和焦耳-楞次定律的原理设计的，即在一个电路围绕的区域内存在多变磁场时，电路两端就会产生感应电动势，当电路闭合时则产生电流，电流通过金属电阻时使金属产生热量而被熔化。基于以上原理，感应电炉必须满足两个基本条件：即交流电源和被加热物体必须是导电体。感应电炉根据线圈和被加热物体的相对位置，可分为两大类，有芯感应电炉和无芯感应电炉。

4.11.3.1 有芯感应电炉

有芯感应电炉（也有称为沟槽式感应电炉）工作原理和变压器的工作原理完全相同，一次线圈在内，二次线圈在外，均绕在铁芯上，只是二次线圈为一匝，即单熔沟有芯感应电炉，也有设计为两匝的情况，即双熔沟感应电炉。有芯感应电炉的工作原理如图4-72所示。

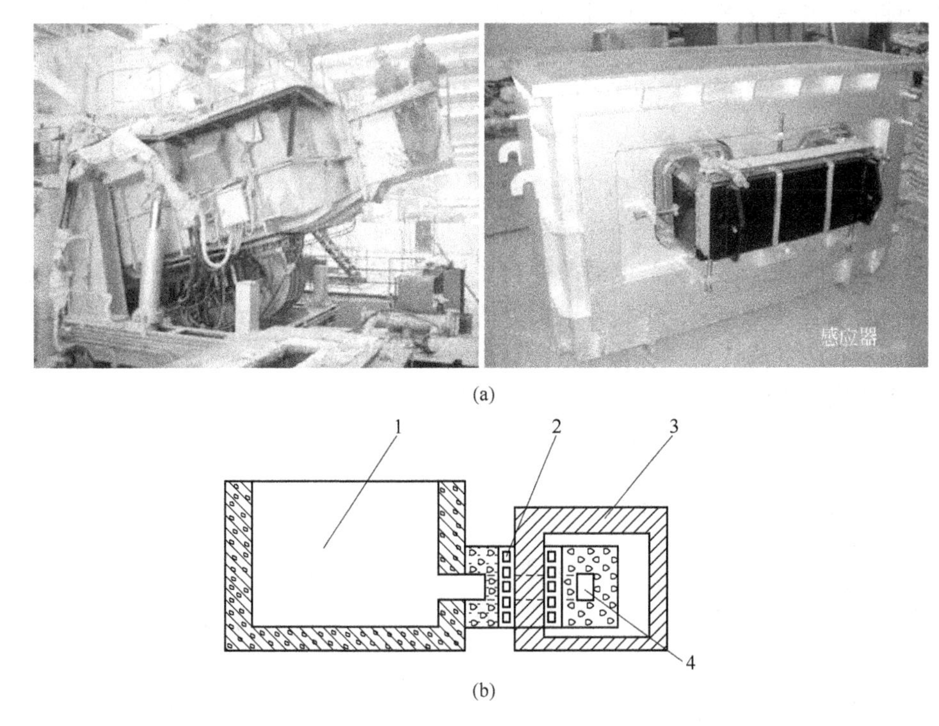

图4-72 有芯感应电炉（a）及有芯感应电炉结构示意图（b）

1—金属熔池；2—一次线圈；3—铁芯；4—二次线圈

有芯感应炉炉体由两部分组成，即熔池和感应器。两个部分都可以拆分开，以便于维修和安装。感应器由线圈、熔沟、外壳、耐火内衬组成。

按照感应器安装位置的不同，有芯感应电炉结构分为三种形式：（1）立式熔沟，熔沟为竖直方向安装于熔池底部；（2）倾斜式熔沟，熔沟安装在熔池侧部，并与熔池的水平线成一定夹角，一般为10°~30°；（3）水平式熔沟，熔沟安装在熔池的侧面，并且水平放置。

由于有芯感应电炉属于感性负荷，自然功率因数比较低，特别是熔铝炉，自然功率因数约0.3。因此，有芯感应电炉必须有电容补偿装置，单线圈或双线圈的感应器，即单感应器的炉子还必须设计安装三相平衡装置。另外，有芯感应电炉还配备有电器控制系统、电力变压器、冷却水循环系统等。

熔铝有芯感应电炉的技术参数如表4-63所示。

表 4-63 熔铝有芯工频感应电炉技术参数

炉子型号	额定容量/t	额定功率/kW	工作温度/℃	熔化速度/t·h⁻¹	工作电压/V
GYL-5-500	5	500	850	0.95	220~520
GYL-3-400	3	400	850	0.75	220~480
GYL-0.5-120	0.5	120	850	0.20	220/380

西安秦翔科技有限公司制造的5t工频有芯感应熔铝炉，采用PLC控制，功率因数达到0.99以上，感应器采用专用耐火材料CA504，寿命是传统材料的8~10倍，生产的铸造铝合金锭晶粒组织致密，针孔度可达1~2级，成分均匀，连续四个不同熔次合金的主要化学成分硅（12%）的级差仅0.12%；而同一熔次的三个试样分析，硅的级差仅有0.07%；其他微量元素成分无论是不同熔次还是相同熔次，级差几乎为零。

4.11.3.2 无芯感应电炉

无芯感应电炉（也称坩埚式感应电炉）是感应电炉的另一种炉型。无芯感应电炉由耐火坩埚和坩埚外的线圈、磁铁、外壳等组成。其工作原理是：在坩埚外绕有一个水冷铜管线圈，即感应线圈，通入交流电后产生交变磁场，磁力线穿过坩埚内的金属导电材料，导电金属料产生感应电动势，炉料在电动势的作用下形成交变涡流电流，依据焦耳-楞次定律，金属炉料产生焦耳热（$Q=I^2Rt$），从而使炉料加热熔化。

无芯感应电炉工作原理示意图如图4-73所示。

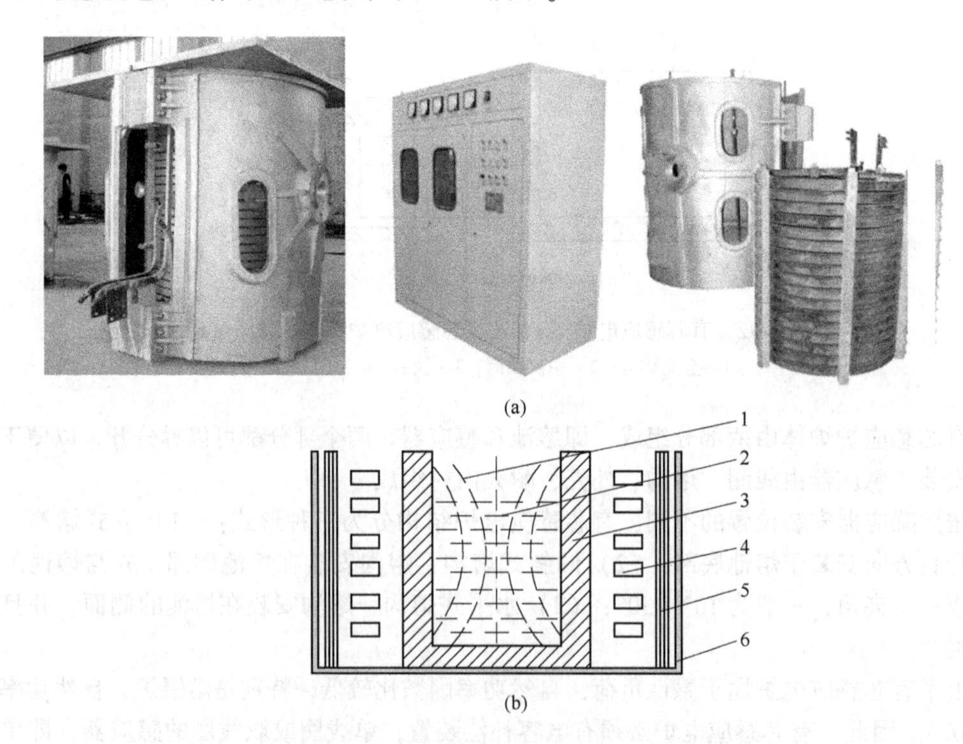

图 4-73 无芯感应电炉（a）及无芯感应电炉结构示意图（b）

1—磁力线；2—金属炉料；3—耐火坩埚；4—感应线圈；5—导磁体；6—炉子外壳

无芯感应电炉可分为工频感应电炉和中频无芯感应电炉。

无芯感应电炉自然功率因数比较低，就熔炉而言为0.15～0.25，熔铝时更低，主要是该炉型漏磁比较大，所以，无芯感应电炉漏磁产生的无用功率需要大量的电容器进行补偿。为减少漏磁，往往在感应线圈外面装一组0.33mm厚的冷轧矽钢片叠成的导磁体。由于无芯感应电炉属于感性负荷，需要三相平衡装置，所以无芯感应电炉的造价相对较高。近年来，可控硅原料价格和中频控制电路价格的降低，以及质量和可靠性进一步的提高，使中频感应电炉的造价有所下降，其应用也在不断发展。

无芯感应电炉除具有与有芯感应电炉许多相同的特点，如热效率高、有自搅拌作用、无污染等特点外，还具有占地面积小、不需要液体起熔、冷料可直接加热起熔；熔炼温度高，最高可达到1600℃；采用中频时，熔化速度快，单位体积功率大等特点，所以，比较适合熔炼中间合金和难熔合金。但无芯感应电炉，维护操作技术要求高，维修费用也偏高，坩埚炉衬因厚度有限，使用寿命较短。对铝熔炼来说，因剧烈的搅拌将造成大量的氧化烧损，所以，小容量的炉子多采用中频感应电炉，大容量的炉子和保温炉多采用工频感应炉。中频和工频感应熔铝炉的技术参数列于表4-64和表4-65。

表4-64 中频无芯感应熔铝炉技术参数

型　号	额定容量/t	额定功率/kW	工作温度/℃	熔化速度/$t \cdot h^{-1}$
GWL0.3-160-1	0.3	160	700～850	0.25
GWL0.5-250-1	0.5	250	700～850	0.40
GWL0.8-350-1	0.8	350	700～850	0.60
GWL1.0-500-1	1.0	500	700～850	0.90
GWL1.6-750-1	1.6	750	700～850	1.40
GWL3.2-1500-1	3.2	1500	700～850	2.80

注：频率为700～1200Hz。

表4-65 工频无芯感应熔铝炉技术参数

容量/t	额定功率/kW	电源容量/kW	熔化能力/$t \cdot h^{-1}$	电单耗/$kW \cdot h \cdot t^{-1}$
0.3	100	120	0.14	720
0.5	150	175	0.23	660
0.75	225	270	0.38	600
1.0	300	360	0.53	590
1.5	450	550	0.83	570
2.0	550	650	1.05	540
3.0	800	900	1.55	520
4.0	1000	1150	2.00	510
5.0	1200	1400	2.42	500
6.0	1400	1650	2.85	490
8.0	1800	2100	3.70	480
10.0	2100	2500	4.30	480

5 铝电解及铝合金铸造的发展与新技术

5.1 铝电解技术改进与发展

5.1.1 大型化、规模化

到2005年9月，我国铝电解基本淘汰了落后的自焙铝电解槽，先后共淘汰落后的生产能力154万吨，有关部门称："铝电解节能减排工作取得了历史性突破。"随着2001年300kA电解槽多个系列投产，目前大多数铝厂电流效率在93%～95%，吨铝直流电耗在13000 kW·h左右，效应系数已达到0.03～0.1个/(槽·日)，槽寿命多数已达到2000天以上。300kA级电解槽已成为我国铝电解主导槽型。表5-1所示为2000～2008年全国原铝产量与铝锭综合交流电耗统计情况，可以看出铝锭综合交流电耗呈逐年下降趋势，一方面是由于铝电解技术的发展，如氧化铝浓度控制、过热度控制较好，从而使得电压降低、电流效率提高；另一方面，还与自焙槽、小型预焙槽的关停和大规模300kA级大型电解槽投运有关。

表5-1　2000～2009年全国原铝产量与铝锭综合交流电耗统计情况

年 份	原铝年产量/万吨	吨铝铝锭综合交流电耗/kW·h
2000	282.8	15480
2001	394.6	15470
2002	451	15209
2003	556	15036
2004	659	14683
2005	779	14575
2006	922	14661
2007	1256	14488
2008	1318	14323
2009	1285	14171

沈阳院16台400kA电解槽于2007年5月在兰铝启动后，电流效率达到94.16%。陕县恒康、包铝、新安电力400kA电解槽相继在2008年10月～2009年4月成功进行启动。东大设计的中孚400kA电解槽于2009年4月全部启动，电解槽运行平稳、高效。

大型槽整流所的改造。2003～2005年全国先后有十多家铝厂发生整流柜爆炸事故，近几年来，由于重视整流柜的改造，或者新建厂，整流柜制作水平有了较大的提高。供电整流系统是整个铝电解生产系统的核心。河南某铝厂整流柜改造及大闭环投入运行后，整流效率提高了0.76%，系列电流运行平稳，给电解槽平稳运行创造了良好条件，年可节约用电5000万千瓦时。整流柜改造已经于2007年11月完成，2008年初电流从300kA强化至305kA，在不增加人力和设备情况下，增加产能1.65%，预计产量增加0.3万吨。河南某铝厂整流柜改造全部采用进口原件的大型整流机组，设备总投资2560万元。于2007年11月22日正式开工，2008年5月30日全部投入运行。设备防护等级由原来的IP20增加到IP54，元件压降由1.35V降低到1V以下，母线运行温度由原来的夏季60℃降低到45℃，冷却水温由原来夏季的43℃降低到36℃，设备噪声由原来的90dB降低到现在的50dB，整流效率由原来的96.8%增加到97.5%，增加了0.07%，每年可节电2078万千瓦时。

大型电解槽运行以后存在的主要问题是炭块质量。300kA电解槽阳极电流密度为0.733A/cm^2，阳极炭块差，炭渣多，容易造成电解槽病槽或电流效率不高、耗电量增加等。400kA电解槽阳极电流密度为0.82A/cm^2，无数的事实证明，400kA电解槽将是未来电解槽的主导槽型，而且500kA电解槽已经在我国产生，大系列、大规模、大槽子将是未来铝电解发展的方向，吨铝投资省、产效率高、各项生产技术指标好、吨铝生产成本低等是大电解槽的优点，这已是一个不争的事实。

5.1.2 高槽寿命

贵州铝厂近几年来槽寿命保持在1550～1800天，2000年“2012”槽槽寿命为3775天，“2429”槽运行3429天，其中槽寿命达到3000天以上的电解槽已达29台，平均槽寿命为3218天。

河南某铝厂的256台300kA电解槽，是我国第一批大规模工业化生产的铝电解企业，经过八年的生产运行，256台电解槽平均槽龄达到2000天以上，其中有13台电解槽平均槽龄超过3000天仍在正常的生产运行。这些电解槽是2005年10月投运，所有电解槽运行平稳，目前炉底压降平均为310mV，炉帮好、槽壳变形小，预计电解槽槽寿命将达到2500天以上。其他铝厂的大型电解槽近年来也都突破了2000天大关。实践证明，我国电解槽槽寿命已达到2000天左右，这主要是由于电解槽氧化铝浓度、过热度控制成功，阳极开槽技术的应用，炉帮形成较好。电解槽槽壳变形小，阴极炉底隆起小，炉底压降低，原铝质量好等原因，为电解槽平稳运行打下基础，从而大大延长槽寿命。好的管理经验是焙烧启动采用焦粒焙烧，注重启动后期冰晶石高分子炉帮管理，正常生产平均电压4～4.1V，氧化铝浓度1.5%～3%，过热度6～10℃，效应系数0.05个/(槽·日)，电解槽效率高、槽壳变形小，槽寿命肯定长寿。

5.1.3 低电压、低效应、低PFC排放

河南省电价高，低电压、低效应、低PFC排放、低成本运行是河南省几个铝厂的必然趋势。目前已有很多厂家已实现吨铝原铝综合交流电耗13500～13600kW·h。原铝综合交流电耗降低主要还是直流电耗降低，$Q_{直} = 2980 \times \frac{平均电压}{电流效率}$。降低直流电耗各种组合经验数据见表5-2。

表 5-2 降低直流电耗各种组合经验数据

平均电压/V	电流效率/%	吨铝直流电耗/kW · h	备 注
4.08	0.935	13004	河南某铝厂以前
4.0	0.925	12886	河南某铝厂现在
3.9	0.915	12702	国内其他铝厂现在
3.9	0.92	12633	国内其他铝厂现在
3.83	0.91	12542	国内其他铝厂现在
3.83	0.915	12474	国内其他铝厂现在

5.1.4 新型节能阴极技术

5.1.4.1 全石墨化阴极

2006 年 7 月 20 日，新安电力集团万基铝业公司石墨化生产技术、石墨化炉产品通过国家行业专家组鉴定，标志着洛阳市在国内率先掌握石墨化生产技术。石墨化阴极是铝电解行业的发展方向，使用石墨化阴极的电解槽单位产能可提高 10% ~15%，每生产 1t 铝可节电 500kW · h 以上，并能有效提高电解槽使用寿命，并在 300kA 电解槽上成功应用，电流强化至 335kA，吨铝可节电 500kW · h；198 台 400kA 全石墨化阴极电解槽于 2009 年 4 月已顺利投产。

5.1.4.2 新型阴极

东北大学和天泰铝业共同试验研制的“新型阴极结构高效节能铝电解槽”与天泰铝业和东北大学共同试验研制的“铝电解槽火焰 - 铝液二段焙烧新工艺新技术”两个项目，取得研究成果。2008 年 9 月 10 日，中国有色金属工业协会在重庆主持召开了两个项目的研究成果鉴定会。新型阴极结构高效节能电解槽比系列槽电压低 0.3V，达到 3.8V，吨铝直流电耗为 12281kW · h，比系列槽平均降低 1112kW · h，电流效率平均提高 1.36%，节能效果显著。

有色金属工业协会于 2010 年 4 月 12 日 ~13 日在浙江华东铝业股份有限公司组织专家对“新型阴极结构铝电解槽系列生产工艺系统重大节电示范工程”进行了鉴定。新型阴极结构电解槽投产以后运行一直非常稳定。根据对新型阴极结构电解槽和普通电解槽的热平衡测试结果表明，新型阴极结构电解槽的能量利用率较普通电解槽提高了 4%。94 台新型阴极结构电解槽平均工作电压 3.72V 左右，比普通电解槽工作电压降低 0.31V 左右。94 台新型阴极结构电解槽 6 个月的平均电流效率为 93.105%，普通电解槽为 93.001%。94 台新型阴极结构电解槽 6 个月的吨铝平均直流电耗为 12043kW · h，普通电解槽为 13067.79kW · h，新型槽比普通槽降低 1024.39kW · h。新型槽平均原铝可比交流电耗为 12545kW · h，普通槽为 13612.27kW · h，新型槽比项目实施中的普通槽降低1067.07kW · h，比项目实施前降低 1118kW · h。新型阴极结构电解槽平均铝锭综合交流电耗为 12790kW · h，比全国平均水平节电 1381kW · h，节电效果十分巨大。目前已有多家铝厂正在进行 200kA、300kA 工业化试验，如推广应用，吨铝电耗将会是一个划时代的变革。

河南某铝厂从 2009 年 11 月开始采用新型阴极技术，共进行了 21 台电解槽试验，图 5-1 是该铝厂新型阴极电解槽的图片。目前，国内各铝厂新型阴极电解槽普遍采用火焰 +

铝液焙烧和焦粒焙烧两种方法。河南某铝厂采用焦粒焙烧，铺设厚度16~18mm的焦粒。焙烧时间为3~4天，采用无效应湿法启动，主要存在启动后捞炭渣工作量大，需及时打捞干净炭渣，详见图5-2。新型阴极主要存在的问题有：

（1）铝水平普遍偏低，电流效率提高不明显（未能达到设想的94%以上），操作不方便。

（2）电解槽总体运行平稳，不定期会存在少量掉块和电压波动现象。

通过新型阴极技术改造后，300kA电解槽平均槽电压可降低3.7~3.8V，平均电压可降低大约320mV，吨铝直流电耗为12000~12300kW·h。吨铝直流电单耗可降低870kW·h。若新型阴极电解槽阴极槽沟磨平按1.5~2年计算，大修期按1036天算，预计256台槽年节约用电1.74亿千瓦时，节省7308万元。

图5-1 300kA新型阴极电解槽

图5-2 新型阴极电解槽阳极炭块清渣

5.1.4.3 节能保温与余热利用电解新技术

在铝电解生产过程中，一般情况下，电解槽能量利用率不足50%，电解槽能量的散失大都是在电解槽外部以热能的形式散失，电解槽外部温度越高，电解槽能量散失越大；在同等槽型、同等电流效率情况下，电解槽外部温度越高，电解槽工作电压越高，电解槽吨铝电耗越大。因此，在目前电价较高的情况下，节能降耗、电解槽采取外部保温从而提高电解槽电能的利用率，从而实现电解槽大幅度节电。

电解槽外部保温技术包括：电解槽外保温施工技术和电解槽外保温时或电解槽外保温后，电解槽各项技术参数的调整。

电解槽外保温包括：电解槽底部保温、电解槽底部斜坡保温、电解槽阴极钢棒周围保温、电解槽外侧部保温和上部槽盖板保温等。

河南某铝厂电解槽外部保温技术是从2010年2月23日开始试验，试验槽为4626号、4627号、4628号槽，在2010年4月19日获得成功，并且产生了一定的效果，其效果是：自从电解槽保温试验以来，对电解槽外部分部位进行了保温试验，保温效果明显。其对比结果为：斜坡温度降70℃，大面降低100~150℃，底板温度降50℃，阴极钢棒周围温度降80℃。根据电解槽目前状况，电解槽工作电压从4.03V已经降至3.90V左右，电解槽仍然保持较高的电流效率，电解槽槽电压仍然有降低的空间。

在电解槽大修过程中，必须采取国内最先进技术，来优化电解槽，进一步达到节能降耗的目的。如新型电解槽在筑炉过程中，采用纳米陶瓷保温板代替硅酸钙板技术，其价格一样，电解槽炉底板温度降低17~30℃，保温节能效果明显。如采用新型槽导流阴极电解槽先启动，待电压降至3.9～4V以后开始对电解槽再进行二次全保温，可将电压降至3.65V以下，电解槽将会更加节能。

5.1.5 过热度的控制

到目前为止，用于计算铝电解质初晶温度的半经验公式至少有10个。最新的、也被许多研究者认为最准确的初晶温度计算模型是由挪威人Solheim给出的：

$$
\begin{aligned}
T = & 1011 + 0.50w(AlF_3) - 0.13w(AlF_3)^{2.2} - \\
& \frac{3.45w(CaF_2)}{1+0.0173w(CaF_2)} + 0.124w(CaF_2)w(AlF_3) - \\
& 0.00542[w(CaF_2)w(AlF_3)]^{1.5} - \\
& \frac{7.93w(Al_2O_3)}{1+0.0936w(Al_2O_3) - 0.0017w(Al_2O_3)^2 - 0.0023w(AlF_3)w(Al_2O_3)} - \\
& \frac{8.90w(LiF)}{1+0.0047w(LiF)+0.0010w(AlF_3)^2} - \\
& 3.95w(MgF_2) - 3.95w(KF)
\end{aligned}
$$

式中，T表示温度，单位是摄氏度；括号表示冰晶石熔液中各种添加剂的质量分数。$w(AlF_3)$、$w(CaF_2)$、$w(LiF)$ 各小于20%，$w(MgF_2)$、$w(KF)$ 各小于5%，$w(Al_2O_3)$ 直到饱和浓度。T的有效范围为1011～800℃。

电解槽通过氧化铝浓度自适应控制达到电解槽物料平衡，温度控制可使电解槽达到能量平衡。通过优化电解质成分，保持较低的初晶温度，保持合适的过热度，电流效率可不断提高。电解质的初晶温度是电解过程中的重要参数之一，电解质的初晶点称为熔点，电解质温度与初晶温度之差为过热度。相关文献指出，Al_2O_3 含量每升高1%，电解质初晶点温度降低6.7℃，MgF_2 为5.7℃，AlF_3 为3.6℃，CaF_2 为2.8℃。保持合适的过热度主要有两方面作用，一是保证侧部有一层凝固的电解质保护层；再者就是保证氧化铝有足够好的溶解性。泰勒教授对此进行了详细的研究，其研究结论见图5-3。

图5-3中，A区——目标区：

电解质的分子比为2.1～2.2，假如电解质中仅含有6%的 CaF_2 和3%的 Al_2O_3，则电解质的初晶温度的范围为945～955℃。如果过热度保持在10℃左右，则电解温度可控制在955～965℃的范围内。在A区，电解槽比较稳定，氧化铝溶解性较好，电流效率较高。

B、C、D、E等区域——非目标区：

当电解质的初晶温度处于C区和D区，电解槽的过热度大于15℃，电解槽的侧部炉帮难以形成，阴极连接处没有任何保护，阴极隆起，槽壳变形，容易造成侧壁早期破损或漏槽。

如果电解质的初晶温度处于B区和E区，此时电解质的过热度不超过15℃，电解槽的侧部可形成稳定的炉帮。

B区电解温度较高，电解槽比较稳定，易控制，更易发生阴极泄漏危险。

E区电解质分子比较低，电解槽的热稳定性差，电解槽很难控制。氧化铝的溶解性能变差，槽底沉淀增多，并且有可能形成难处理的结壳。尽管短时间内可能会取得较高的电

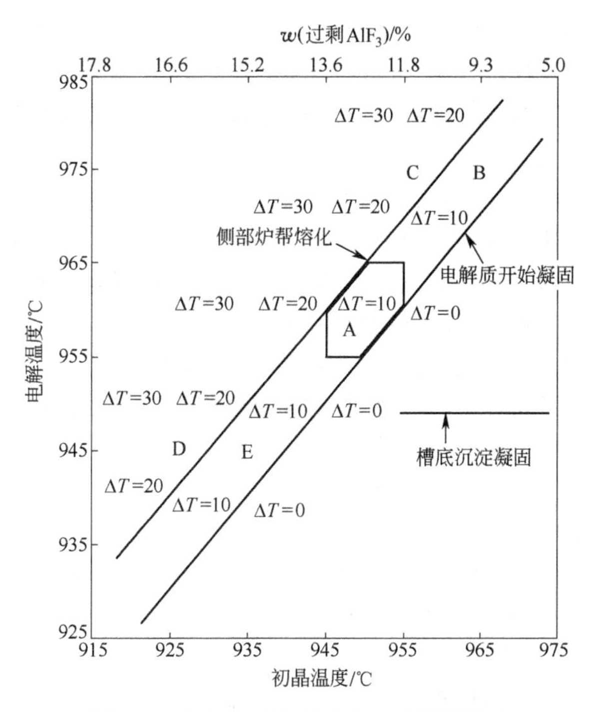

图 5-3 电解质过热度对生产过程的影响

流效率，但不会持久。

5.1.6 预焙铝电解槽阳极自焙保护环优化技术

目前，国内各大铝厂都采用阳极保护环技术来保护阳极钢爪不被电解液浸蚀从而提高阳极的工作周期。这项技术基本上是被认同的，因为，它显著地降低了成本，取得了明显的经济效益。目前所用的阳极保护环技术大致有三种：一种是预焙技术，原理是用糊料制成的两个半圆形保护环预先进行焙烧，安装时用铁丝外围扎紧，装于钢爪上。此项技术的优点是预先焙烧过，在电解槽上使用时，没有沥青烟，对环保有益；缺点是制作时需专用成形模具，并要经过专用设备进行焙烧，有一定的投资和能耗；另外安装于钢爪上时，由于炭块表面的磷铁等，底部有缝隙，电解液很容易从底部渗进，熔化钢爪。第二种技术是自焙技术，糊料制型后，固定在钢爪上，在电解槽上焙烧结焦，从而保护钢爪。该项技术优点是不需事先专门焙烧，利用电解槽内的废热焙烧可以节能。缺点是厂房内散发有沥青烟，且保护环在焙烧时易碎裂。第三种实际上也是一种改进的自焙保护环技术，将填充料装于事先做好的铝皮环内，在电解槽上焙烧，外围的铝皮环起围拢内层填充料的作用，即成型作用。在炭块使用后期，填充料已结焦成型，铝皮部分被电解液熔化，进入电解槽内。该项技术缺点是厂房内会产生沥青烟，污染环境，另外制作保护环材料费用高。可针对第三种技术进行优化以减少污染，降低成本。

5.1.6.1 回收利用废环技术——优化技术一

回收利用废保护环，一是回收利用降低了煅后石油焦的用量；二是废环已经在电解槽上经过高温焙烧，回收利用不会对电解原铝质量产生影响；三是通过破碎筛分后可实现需求的粒度要求；四是配方不作调整；五是只进行廉价的破碎机投入即可。

2005 年 2 月 25 日制作了 8 组 32 个环，装于运行的电解槽上，经过生产过程的跟踪检查和一个周期后的检测验证，完全可用，与原对比环无异，试制成功。

5.1.6.2 焙烧炉废填充料细粉代替石墨粉技术——优化技术二

自焙阳极保护环原料由煅后石油焦、石墨粉、改质沥青组成，其中选用石墨粉的目的：一是石墨粉在 800℃以内抗氧化性能好，比普通炭素材料抗氧化温度高出 50～100℃；二是添加石墨粉后生产出的保护环表面光滑，比表面积小，也有减缓氧化作用。实际上，保护环本身没有参与电解过程，其只是与空气或 CO_2 气体接触才发生氧化反应。将烧结好的保护环在缺氧条件、800℃以下的氛围中与 CO_2 反应，即布耐尔反应是十分困难的，也就是说，由于氧化的条件不充分，用不用石墨粉差别很小。

每台炭素阳极焙烧炉每月可产生废填充料细粉约 35t，而这些细粉由于硅含量较大，不适于在配料系统中回收利用。目前的处理办法是按照废料处理，每吨大约 200 元左右。如果回收利用这些粉料，其经济效益十分显著。

2005 年 3 月 17 日将石墨粉用炭素厂焙烧炉填充料粉代替，制作 16 组共 64 个阳极保护环，装于电解车间 7001～7016 号电解槽 B14 进行工业应用试验。3 月 18 日上午经现场查验，填充料已结焦，与对比环无异。待一个周期换极后经现场检查，保护环完好，完全可用，有效地保护了钢爪。

5.1.6.3 纸环代替铝环技术——优化技术三

在原有阳极自焙保护环中，外层的铝环起着围拢内层填充料的作用，即成型作用。由于铝皮具有较高的强度、在高温下抗燃烧（小于 660℃）、易于成型、熔化后不会影响原铝质量，所以用铝皮作外层保护圈是首选的材料，也是业内专家认为唯一的材料。但实验证明，用纸环代替铝环是可行的。

2005 年 2 月至 5 月相继在 200kA 预焙铝电解槽和 90kA 预焙铝电解槽上进行了 5 批次共 219 个环的工业性应用试验。

纸环与铝环相比，成型的炭素保护环低约 2cm；从试验的情况来看，由于纸环在后期被烧坏，填充料软化后由于没有外围的固定，成型比铝环差，有往外摊的现象，因此高度低，而外围半径略大。但是完全起到了保护磷生铁不被熔化和氧化，保护了钢爪不被浸蚀的作用。

（1）厚纸环完全能起到成型的作用。

（2）在新换的阳极上安装由于位置高，离火源远且首先用冷壳面块和氧化铝围住后可避免将纸环在短期内烧坏，而内装的填充料由石油焦和沥青组成，沥青的软化点在 110℃，在纸环被烧坏前，沥青熔化后可将石油焦黏结凝固，保护环已成型。

（3）易于操作，省工省力，工作效率高。

（4）纸环成本仅为铝环的 3%，可极大地降低费用。

当然，相对于铝环，其存在的两个弊端也是显然的：一是在换极操作时，如果不小心会造成铁工具将其捅破；二是换极操作时，高温覆盖料靠近纸环上会将其烧坏。这两个方面可通过操作上的管理得到解决。

5.1.7 低温电解展望

为了减少电解槽的热损失，目前一般采取加强保温的办法，通过加强槽面氧化铝厚度，加强槽体的保温能力，但是有一定的限度。降低电解质温度应该是一种最直接有效的办法。电解槽内壁温度每降低10℃，经侧壁热流量大约减少600kJ/(m^2·h)。如果电解温度从950℃降低到900℃，相当于吨铝节能400kW·h。降低电解温度还可提高电流效率，在940～960℃内，每降低10℃，大约提高电流效率1%，当然在较低的温度范围内，提高电流效率的幅度会稍小些。如从950℃降低到900℃，电流效率可提高3%～4%，从950℃降到800℃，电流效率可提高5%～6%，已知，电流效率每提高1%，电解槽吨铝节电170kW·h。同时，降低电解温度还能延长电解槽的寿命，这也是节能的一个重要任务。

图5-4示出了氧化铝分解电压与温度的关系，随着温度降低，氧化铝的分解电压升高。图5-5给出了铝电解的理论能耗量与温度的关系。总的来说，铝电解的理论能耗量随着温度的降低而减小，从950℃降到800℃，吨铝理论能耗降低70kW·h。另外，低温电解还可以使炭阳极消耗降低，图5-6给出了在各种NaF/AlF_3摩尔比之下的炭阳极消耗量，当分子比在1.5～1.7时，炭阳极消耗几乎达到理论消耗。

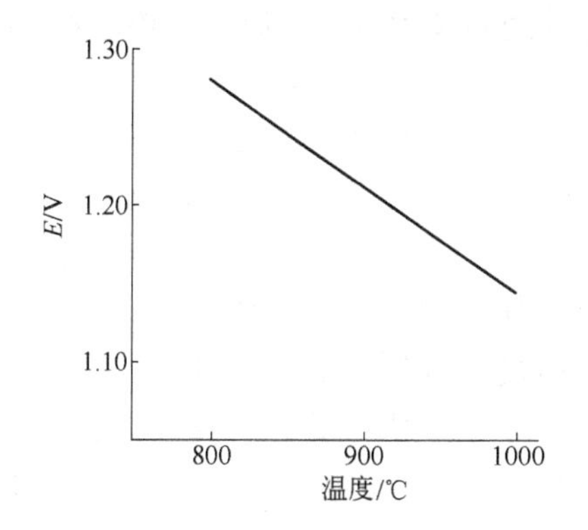

图5-4 氧化铝分解电压与温度的关系

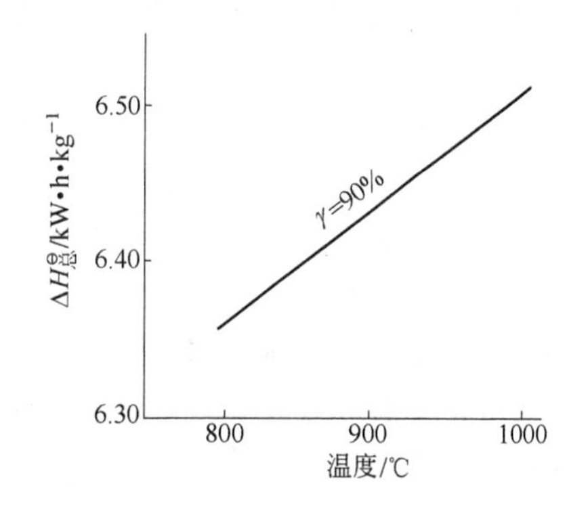

图5-5 铝电解的理论能耗量与温度的关系

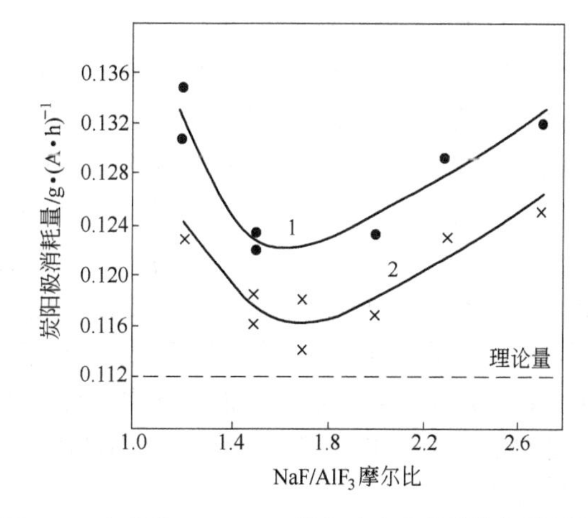

图5-6 在各种NaF/AlF_3摩尔比之下的炭阳极消耗量

1—阳极电流密度为0.56A/cm^2；

2—阳极电流密度为0.92A/cm^2

低温电解的目的是实现温度在800～900℃的铝电解。邱竹贤院士从1959年开始研究低温铝电解，从多年来大量试验来看低温电解是可行的，研究低温电解对节能减排意义重大。虽然低温电解还有一定的缺点，但是可以设法解决，如对氧化铝溶解度小和溶解速度慢的缺点，可以用γ-Al_2O_3含量高的氧化铝来弥补。如果这些问题解决，氧化铝炉底沉淀和侧部炉帮差的问题可迎刃而解。这就需要从电解槽设计开始，直接以低温电解槽进行综合设计，开发高效节能新型电解槽。

5.1.8 PFC排放控制和铝电解固体废弃物无害化

2009年2月25日，随着国务院原则通过《有色金属产业调整和振兴规划》（下称

《规划》)，国家发展改革委员会产业协调司对此进行了权威解析：国家将落实和完善企业兼并重组的政策措施。重组目标是形成3～5个具有实力的综合性企业集团。国内排名前10位的铜、铝、铅、锌企业的产量占全国的比重由2007年的73%、57%、40%、52%，分别提高到2011年的90%、70%、60%、60%。必须按期淘汰落后产能。《规划》目标，到2010年底，淘汰落后小预焙槽电解铝产能80万吨。同时要严格控制总量，执行国家产业政策，今后3年原则上不再核准和新建、改扩建电解铝项目。严格执行准入标准和备案制，严格控制新增产能。按期完成淘汰落后小预焙槽电解铝产能。《规划》将节能减排取得成效作为重要目标。

根据《规划》要求，下一步电解铝发展方向主要靠调整结构、技术改造，控制总量、淘汰落后，企业重组，技术进步、科技创新，通过采用新技术或技术改造将铝电解厂吨铝直流电耗下降到12500kW·h以下，通过企业重组能获得煤电铝和氧化铝企业多产业链重组或合作，在资源保证和电价有利的情况下，电解铝生产成本才能在未来市场下生存。

2008年7月17～23日，由中国有色金属行业协会组织，国际铝协Jerry Marks博士在河南某铝厂对三四工段64台电解槽进行了PFC测试。中国有色金属行业协会铝部、中南大学、北京矿冶总院、北方工业大学等参加了测试工作。测试数据证明，效应电压越高、效应持续时间越长，全氟化碳排放量越大。大部分效应可控制在2min之内。期间只要槽电压大于8V即视为阳极效应，累加效应系数平均0.13个/(槽·日)，持续时间累计平均1.29min，吨铝PFC排放量为0.26t CO_2。在国际上点式下料铝电解工业处于53%水平，在人工熄灭阳极效应控制水平方面处于领先水平，我国铝电解在自动熄灭阳极效应时间和效应管理理念与国外还存在一定差距。国际铝协专家Jerry Marks先生专题（China PFC Management Workshop Asia Pacific Partnership）讲了中国PFC二氧化碳购买市场潜力很大。他认为，降低阳极效应有很多好处：降低能量消耗、增加铝的纯度、减少氟的排放、增加槽寿命、降低炭的消耗。每年与PFC减排相关的温室气体指标市场规模约400亿美元。最好的铝厂效应时间为6.6s，中国铝厂节能减排潜力很大，已由世界92%比例进入53%比例，排除效应技术已经解决，不需要计划等待，应尽快开发自动熄灭阳极效应。电解铝厂排放的危险废物是铝电解槽废内衬，其主要组成为：废钢棒、废阴极炭块、保温砖、耐火砖、耐火粉（干式防渗料)、耐火灰浆及绝热板等，这些危险废物，是电解铝企业造成环境污染的主要因素之一。国家发改委专项研究资金资助的电解槽废槽衬无害化与综合利用项目由伊川电力集团联合东北大学等单位攻关开发。目前已完成通过国家发改委组织验收。通过加大PFC排放控制和铝电解固体废弃物无害化处理与综合利用，电解铝企业才能完好地生存。

5.1.9 铝电解强化电流技术

5.1.9.1 铝电解槽强化电流的意义

近年来，国际铝电解工业为了进一步提高企业经济效益，普遍通过强化电解系列电流强度来提高铝产量。充分利用现有的场地、公用及辅助设施，在原有电解槽结构的基础上，强化电流强度，扩大生产能力，进行局部技术改造，投资少，见效快。

对于现有的铝电解系列，通过提高电流效率增加产量收效甚微，而新建和扩建投资大，建设周期长，相比之下，采用强化电流来提高产量是投资少，见效快，具有简捷高效的特点，可快速适应市场的需求。在一定的技术条件下通过电流强化可以提高电解槽铝产量和电流效率，降低生产成本。强化电流是铝电解增产节约的有效措施。

我国2008年电解铝产量达到1376万吨，电流强度在160kA以上的产量约占全国产量的70%，这部分电解槽设计的阳极电流密度均较低，一般在0.73A/cm^{2}以下，均有强化电流的可行性。如果将这部分预焙槽电流强化10%，电流强化后每年可增加产量104万吨，国内新建铝电解投资费用为1.1～1.3万元/吨，而强化电流增产的电解铝需要投资仅为新建项目投资的0～30%，可节约投资约80%，所以，强化电流增产104万吨电解铝可节约投资125亿元。另外，铝电解厂产量的提高，使得吨铝成本的固定费用降低约10%，即每吨可节约成本约55元，全国可节约57225万元。可见，铝电解强化电流的意义重大。

5.1.9.2 国外强化电流的成功案例

国外已有很多成功强化电流的实例，比较典型的例子是挪威奥大尔铝厂，1986年原设计150kA和160kA的两个系列到1992年分别强化到159kA和169kA，而且电流效率提高了3%～4%（图5-7）。另一个例子是挪威桑达尔（Sunndal）铝厂的三期电解槽，1969年电流为138kA，1985年强化到151 kA，1997年强化到160 kA，2000年用14台电解槽试验强化到175kA，试验槽运行情况良好，电流效率达到92.5%，产量比刚投产时增加了26.8%。还有一个就是法国彼施涅公司将180kA大型预焙槽强化到210kA，电流效率从94.8%～94.9%提高到95.3%。

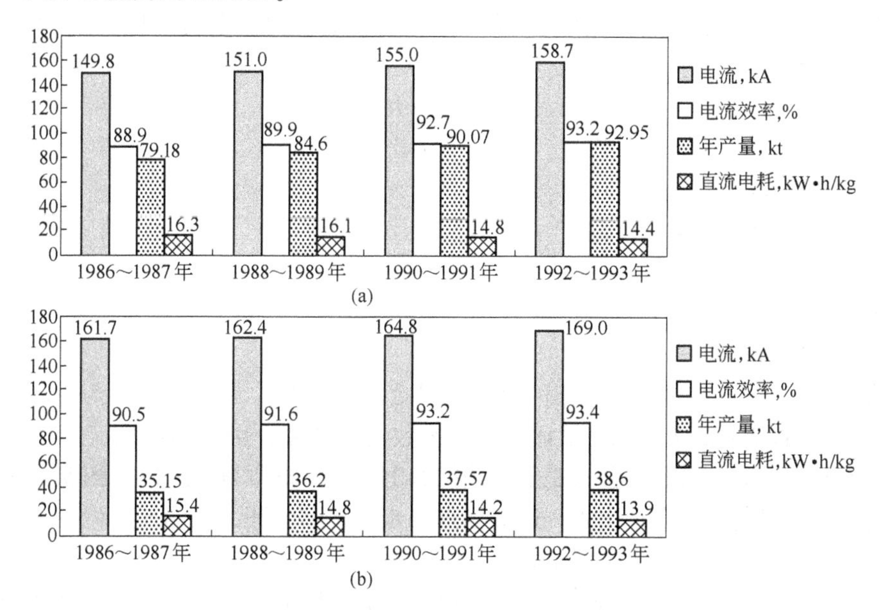

图5-7 挪威奥大尔铝厂强化电流指标

（a）系列1；（b）系列2

5.1.9.3 国内强化电流的成功案例

国内大型铝电解槽强化电流于2002年开始，但强化电流的幅度较小，一般为1%～5%，近年来强化电流的幅度有所加大。中铝广西分公司和青海分公司通过使用加长的偏心阳极，成功地将160kA预焙槽电流强化到180kA，提高系列电流12.5%，广西分公司

2006 年试验槽进一步强化电流到 190kA。中国西北某铝厂 2006 年在不加大阳极尺寸的情况下，将 200kA 系列预焙槽的电流强化到 220kA，试验槽电流强化到 230kA，强化电流的幅度达 10% ~15%；2007 年 5 月在不加大阳极尺寸的情况下，10 台 350kA 预焙槽进行了强化电流试验，最高达 403kA；2007 年 12 月将 350kA 全系列强化到 375kA，到 2009 年 10 月已强化到 390kA。国家铝电解工业试验基地郑州研究院在原 280kA 预焙阳极电解槽基础上强化电流至 300kA。以上强化电流的成功案例取得了良好的经济效益和社会效益，均相继通过了国内权威专业技术部门的鉴定，工业生产实践表明可以推广应用。

5.1.9.4 强化电流及阳极电流密度与电流效率

1999 年 11 月在澳大利亚第六届电解铝技术会议上公布的新西兰迪拜（Dubal）铝厂新系列 200kA 预焙槽，阳极电流密度高达 0.88A/cm^2，一年的运行结果电流效率达到 95.5%，结果证明电解槽运行稳定。

前面所述的挪威奥大尔铝厂，一系列 150kA 电流强化到 159kA，电流效率从 88.9% 提高到 93.2%，二系列 160kA 电流强化到 169kA，电流效率从 90.5% 提高到 93.4%，电流效率提高了 3% ~4%，吨铝直流电消耗降低 1500kW · h；法国彼施涅公司 180kA 电流强化到 210kA，电流效率从 94.8% ~94.9% 提高到 95.3%。

国内 160 ~200kA 预焙槽的阳极电流密度设计值约为 0.72A/cm^2，电流效率约为 92% ~93%，强化电流后阳极电流密度为 0.75 ~0.83A/cm^2，电流效率提高了约 0.2%，吨铝综合交流电耗降低了约 180kW · h。总的来看，国内强化电流后电流效率变化不大。

前苏联专家 Коробов 对侧插槽和上插槽的数据进行统计处理，得出电流效率经验公式如下：

$$\eta = 1 - \frac{256.7 \times 10^3 S^{0.21}}{i^{0.53} L e^{12940/t}}$$

式中 η——电流效率；

S——阳极面积，m^2；

i——阳极电流密度，A/cm^2；

L——极距，cm；

t——电解温度，℃。

按照上述经验公式，依据现代铝电解生产工艺技术条件，取极距为 4.5cm，电解温度为 960℃，分别按 200kA 和 80kA 设计的阳极参数进行计算，得到阳极电流密度与电流效率关系如图 5-8 所示。因经验公式是采用侧插和上插自焙槽所得，所以，图 5-8 所示数据可能与现代预焙槽实际数据有出入，还需要进一步修正和验证。从图 5-8 可以看出，总的趋势是阳极电流密度与电流效率属正相关。

图 5-9 是邱竹贤教授实验室研究的铝电解电流效率与电流密度的关系，选用酸性电解质成分，即 $n(NaF)/n(AlF_3)=2.2$，氧化铝质量分数为 7%，电解质温度为 925℃，极距为 2.5cm，电解时间为 2h。从图 5-9 可以看出，电流效率随电流密度增大而提高，但是，阴极电流密度达到 0.56A/cm^2（阳极电流密度 1.57A/cm^2）时，电流效率趋于恒定。电流效率的临界点是阴极电流密度为 0.28A/cm^2（阳极电流密度 0.78A/cm^2），低于该点电流效率为负值。

5.1.9.5 强化电流的可行性

我国原来 60kA 的自焙槽阳极电流密度最早高达 1.0A/cm^2 以上，经多次阳极加宽改

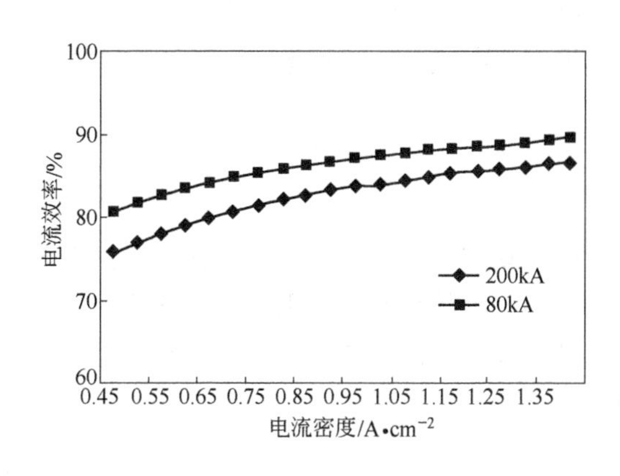

图5-8 电流密度与电流效率的关系

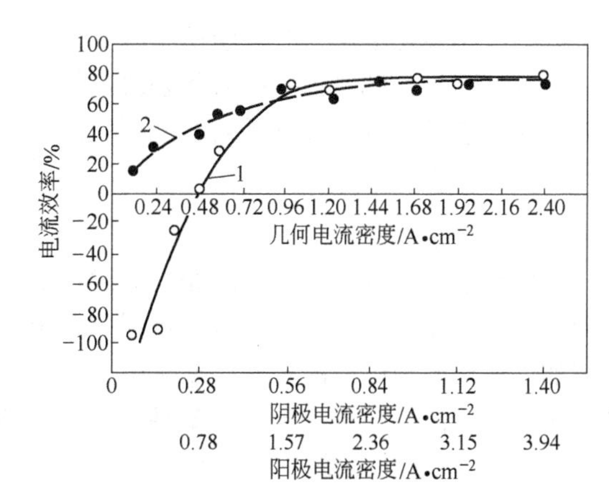

图5-9 电流密度对铝电解电流效率和反电势的影响

1—电流效率；2—反电势

造后阳极电流密度仍在 0.82A/cm² 以上。国外预焙槽阳极电流密度一般为 0.8 ~ 0.9A/cm²，随着阳极生产技术工艺的成熟，阳极质量在不断地提高，就阳极炭素材料物理化学性能来说，允许电流密度提高到一定的水平，阳极电流密度提高到 0.9A/cm² 有可能实现铝电解生产的正常进行。

从上述几个实例可以看到，强化电流的经验是成功的，而且，强化电流后电流效率均得到不同程度的提高，说明强化电流后随着阳极电流密度的增大以及采取相应的技术措施，电流效率将有所提高。实验研究也证明了在一定的条件下，阳极电流密度越大，电流效率越高。但是，阳极电流密度达到一定值（1.57A/cm²）时，电流效率趋于恒定。就目前我国大型预焙槽来说，凡阳极电流密度在 0.73A/cm² 以下的电解槽，电流强化 10% ~ 20% 是有可能的。

5.1.9.6 强化电流方案和主要技术措施

A 强化电流的方案

铝电解槽强化电流，涉及到铝电解槽内衬材料、电热平衡、磁场影响等诸多技术问题。主要技术包括阳极技术和阴极技术，相关的生产要素有：供电整流系统，阳极生产系统，残极处理系统，电解厂房相关设备，烟气净化系统等。经过电、热、磁场的模拟计算，估算增加负荷后所需各项投资费用，分析筛选最佳方案。

郑州龙祥铝业 154kA 铝电解槽强化电流的研究结果表明：当槽型结构与母线配置不变时，强化电流不影响铝电解槽铝液电、磁、流场总体分布规律，但改变铝液层电流密度、铝液磁感应强度和铝液流速大小；铝液层磁感应强度随系列电流强度的增加而线性增加；铝液最大流速、铝液平均流速均随系列电流强度的增加而增大。所以，热平衡的影响可能成为强化电流的关键问题。

强化电流都是在电解槽槽壳和主要结构尺寸不变的情况下进行的。目前，强化电流主要有两种方案：第一，加大阳极面积，这样强化电流后阳极电流密度增幅较小。第二，阳极尺寸不变，这样强化电流后阳极电流密度较高。无论采用哪一种方案，最好通过专业部门对强化电流后的磁场、热场、物料平衡进行计算机模拟分析对比。特别是系列电流提高 10% ~30% 后，热平衡的影响可能成为关键问题，在模拟计算和分析的基础上确定技术方案。铝电解强化电流生产应谨慎实施，首先要选择少量（5~10 台）生产槽作为试验槽进行工业试验，在试验槽中探索和解决电解槽的热平衡影响以及工艺技术方案等，只有在试验成功的基础上方可进行系列电流强化的全面推广。

B 主要技术措施

a 电力供应

试验槽需要外接一个小回路，通过增加一台可移动式直流供电设施来强化电流；全系列强化时，原有整流系统应有满足强化电流所增加的负荷的容量，否则，需要按所需负荷增加供电设施。电流的提升，使供电系统及其辅助设施的负荷加重，对供电设施的可靠性要求更高，需要储备一定量的备品备件，以便检修。

b 烟气净化系统

电流升高后，单位时间内的烟气排放量将会增加。现有的净化系统能否处理增加的烟气量，需计算后再确定是否需要增加净化设施，以确保有害气体的排放达到国家环境保护要求。

c 热平衡

（1）电流的提升要分阶段、阶梯式逐级升高，在每一级电流强度下生产稳定一段时间后再提升到下一级，稳步推进直到系列电流强度提升到预定的目标。逐步建立电解槽生产过程的热平衡，避免电流大幅度地提升可能造成的不良后果。

（2）聘请专业技术部门进行铝电解槽电压平衡、热平衡、能量平衡等测试，为电流强化工作提供可靠的信息，以便及时调整工艺技术条件，建立新的热平衡。

（3）通过排烟系统烟道阀和阳极覆盖料厚度的调节，调节电解槽的上部散热量；通过大修槽改换导热性好的内衬材料或调整内衬尺寸，最好通过专业部门的咨询，不要因此引起电解槽槽壳的变形。通过上述的调节和改造来调整电解槽各部位的散热比例，使电解槽因电流升高增加的热量达到新的热平衡。

（4）调整工艺参数，改善电解槽热收支平衡。在不影响正常生产和电流效率的情况下，尽可能地缩短极距，以降低电解质电压降；改善电解质成分，降低电解质电阻和电解温度；降低阳极效应系数，缩短效应持续时间，以减少热收入。提高铝液水平高度，强化热导出。这些工艺参数的调整有利于热平衡。

（5）通过热平衡测试，分析铝电解槽热损失分布特征和主要区域热损失比例，使电解槽阳极区、阴极区及其熔体区的热损失比例合理，以便于形成较好的炉膛，确保铝电解的正常生产。

d 物料平衡

强化电流后产量增加，相应的氧化铝和氟化盐及阳极材料消耗均有所增加，所以，下料定量和阳极更换周期以及出铝量均需要作相应的调整，从而保证物料平衡。

综上所述，在一定的技术条件下通过电流强化可以提高电解槽铝产量和电流效率，降低生产成本，从国内外强化电流成功案例来看，就目前我国大型预焙槽来说，凡阳极电流密度在 $0.73A/cm^2$ 以下的，电流可强化 10%~20%。

强化电流关键是要解决好热平衡问题，通过强化散热措施和调整工艺技术条件的实施建立新的热平衡，可以保证铝电解的正常生产。

5.2 铝合金铸造的新工艺新材料

5.2.1 低温熔炼铝硅合金

熔炼铝硅合金的一般工艺是先将硅在高温下熔化，然后将其与液体铝混合制成铝硅中间合金锭，再将铝硅中间合金锭配入液体铝中，熔炼成不同成分的各种牌号的铝硅合金。由于生产工艺要求的温度高和中间合金的二次重熔，使得这种熔炼工艺存在以下几点不足之处：一是工人劳动强度大，二是能耗高，三是金属烧损多，四是生产需要的硅要求有一定的粒度，一般为30~50mm，所以，破碎后剩下的约有10%的小颗粒碎硅因高温氧化而不能被利用。

熔炼铝硅合金可采用工频感应有芯电炉，在液体铝中直接加硅熔炼工艺（不用配入铝硅中间合金），它是把30~50mm的硅块直接加入炉内液体铝中进行熔炼。但剩下的小颗粒碎硅仍不能利用，如何利用这部分原料降低成本是当前需要解决的问题。

曾有人在铝电解母槽中加碎硅粒熔炼铝硅合金，并已通过试验获得了成功，但因工人的劳动强度大，电解槽技术水平难保持，经济效益不甚理想。为此，特提出低温下加硅粒熔炼铝硅合金这一新方案。

5.2.1.1 硅块直接加入铝液中熔炼机理分析

因为硅的密度为2.33，熔点为1430℃，而700℃时铝液的密度为2.37（1），所以，硅的密度比铝液的小，再加上液体铝表面张力的作用，所以，在熔炼过程中硅始终浮在铝液的表面上。

当熔炼温度低于硅的熔点时，硅只能靠溶解的方式进入铝中，而不是熔化后与铝混合成为合金。硅的溶解只能在与铝液的接触面上进行，因而在铝-硅界面上形成了局部硅的高浓度区，在熔炼过程中通过扩散作用（主要靠磁力搅拌和人工搅拌），使高浓度区的浓度逐渐降低，才能使硅连续不断地溶解。除搅拌外，溶解速度还与硅块的大小有关，大块溶解得慢，小块溶解得快，但细小粉粒易被氧化，因此，正常生产铝硅合金时，一般采用30~50mm的硅块。

在熔炼铝硅合金时，熔炼温度为600~720℃，远低于硅的熔点，所以，可称为低温熔炼，但是，碎硅粒表面积大，浮力大，外露面积大，因而在没有被溶解时外露部分就先被氧化了，因此，硅块得不到充分的利用。

5.2.1.2 低温熔炼法理论分析

先分析一下反应式：

$$Si + O_2 \xlongequal{} SiO_2 \tag{5-1}$$

其反应热焓：

$$\Delta G^{\ominus} = -216500 + 42T \tag{5-2}$$

根据热力学观点，在常温下反应式（5-1）属于自发过程，但从化学动力学观点看，常温下硅的氧化速度极其缓慢，即不易被氧化，只有随着温度的升高硅活度的增加，反应式（5-1）才能不断地向右进行。在液体铝中加硅粒熔炼时基本符合化学反应的热力学原理和动力学原理的情况，因而在此条件下硅粒几乎全部被氧化。根据这一事实，要想利用碎硅粒熔炼合金，只有以降低温度来降低硅的活度和避免硅与氧的接触，才能遏制反应式（5-1）向右进行，这就是用小硅粒熔炼铝硅合金首先要解决的问题，即使硅不氧化或少氧化。

为了减少或防止硅被氧化，可以从 Al-Si 二元相图分析中找出可行的办法，Al-Si 二元相图如图 5-10 所示。

从图中可知：

（1）硅在铝中的固溶度随着温度的升高而升高，在室温时为 0.05%，在共晶温度 577℃时为 1.65%，超过共晶温度时硅以游离的硅相或以共晶体 Al + Si 存在于合金中。在 577℃发生共晶反应生成硅含量为 12.5% 的共晶体。

（2）相图可划分为五个区，即固溶铝的固相区、固溶铝的固相加液相的凝固区、液相区、硅结晶体加液相的凝固区、固溶铝和共晶体加硅结晶体的固相区。

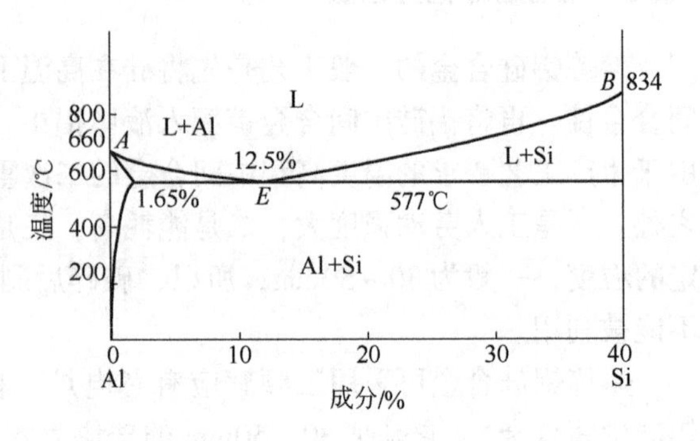

图 5-10　铝硅二元相图

炉料在感应炉内的熔炼过程中，炉内温度可划分为三个不同的温度区和相区，上层（表面层）温度最低，中层温度略高，下层温度最高。如果温度控制得当，则上层为固体层，主要是固溶铝和共晶体加硅结晶体以及没有合金化的工业硅粒；中层为凝固层，主要是固溶铝、共晶体、液体、硅结晶体和一定量的硅粒；下层为液相层，含有液体铝硅合金和少量混入的碎硅粒以及新加入的固体铝锭。

根据以上分析，只要严格控制熔炼过程中的温度，使炉内的炉料按照上述三个温度和相区进行控制，即在低温熔炼法的条件下有效地防止硅的氧化。在固体层中硅粒被 Al-Si 合金包围，避免了硅与氧的接触；在凝固层和液体层中的硅粒受固体层的覆盖保护，无法与空气中的氧接触，从而可有效地防止硅粒的氧化。

随着熔炼过程的进行，温度的升高，各层硅粒被溶解到铝中变成铝硅合金。当下层的温度超过图 5-10 中的 *AEB* 线的温度时，亚共晶体、共晶体或过共晶体成分的凝固层都最后转化为液相。这种固体层不断地向凝固层转化，凝固层不断地向液体层的转化一直在连续进行，直到最后体系全部转化为液体，即全部转化为所需成分的液体 Al-Si 合金为止。

5.2.1.3　工业试验

A　工艺流程

有芯工频感应电炉内 Al-Si 合金启动液体（650℃）→加铝锭降温（580～620℃，含 Si：5%～8%）→加硅粒（2～25mm）、搅拌（使硅粒均匀地分布在液体内）→升温（580～620℃）→搅拌→加铝锭→升温（620～650℃）→搅拌→除气除渣→净置→扒渣→取样→浇注→码垛→成品铝硅合金。

在进行上述工艺流程过程中，操作的特别要求是：（1）严格控制温度，降温时要加强搅拌；（2）体系成为糊状（半凝固状态）时，方可加硅粒；（3）加硅粒时必须边加料边搅拌，逐渐加入，使硅粒均匀分布于体系内，一次加不完时可分几次加入；（4）在加硅粒过程中，不得升温，以免硅粒上浮而氧化。

半凝固状态下能否将硅粒加入体系内，这需要强力搅拌，因为体系黏度较大，使工人的劳动强度较大。但是，近年来流变铸造研究表明，半固态合金的黏度与切变速度有关，可升高到数百甚至数千泊松（接近于黄油），剧烈搅拌时，可降低到0.5Pa·s（5P）或5Pa·s（50P）（在机油范围内）。这一理论为合金生产中控制全液体到任意上限的黏度的可能性提供了支持。因而，通过强力搅拌使体系的黏度降低，使加入的硅粒进入半固态合金内，停止搅拌后，合金的黏度升高，硅粒被合金包围，从而有效地防止了硅粒的氧化。

B 试验过程和结果

依据上述设计的工艺流程，作者曾先后在2号炉和3号炉进行了工业试验，试验很成功，取得了良好的效果。两个月后开始了正式的试生产，连续生产41炉次合金，全部采用小硅粒（粉状除外），粒度为2～25mm，用量5.02t，共生产出Al-Si合金ZLD102成品33.825t。

试验的情况是：（1）炉料：铝锭790kg，含Si约0.10%；10mm以下的小硅粒96kg；炉内液体金属400kg，含Si为11.14%；理论计算硅的含量为10.99%。（2）试验结果：1）生产出成品合金868kg，分析硅含量为10.73%，符合国家标准；2）产品的表观质量与用硅块生产的产品相同；3）硅粒大部分溶入铝液中，没有大量上浮和氧化现象；4）根据生产的成品计算硅的损失量为5.29kg，硅的烧损率为5.29/96×100%=5.51%，烧损率与用大硅块生产时的基本相同。

连续生产41炉的情况是：有40炉都很正常，硅的平均含量为11.61%，只有一炉硅含量偏低，其含量为9.77%。硅的烧损率为21.77%。烧损率高的主要原因是：生产前技术培训不够，部分生产人员没有掌握好加硅粒的要领，因此在开始使用硅粒生产时，硅粒大部分没有加进去，几乎全部被氧化，造成二次重新加硅粒，致使硅的烧损率偏高。

5.2.1.4 生产试验中的经验

在加硅粒生产时，当硅粒加入经搅拌，并升温约20min后，炉内表面将形成一层约5cm厚的凝固层，这说明硅粒加入得非常成功。因为小硅粒已均匀分布于体系内，这些小硅粒要从原来的常温下升温到同体系相同的温度时需要大量的热量，而且硅粒向合金化的硅相转化时也需要消耗大量的热量，因而在加入硅粒后，虽然升温约20min，但表面却形成了一个凝固层，这个固体层约保持半小时左右，随后逐渐转化为Al-Si合金液体。这一现象和前面的理论分析基本一致。

如果在升温20min后，炉内没有形成固体层，而是小硅粒漂浮在金属液面上，说明加硅粒失败。在生产过程中曾发生过这种现象，有个别操作者因不愿在加入硅粒时进行搅拌，以减少劳动强度，试图把温度升得很高，达到小硅粒发红，金属液发白的程度，但硅粒并不能溶入金属液体内，仍然漂浮在金属液体表面上，最后不得不把浮硅（实际已氧化成渣）捞出来倒掉。

5.2.2 采用PET索带包装铝锭

5.2.2.1 PET索带特性

PET索带是一种以聚对苯二甲酸乙二醇酯（PET－通用名聚酯）为主要原料加工而成的新型高强度环保包装材料。因为PET具有优异的力学性能、容易加工定型、工艺成熟、成本低，所以经常被开发用在包装行业。目前已广泛应用在铝锭、有色金属、钢铁、玻璃、木业、纸业、化纤、棉纺、建材、烟草、电子电器、陶瓷、砖业等行业。其主要特性如下：

(1) 化学成分十分稳定，老化的时间长达10年。PET制品韧性高，抗氧化性、抗老化性能极好，不会像钢带那样生锈，是应用数量最大的通用塑料。

(2) PET熔点为260℃，软化点为120℃，脆点为-120℃。索带可以承受80℃、-50℃温度下不变形、不脆裂。

(3) 经济性：实践证明，使用PET索带打包比使用钢带打包节省费用40%左右。

(4) 安全性：PET索带没有钢带锋利的边缘，不会对货物和工作人员造成损伤。

(5) 方便及环保性：PET索带质量轻，美观，搬运方便；体积小，节省空间；使用后的PET带方便回收，符合ROHS环保要求。

5.2.2.2 铝锭打包试验

A 试验方案

铝锭采用PET索带打捆的实施方案是在不影响正常生产的情况下进行的，铝锭的包装—待检—交库—转运—装车（装集装箱）—发货等工作程序均执行原有的正常作业秩序和方式，不做特殊要求。

PET索带（塑钢带）规格为25mm×1.2mm，由佛山市南海新兴利合成纤维有限公司供给。

打捆形式：铝锭的码垛形式保持原来的54块不变，PET索带采用纵二横三共5条带的打捆形式（图5-11）。

图5-11 打捆形式

打包机采用JA-25气动打包机，技术人员现场培训指导操作工操作，计划打包铝锭2000t。PET索带打包均安排在白班进行，以便于操作工的现场培训。

JA-25气动打包机是通过震动摩擦发热使索带接口熔合黏结，不需要金属卡扣，但要求气压高达0.75~0.90MPa，所以，采用移动式W-0.9/12.5型空气压缩机，1台直供3台打包机工作。

B 试验情况

采用PET索带打包铝锭共计2203捆，技术人员每天到现场实际操作指导培训打包操作人员共计16名，通过现场操作指导培训，目前，这16名打包操作人员均能比较熟练地采用PET索带打包，可保证生产的正常进行。

a PET索带打包用时对比分析

PET索带打包用时对比分析见表5-3。

表5-3 PET索带与钢带打包时间对比

序号	PET带用时/s			钢带用时/s		
	一捆	一条带	拉紧锁扣	一捆	一条带	拉紧锁扣
1	139	27.8	3.80	105	26.3	3.5
2	181	36.2	4.0	112	28.0	4.2
3	189	37.8	4.7	114	28.50	4.8
平均	169.7	33.9	4.2	110.3	27.6	4.2

表5-3反映出PET索带打包一捆用时为139~189s，平均为170s，而钢带打一捆用时为105~114s，平均为110s，两者相差60s。为此，对拉紧锁扣用时进行测试，两者每个扣的用时基本相同，平均为4.2s。分析认为，PET索带打捆用时较长的主要原因是穿带时间较长，其次是多打了一条带子。但总体不影响正常的生产秩序，图5-12所示也说明PET索带打捆用时较长。

(a) (b)

图5-12 PET索带与钢带打包在线用时示意图

(a) 钢带打包；(b) PET索带打包

b PET索带与钢带拉断力对比分析

表5-4说明25mm×1.2mm PET索带的拉断力为32mm×0.9mm钢带拉断力的40.81%，索带卡扣脱口拉力为钢带的70.49%。为此，对厂内露天货场铝锭的断带情况进行了调查分析。

表5-4 PET索带与钢带拉断力对比

抽样号	32mm×0.9mm钢带		25mm×1.2mmPET索带	
	断裂拉力/N	卡扣脱口拉力/N	断裂拉力/N	熔接扣脱口拉力/N
1	19500	12500	8500	8200
2	21000	11900	8500	9000
3	22000	—	8500	—
平均	20830	12200	8500	8600

c 断带情况对比分析

对露天库（火车站台）PET索带与钢带打包的铝锭断带情况进行了抽查。

PET索带断带情况，抽查两垛铝锭，16×12+1=193捆、10×12+6=126捆，共计319捆，断带共3条，焊口脱开2条，索带头有机油，均在钢带槽上，其中一条中间底部与地面接触。

断带率=3/(319×5)=0.188%

钢带断带情况，抽查两垛铝锭，钢带29×12=348捆、17×12+6=204捆，共计552捆，断带共11条，均为铝锭缝隙间的钢带。

断带率=11/(552×4)=0.498%

上述分析的打包铝锭是在厂内经过车间叉车倒运待检—叉车倒运称量—叉车倒运装

车—拖车倒运龙门吊卸车（有时叉车卸车）4 次倒运装卸情况下抽查的数据。钢带断带率是 PET 索带断带率的 2.65 倍，PET 索带断带率明显低于钢带断带率。

经过第 5 次叉车倒运装集装箱后钢带的断带情况更明显。

PET 索带、钢带打包断带见图 5-13 ~ 图 5-15。

图 5-13 PET 索带打包断带图

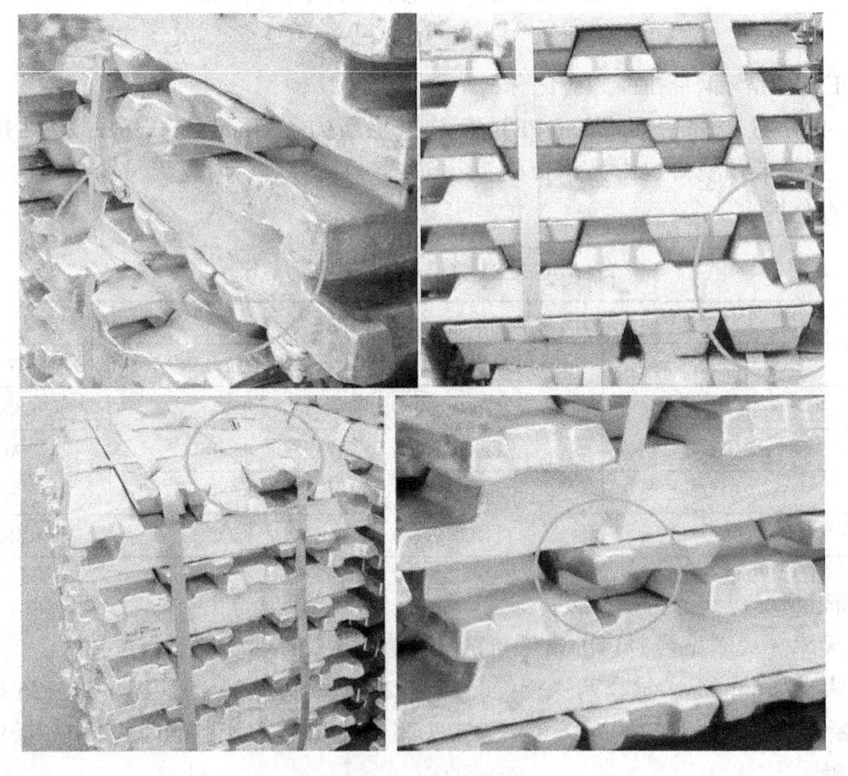

图 5-14 钢带打包断带图

d 成本对比分析

（1）PET 索带打捆材料费用。

打包铝锭共计 2203 捆，交库 2149 捆，用 PET 索带 1560kg，平均每捆用量为 0.726kg。实际使用过程中因索带偏斜和铝锭废品拆包造成部分浪费，使得每捆实际平均

图5-15 钢带打包装集装箱后断带图

用量比抽查计量值（0.67kg）多消耗0.056kg，即损耗7.71%。

PET索带每捆费用：0.726×16.5=11.98元/捆（含损耗）

（2）钢带打捆材料费用。

镀锌钢带：5155元/t，配套卡扣：7.7元/kg。每捆用钢带3.6kg（抽查计量），每捆用卡扣0.12 kg（4个抽查计量），钢带的浪费损耗未作统计。

每捆钢带费用：3.6×5.156=18.56元/捆

每捆卡扣费用：0.12×7.7=0.92元/捆

每捆钢带打捆材料费用合计：19.48元/捆（不含损耗）

（3）PET索带与钢带打捆材料费用比较。

PET索带节约费用：19.48-11.98=7.50元/捆，节约38.50%。

综上所述，PET索带可以满足铝锭的包装要求，采用PET索带包装一捆铝锭现时的成本为11.98元/捆（含税价），比钢带包装每捆低7.50元/捆，相对节约38.50%。

5.2.3 电解铝大块锭的生产

5.2.3.1 大块锭开发的意义

电解铝大块锭是指每块铝锭的重量大于目前市场上常规的铝锭重量（15~26kg），目前市场上的名称主要有大块锭、T形锭、碗形锭、扁锭等，以下统称为大块锭。

GB/T 1196—2008新版标准对重熔用铝锭锭重仍保留了20kg±2kg和15kg±2kg的规定，虽然增加了“或供需双方协商确定”条款，以利于创新和发展，但目前我国大部分铝冶炼厂家仍然习惯于以国家标准GB/T 1196—2008制作成15kg或20kg的块锭。20kg块锭铸造速度是有限的，目前国内的铸造机速度约为4.5~12t/h，其中主要缺点是：（1）工人劳动强度大，定员多，劳动生产率低；（2）产品包装在转运过程中时有散包现象发生，且用户要承担约50元/t的包装费用；（3）生产工艺流程长，占地面积大；（4）金属损耗较大，无论是产品生产单位还是使用单位，因铸锭小，单位产品的表面积大，所以，金属氧化损失大。为此生产大块锭对生产企业和用户来说都是非常必要的，有利于提高劳动生产率和供需双方成本的节约。

在现代化的铝加工企业，熔化铝锭用的炉子都比较大，容量一般为10~50t，甚至有的达到 80～100t，且大都设计有机械化的加料装置，所以，对大块锭有一定量的需求。一是利于机械化加料，降低工人的劳动强度；二是减少重熔烧损，降低生产成本；三是不需包装，可减少生产过程中拆包工序以及包装物可能造成的金属污染，同时可避免产品在转运过程中散包现象的发生；四是可降低用户的采购成本和生产运行成本。这些节约就是贯彻《国务院关于做好建设节约型社会近期重点工作的通知》精神具体措施之一。

从以上分析我们认为，生产大块锭是非常必要的，对建设节约型社会有着重要意义，是贯彻落实《国务院关于做好建设节约型社会近期重点工作的通知》的重要举措之一。特别是对电解铝行业来说，降低金属损耗、节约能耗、节约包装材料、提高劳动生产率有着很重要的意义，同时有利于下游企业节约采购成本和生产运行成本。所以，有必要开发大块锭，以满足用户需求，创建节约型社会，提高资源利用效率，减少损失浪费，以尽可能少的资源消耗，创造尽可能大的经济社会效益，促进经济社会可持续发展。

5.2.3.2　电解铝大块锭锭型和重量

电解铝大块锭外形和锭重的设计应该依据重熔用铝锭新版标准《重熔用铝锭》（GB/T 1196—2008）和国内外有色金属交易所的有关要求进行设计，同时必须满足用户的要求，有利于装卸、运输、保管，有利于机械化装炉，并能顺利装入炉内。

伦敦金属交易所（LME）1978 年推出铝的期货交易，标的物质量标准为 99.50%，1987 年 8 月改为 99.70%，铝锭形状和重量的规定是：（1）铝锭（12～26kg）；（2）T 形锭（750kg）；（3）碗形锭（750kg）。《重熔用铝锭》（GB/T 1196—2008）标准中锭重和锭型规定为：每块铝锭重量为 20kg ± 2kg 和 15kg ± 2kg 或供需双方协商确定；组批的规定为，每批应有统一熔炼号的产品组成，重量不少于 400kg。所以，大块锭的重量应大于 400kg，小于 1000kg，为适用于工业化的大批量生产要求，满足大多数用户的需求，适应于国际市场交易的规定，大块锭的重量设计为 750kg ± 20kg 较为合适。大块锭的锭型设计为 T 形锭比较好，有利于机械化装卸和作业。具体形状如图 5-16 所示。

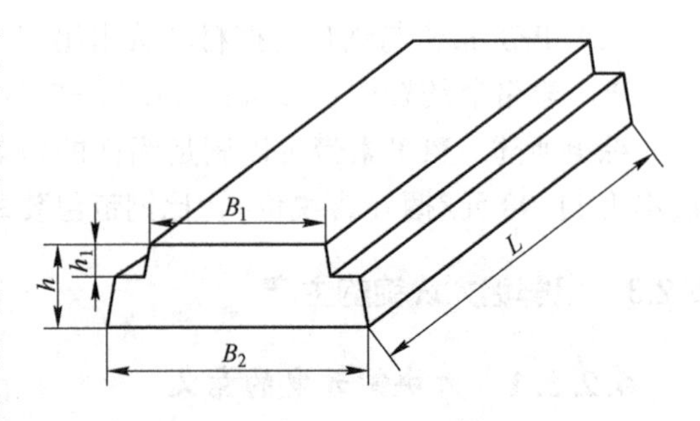

图 5-16　大块锭形状（铝锭重量为 750kg）

5.2.3.3　生产工艺方案

大块锭的生产工艺方案根据装备水平的不同，采用的工艺方案也不同，主要是依据铸造机来确定，铸造机主要有，水平式连续铸造机、竖井垂直式半连续铸造机、圆盘式锭模铸造机、简易式锭模铸造机等。

水平连续铸造机和竖井垂直式半连续铸造机均采用结晶器在强制水冷条件下使铝液凝固成 T 形长锭，然后再用锯床锯切成规定要求的尺寸。这两种铸造机主要用于生产各种规格的热轧板用的大板锭或铝电解用的大母线，可更换结晶器生产 T 形锭，并非 T 形锭的专用生产设备，但这两种铸造机生产的 T 形锭尺寸稳定、内外部夹渣少、质量好。由于铸造过程需要铝液连续不断地流入结晶器，所以，工艺上一般都配有一定容量的保温炉。水平连续铸造机生产能力较低，一般为每小时 4t 左右，最大为 5t，但水平铸造机比竖井垂直式半连续铸造机投资少。竖井垂直式半连续铸造机一次可以进行多个结晶器同时铸造，自动化水平较高、生产能力较大，每小时可生产8～15t。

圆盘式锭模铸造机、简易式锭模铸造机均采用多块铁铸模通过传动机构移动铸模铸造大块锭，只能生产大块锭，是大块锭的专用设备，生产能力较大，一般为每小时20～25t。圆盘式锭模铸造机目前国内用得较少，仅有一两家采用的是进口设备，目前还处在设备调试阶段。

5.2.3.4 经济效益

经济效益主要表现为：(1) 铸造速度的提高，可使铝电解铸造工人劳动生产率提高35%以上，即由目前的每人每年1500t提高到约2000t。(2) 铸锭表面积的减小，铝电解厂和加工厂的铸造金属烧损均会有所降低，生产与加工可降低金属损耗0.2%以上。(3) 用抬包直接铸造，不用混合炉保温，即用混合炉铸造，由于铸造速度的提高，这些工艺的改进均有利于能源消耗的降低，每吨可降低能耗约10kW·h（4元）。(4) 铝锭形状和重量的扩大，产品不需要包装和运输的保价，每吨铝锭可节约打包钢带3.8kg（20元）、运输保价费约45元。

附　　录

附录1　铸造铝合金锭化学成分（GB/T 8733—2007）

合金锭牌号	对应ISO 3522—2006	原合金锭代号	合金元素（质量分数）/%												其他杂质	
			Si	Fe	Cu	Mn	Mg	Ni	Zn	Sn	Ti	Zr	Pb	Al	单个	总和
201Z. 1	AlCu	ZLD201	0. 30	0. 20	4. 5 ~5. 3	0. 6 ~1. 0	0. 05	0. 1	0. 20	—	0. 15 ~0. 35	0. 2	—	余量	0. 05	0. 15
201Z. 2		ZLD201A	0. 05	0. 10	4. 8 ~5. 3	0. 6 ~1. 0	0. 05	0. 5	0. 10	—	0. 15 ~0. 35	0. 15	—	余量	0. 05	0. 15
201Z. 3		ZLD210A	0. 20	0. 15	4. 5 ~5. 1	0. 35 ~0. 8	0. 05	Cd：0. 07 ~0. 25	—	—	0. 15 ~0. 35	0. 15	—	余量	0. 05	0. 15
201Z. 4		ZLD204A	0. 05	0. 13	4. 6 ~5. 3	0. 6 ~0. 9	0. 05	Cd：0. 15 ~0. 25	0. 10	—	0. 15 ~0. 35	0. 15	—	余量	0. 05	0. 15
201Z. 5		ZLD205A	0. 05	0. 10	4. 6 ~5. 3	0. 30 ~0. 50	0. 05	Cd：0. 15 ~0. 25 B：0. 01 ~0. 06	0. 10	—	0. 15 ~0. 35 V：0. 05 ~0. 30	0. 05 ~0. 20	—	余量	0. 05	0. 15
210Z. 1		ZLD110	4. 0 ~6. 0	0. 50	5. 0 ~8. 0	0. 50	0. 30 ~0. 50	0. 30	0. 50	0. 01	—	—	0. 05	余量	0. 05	0. 20
295Z. 1		ZLD203	1. 2	0. 6	4. 0 ~5. 0	0. 10	0. 03	—	0. 20	0. 01	0. 20	0. 10	0. 05	余量	0. 05	0. 15
304Z. 1	AlSiMgTi	—	1. 6 ~2. 4	0. 50	0. 08	0. 30 ~0. 50	0. 50 ~0. 65	0. 05	0. 10	0. 05	0. 07 ~0. 15	—	0. 05	余量	0. 05	0. 15
312Z. 1	AlSi12Cu	ZLD108	11. 0 ~13. 0	0. 40	1. 0 ~2. 0	0. 30 ~0. 9	0. 50 ~1. 0	0. 3	0. 20	0. 01	0. 2	—	0. 05	余量	0. 05	0. 20
315Z. 1	AlSi5ZnMg	ZLD115	4. 8 ~6. 2	0. 25	0. 1	0. 1	0. 45 ~0. 7	Sb：0. 10 ~0. 25	1. 2 ~1. 8	0. 01	—	—	0. 05	余量	0. 05	0. 20
319Z. 1	AlSi5Cu	—	4. 0 ~6. 0	0. 7	3. 4 ~4. 5	0. 55	0. 25	0. 3	0. 55	0. 05	0. 20	Cr：0. 15	0. 15	余量	0. 05	0. 20
319Z. 2		—	5. 0 ~7. 0	0. 8	2. 0 ~4. 0	0. 50	0. 50	0. 35	1. 0	0. 10	0. 20	Cr：0. 20	0. 20	余量	0. 10	0. 30
319Z. 3		ZLD107	6. 5 ~7. 5	0. 40	3. 5 ~4. 5	0. 30	0. 10	—	0. 20	0. 01	—	—	0. 05	余量	0. 05	0. 20
328Z. 1	AlSi9Cu	ZLD106	7. 5 ~8. 5	0. 50	1. 0 ~1. 5	0. 30 ~0. 50	0. 35 ~0. 55	0. 35	0. 20	0. 01	0. 10 ~0. 25	—	0. 05	余量	0. 05	0. 20

续附录1

合金锭牌号	对应ISO 3522—2006	原合金锭代号	合金元素（质量分数）/%												其他杂质	
			Si	Fe	Cu	Mn	Mg	Ni	Zn	Sn	Ti	Zr	Pb	Al	单个	总和
333Z.1	AlSi9Cu	—	7.0~10.0	0.8	2.0~4.0	0.50	0.5	0.8~1.5	1.0	0.10	0.20	Cr：0.20	0.20	余量	0.10	0.30
336Z.1	AlSiCuNiMg	ZLD109	11.0~13.0	0.40	0.50~1.5	0.20	0.9~1.5	0.8~1.5	0.20	0.01	0.20	—	0.05	余量	0.05	0.20
336Z.2	AlSiCuNiMg	—	11.0~13.0	0.7	0.8~1.3	0.15	0.8~1.3	—	0.15	0.05	0.20	Cr：0.10	0.05	余量	0.05	0.20
354Z.1	AlSi9Cu	ZLD111	8.0~10.0	0.35	1.3~1.8	0.10~0.35	0.45~0.65	—	0.10	0.05	0.20	—	0.05	余量	0.05	0.15
355Z.1	AlSi5Cu	ZLD105	4.5~5.5	0.45	1.0~1.5	0.50	0.45~0.65	Be：0.10	0.20	0.01	0.10~0.35	—	0.05	余量	0.05	0.15
355Z.2		ZLD105A	4.5~5.5	0.15	1.0~1.5	0.10	0.45~0.65	—	0.10	0.01	Ti+Zr：0.15		0.05	余量	0.05	0.015
356Z.1	AlSi7Mg	ZLD101	6.5~7.5	0.45	0.20	0.35	0.30~0.50	Be：0.10	0.2	0.01	Ti+Zr：0.15		0.05	余量	0.05	0.15
356Z.2		ZLD101A	6.5~7.5	0.12	0.10	0.05	0.30~0.50	0.05	0.05	0.01	0.08~0.20	—	0.05	余量	0.05	0.15
356Z.3		—	6.5~7.5	0.12	0.05	0.05	0.30~0.40	—	0.05	—	0.10~0.20	—	—	余量	0.05	0.15
356Z.4		—	6.8~7.3	0.10	0.02	0.02	0.30~0.40	Sr：0.02~0.035	0.10	—	0.10~0.15	Ca：0.003	—	余量	0.05	0.15
356Z.5		—	6.5~7.5	0.15	0.20	0.05	0.30~0.45	—	0.10	—	0.10~0.20	—	—	余量	0.05	0.15
356Z.6		—	6.5~7.5	0.40	0.20	0.6	0.25~0.40	0.05	0.30	0.05	0.20	—	0.05	余量	0.05	0.15
356Z.7		ZLD114A	6.5~7.5	0.15	0.1	0.10	0.50~0.65	—	—	—	0.10~0.20	—	—	余量	0.05	0.15
356Z.8		ZLD116	6.5~8.5	0.50	0.3	0.10	0.40~0.6	Be：0.15~0.40 B：0.10	0.30	0.01	0.10~0.30	0.20	0.05	余量	0.05	0.2
A356.2		—	6.5~7.5	0.12	0.10	0.05	0.30~0.45	—	0.05	—	0.20	—	—	余量	0.05	0.15
360Z.1	AlSi10Mg	—	9.0~11.0	0.40	0.03	0.45	0.25~0.45	0.05	0.1	0.05	0.15	—	0.05	余量	0.05	0.15
360Z.2		—	9.0~11.0	0.45	0.08	0.45	0.25~0.45	0.05	0.10	0.5	0.15	—	0.05	余量	0.05	0.15
360Z.3		—	9.0~11.0	0.55	0.30	0.55	0.25~0.45	0.15	0.35	—	0.15	—	0.10	余量	0.05	0.15
360Z.4		—	9.0~11.0	0.45~0.9	0.08	0.55	0.25~0.50	0.15	0.15	0.05	0.15	—	0.15	余量	0.05	0.15
360Z.5		—	9.0~10.0	0.15	0.03	0.1	0.30~0.45	—	0.07	—	0.15	—	—	余量	0.03	0.10
360Z.6		ZLD104	8.0~10.5	0.45	0.10	0.20~0.50	0.20~0.35	—	0.25	0.01	Ti+Zr：0.15		0.05	余量	0.05	0.20
360Y.6		YLD104	8.0~10.5	0.8	0.30	0.20~0.50	0.20~0.35	—	0.10	0.01	Ti+Zr：0.15		0.05	余量	0.05	0.20

续附录 1

合金锭牌号	对应 ISO 3522—2006	原合金锭代号	合金元素（质量分数）/%												其他杂质	
			Si	Fe	Cu	Mn	Mg	Ni	Zn	Sn	Ti	Zr	Pb	Al	单个	总和
A360.1	AlSi10Mg	—	9.0~10.1	1.0	0.6	0.35	0.45~0.6	0.50	0.40	0.15	—	—	—	余量	—	0.25
A380.1	AlSi9Cu	—	7.5~9.5	1.0	3.0~4.0	0.50	0.10	0.50	2.9	0.35	—	—	—	余量	—	0.5
A380.2		—	7.5~9.5	0.6	3.0~4.0	0.10	0.10	0.10	0.10	—	—	—	—	余量	0.05	0.15
380Y.1	AlSi10Cu	ZLD112	7.5~9.5	0.9	2.5~4.0	0.6	0.30	0.50	1.0	0.20	0.20	—	0.30	余量	0.05	0.20
380Y.2		—	7.5~9.5	0.9	2.0~4.0	0.50	0.30	0.50	1.0	0.20	—	—	—	余量	—	0.20
383.1		—	9.5~11.5	0.6~1.0	2.0~3.0	0.50	0.10	0.30	2.9	0.15	—	—	—	余量	—	0.50
383.2		—	9.5~11.5	0.6~1.0	2.0~3.0	0.10	0.10	0.10	0.10	0.10	—	—	—	余量	—	0.20
383Y.1		—	9.6~12.0	0.9	1.5~3.5	0.50	0.30	0.50	3.00	0.20	—	—	—	余量	—	0.20
383Y.2		ZLD113	9.6~12.0	0.9	2.0~3.5	0.50	0.30	0.50	0.8	0.20	—	—	—	余量	—	0.30
383Y.3		—	9.6~12.0	0.9	1.5~3.5	0.50	0.30	0.50	1.0	0.20	—	—	—	余量	—	0.20
390Y.1	AlSi17Cu	ZLD117	16.0~18.0	0.9	4.0~5.0	0.50	0.50~0.65	0.30	1.5	0.30	—	—	—	余量	0.05	0.20
398Z.1	AlSi20Cu	ZLD118	19.0~22.0	0.50	1.0~2.0	0.3~0.5	0.5~0.8	RE：0.6~1.5	0.1	0.01	0.20	0.10	0.05	余量	0.05	0.20
411Z.1	AlSi11	—	10.0~11.8	0.15	0.03	0.10	0.45	—	0.07	—	0.15	—	—	余量	0.03	0.10
411Z.2		—	8.0~11.0	0.55	0.08	0.50	0.10	0.05	0.15	0.05	0.15	—	0.05	余量	0.05	0.15
413Z.1	AlSi12	ZLD102	10.0~13.0	0.6	0.30	0.50	0.10	—	0.10	—	0.20	—	—	余量	0.05	0.20
413Z.2		—	10.5~13.5	0.55	0.10	0.55	0.10	0.10	0.15	—	0.15	—	0.10	余量	0.05	0.15
413Z.3		—	10.5~13.5	0.40	0.03	0.35	—	—	0.10	—	0.15	—	—	余量	0.05	0.15
413Z.4		—	10.5~13.5	0.45~0.9	0.08	0.40	—	—	0.15	—	0.15	—	—	余量	0.05	0.25
413Y.1	AlSi12	—	10.0~13.0	0.9	0.30	0.40	0.25	—	0.10	—	—	0.10	—	余量	0.05	0.20
413Y.2		—	10.0~13.0	0.6	1.0	0.30	0.30	0.50	0.50	0.10	—	—	—	余量	0.05	0.30
A413.1		—	10.0~13.0	1.0	1.0	0.35	0.10	0.50	0.40	0.15	—	—	—	余量	—	0.25
A413.2		—	10.0~13.0	0.6	0.10	0.05	0.05	0.05	0.05	0.05	—	—	—	余量	—	0.1

续附录1

合金锭牌号	对应 ISO 3522—2006	原合金锭代号	合金元素（质量分数）/%												其他杂质	
			Si	Fe	Cu	Mn	Mg	Ni	Zn	Sn	Ti	Zr	Pb	Al	单个	总和
443.1	AlSi5	—	4.5~6.0	0.6	0.6	0.50	0.05	Cr：0.25	0.50	—	0.25	—	—	余量	—	0.35
443.2		—	4.5~6.0	0.6	0.10	0.10	0.05	—	0.10	—	0.20	—	—	余量	0.05	0.15
502Z.1	AlMg5Si	ZLD303	0.8~1.3	0.45	0.10	0.10~0.40	4.6~5.6	—	0.20	—	0.2	—	—	余量	0.05	0.15
502Y.1		YLD302	0.8~1.3	0.9	0.10	0.10~0.40	4.6~5.5	—	0.20	—	—	0.15	—	余量	0.05	0.25
508Z.1	AlMg8	ZLD305	0.20	0.25	0.10	0.10	7.6~9.0	Be：0.05~0.10	1.0~1.5	—	0.10~0.20	—	—	余量	0.05	0.15
515Y.1		YLD306	1.0	0.6	0.10	0.4~0.6	2.6~4.0	0.10	0.40	0.10	—	—	—	余量	0.05	0.25
520Z.1	AlMg3	ZLD301	0.30	0.25	0.10	0.15	9.8~11.0	0.05	0.15	0.01	0.15	0.20	0.05	余量	0.05	0.15
701Z.1	AlMg10	ZLD401	6.0~8.0	0.6	0.6	0.50	0.15~0.35	—	9.2~13.0	—	—	—	—	余量	0.05	0.20
712Z.1	AlZnSiMg	ZLD402	0.30	0.40	0.25	0.10	0.55~0.70	Cr：0.40~0.6	5.2~6.5	—	0.15~0.25	—	—	余量	0.05	0.20
901Z.1	AlMn	ZLD501	0.20	0.30	—	1.50~1.70	—	RE：0.03	—	—	0.15	—	—	余量	0.05	0.15
907Z.1	AlRECuSi	ZLD207	1.6~2.0	0.50	3.0~3.4	0.9~1.2	0.20~0.30	0.20~0.30	0.20	—	RE：4.4~5.0	0.15~0.25	—	余量	0.05	0.20

注：表中含量有上下限的元素为合金必须元素，含量为单个值的元素是杂质元素按不大于控制，“—”为暂时未规定具体含量不做检测分析，铝为余量。

附录2 铸造铝合金国内外牌号对照表

合金名称	GB/T 8733—2000		相近国际牌号 ISO 3522—1984	相近国外牌号或代号									
				美国				日本	俄罗斯	欧洲国家原标准			欧洲标准
	合金牌号	合金代号		ASTM E527—1983（1997）	ANSI H35.1（M）—1997	SAE J452—1989	ASTM B275—1996	JIS H 5302—2000	ГОСТ 1583—1993	BS 1490—1988	NFA57-703—1984	DIN 1725-2Bb.1—1986	EN 1706—1998
Al-Si合金	ZAlSi7MgD	ZLD101	Al-Si7Mg（Fe）	A03560	356.0	323	SC70A	AC4C	АЛ9	LM25	A-S7G	G-AlSi7Mg	AC-42100

续附录 2

合金名称	GB/T 8733—2000		相近国际牌号	相近国外牌号或代号									
				美国				日本	俄罗斯	欧洲国家原标准			欧洲标准
	合金牌号	合金代号	ISO 3522—1984	ASTM E527—1983 (1997)	ANSI H35.1（M）—1997	SAE J452—1989	ASTM B275—1996	JIS H 5302—2000	ГОСТ 1583—1993	BS 1490—1988	NFA57-703—1984	DIN 1725-2Bb.1—1986	EN 1706—1998
Al-Si合金	ZAlSi7MgDA	ZLD101A	Al-Si7Mg	A13560	A356.0	336	SC71B	AC4CH	АЛ9-1	—	A-S7G03	G-AlSi7Mg	AC-42100
	ZAlSi12D	ZLD102	Al-Si12	—	—	—	—	AC3A	АЛ2	LM6	A-S13	G-AlSi12	AC-44200
	YZAlSi12D	YLD102	Al-Si12Fe	A14130	A413.0	305	S12A	ADC2	—	LM20	—	—	AC-44300
	ZAlSi9MgD	ZLD104	Al-Si10Mg	A03600	—	—	—	AC4A	АЛ4	LM9	A-S9G	G-AlSi10Mg	AC-43400
	YZAlSi10MgD	YLD104	—	A13600	A360.0	309	SG100A	—	—	—	—	—	AC-43000
	ZAlSi5Cu1MgD	ZLD105	Al-Si5Cu1Mg	A03550	355.0	322	SC51A	AC4A	АЛ5	LM16	—	G-AlSi5(Cu)	AC-45300
	ZAlSi5Cu1MgAD	ZLD105A	—	A33550	C355.0	335	SC51B	—	АЛ5-1	—	—	—	AC-45300
	ZAlSi8Cu1MgD	ZLD106	Al-Si5Cu3	A03280	328.0	327	SC82A	—	АЛ32	LM27	—	—	AC-46400
	ZAlSi7Cu4D	ZLD107	Al-Si6Cu4	A03190	319.0	326	SC64D	AC2B	—	LM21	A-S5UZ	G-AlSi6Cu4	AC-45000
	ZAlSi12Cu2MgD	ZLD108	Al-Si12Cu	—	—	—	SC122A	AD12	АЛ25		—	—	—
	YZAlSi12Cu2D	YLD108	Al-Si12CuFe	—	—	—	—	—	—	LM2	—	—	—
	ZAlSi12Cu1Mg1Ni1D	ZLD109	—	A03360	336.0 339.0	321 334	SN122A	ACBA	АЛ30	LM13	A-S12UNG	—	AC-48000
	ZAlSi5Cu6MgD	ZLD110	—		—		CS74A	—	АЛ10В	LM12	—	G-AlSi（Cu）	—
	ZAlSi9Cu2MgD	ZLD111	—	A03280 A03540	328.0 354.0	327 —	SC82A SC92A	—	АК9М2 АЛ4М	—	—	G-AlSi8Cu3	AC-46400
	YZAlSi9Cu4D	YLD112	Al-Si8Cu3Fe	A03800	380.0	308	SG84B	ADC11	—	—	—	—	AC-46200
	YZAlSi11Cu3D	YLD113	—	—	—	—	—	ADC12	—	—	—	—	AC-46100
	ZAlSi7Mg1DA	ZLD114A	—	A13570	A357.0	—	—	—	—	—	A-S7G05	—	—
	ZAlSi5Zn1MgD	ZLD115	—	—	—	—	—	—	—	—	—	—	—

续附录2

合金名称	GB/T 8733—2000		相近国际牌号	相近国外牌号或代号									
				美 国				日本	俄罗斯	欧洲国家原标准			欧洲标准
	合金牌号	合金代号	ISO 3522—1984	ASTM E527—1983 (1997)	ANSI H35.1 (M) —1997	SAE J452—1989	ASTM B275 —1996	JIS H 5302—2000	ГОСТ 1583—1993	BS 1490 —1988	NFA57-703—1984	DIN 1725 -2Bb.1 —1986	EN 1706—1998
Al-Si合金	ZAlSi8MgBeD	ZLD116	—	—	358.0	—	—	—	АЛ34	—	—	—	—
	ZAlSi20Cu2ReD	ZLD117	—	—	—	—	—	—	—	—	—	—	—
	YAlSi17Cu5MgD	YLD117	—	A23900	B390.0	—	SC174B	AC9B	—	LM30	—	—	—
Al-Cu合金	ZAlCu5MnD	ZLD201	—	—	—	—	—	—	АЛ19	—	—	—	—
	ZAlCu5MnAD	ZLD201A	—	—	—	—	—	—	—	—	—	—	—
	ZAlCu10D	ZLD202	—	—	122	—	—	—	—	LM12	—	—	—
	ZAlCu4D	ZLD203	Al-Cu4Ti	A02950	295.0	38	C4A	AC1A	АЛ7	—	—	G-AlCu4Ti	AC-21100
	ZAlCu5MnCdAD	ZLD204A	—	—	—	—	—	—	—	—	—	—	—
	ZAlCu5MnCdVAD	ZLD205A	—	—	—	—	—	—	—	—	—	—	—
	ZAlCu8RE2Mn1D	ZLD206	—	—	—	—	—	—	—	—	—	—	—
	ZAlRE5Cu23Si2D	ZLD207	—	—	—	—	—	—	АЛР-1	—	—	—	—
	ZAlCu5Ni2CoZrD	ZLD208	—	—	—	—	—	—	—	RR350	AU5NK2V	—	—
	ZAlCu5MnCdVRED	ZLD209	—	—	—	—	—	—	—	—	—	—	—
	AlCu4AgMgMnD	201.0	—	A02010	201.0	382	CQ51A	—	—	—	—	—	—
	AlCu4MgTiD	206.0	AlCu4MgTi	A02060	206.0	—	—	—	—	—	A-U5GT	G-AlCu4TiMg	AC-21000
Al-Mg合金	ZAlMg10D	ZLD301	AlMg10	A05200	520.0	324	G10A	AC7B	АЛ8 АЛ27	LM10	A-G10Y4	G-AlMg10	—
	ZAlMg5SiD	ZLD303	AlMg5Si1	—	—	—	GS42A	AC4CH	АЛ13	LM5	—	G-AlMg5Si	AC-51400
	ZAlMg8ZnD	ZLD305	—	—	—	—	—	—	—	—	—	—	—
	ZAlZn11SiD	ZLD401	—	—	—	—	—		АЛ11	—	—	—	—
	ZAlZn6MgD	ZLD402	AlZn5Mg	A07120	712.0	310	D612		—				AC-71000

注：1. 压铸铝合金标准见 GB/T 8733—2007；
2. 航标为 HB 962—2001，下同；
3. 欧盟各国家标准基本统一为欧洲标准委员会（CEN）标准，但各国的原标准仍在习惯性使用；
4. ASTM 标准号为 B85—1999。

附录3 铝中间合金锭化学成分（YS/T 282—2000（2009）—2009年复审继续有效）

牌号	合金元素（Al均为余量）/%	杂质含量（不大于）/%												物理特性	
		Cu	Si	Mn	Ti	Ni	Cr	Zr	Fe	Zn	Mg	Pb	Sn	熔化温度/℃	特性
AlCu50	Cu：48.0~52.0	—	0.40	0.35	0.10	0.20	0.10	—	0.45	0.30	0.20	0.10	0.10	570~600	脆
AlSi24	Si：22.0~26.0	0.20	—	0.35	0.1	0.20	0.10	—	0.45	0.2	0.40	0.10	0.10	700~800	脆
AlSi20	Si：18.0~21.0	0.20	—	0.35	0.1	0.20	0.10	—	0.45	0.2	0.40	0.10	0.10	640~700	脆
AlSi12	Si：11.5~13.0	0.03	—	0.10	0.10	—	—	—	0.35	0.08	—	Ga：0.1		560~620	脆
AlMn10	Mn：9.0~11.0	0.2	0.40	—	0.1	0.20	0.10	—	0.45	0.2	0.50	0.10	0.10	770~830	韧
AlTi4	Ti：3.0~5.0	—	0.2	—	—	—	—	—	0.3	0.1	—	—	0.10	1020~1070	易偏析
AlTi5	Ti：4.5~6.0	0.15	0.50	0.35	—	0.1	0.10	V：0.25	0.45	0.15	0.50	0.10	0.10	1050~1100	易偏析
AlNi10	Ni：9.0~11.0	—	0.2	0.1	—	—	—	—	0.5	—	—	0.1	—	680~730	韧
AlCr2	Cr：2.0~3.0	—	0.2	—	—	—	—	—	0.5	0.1	—	0.30	—	900~1000	易偏析
AlB3	B：2.5~3.5	0.1	0.2	—	—	—	—	—	0.4	0.1	—	—	—	800	韧
AlB1	B：0.5~1.5	0.1	0.2	—	—	—	—	—	0.3	0.1	—	—	—	800	韧
AlZr4	Zr：3.0~5.0	—	0.2	—	—	—	—	—	0.3	0.1	—	0.01	—	800~850	易偏析
AlSb4	Sb：3.0~5.0	—	0.2	—	—	—	—	—	0.3	—	—	—	—	600	易偏析
AlFe20	Ni：1.2~1.8，Fe：18.0~22.0	0.1	0.2	0.3	—	—	—	—	—	0.1	—	—	—	1020	韧
AlTi5B1	Ti：4.5~6.0，B：0.9~1.2	0.02	0.20	0.02	—	0.04	0.02	0.02	0.30	0.03	0.02	—	—	800	易偏析
AlBe3	Be：2.0~4.0	—	0.2	—	—	—	—	—	0.25	0.1	—	—	—	820.0	韧
AlSr5	Sr：4.0~6.0	0.01	—	—	—	—	—	—	0.2	0.1	0.05	Ga：0.05		680~750	韧
AlSr10	Sr：9.0~11.0	0.1	—	—	—	—	—	—	0.2	0.1	0.1	Ga：0.1		780~850	韧

附录4　常用扁铸锭牌号化学成分

牌号	化学成分（无区间的均匀杂质，不大于）/%												
	Si	Fe	Cu	Mn	Mg	Zn	Cr	V	Ti	其他		Al（不大于）	备注
										单个	合计		
1070	0.10	0.20	0.04	0.03	0.02	0.05	—	0.03	0.03	0.03	—	99.70	—
1060	0.20	0.30	0.05	0.03	0.02	0.05	—	0.05	0.01~0.03	0.03	—	99.60	Fe/Si≥1
1060PS	0.10	0.20~0.30	0.05	0.03	0.02	0.05	—	0.03	0.01~0.03	0.03	—	99.60	—
1050	0.15	0.20~0.35	0.05	0.05	0.05	0.05	—	0.05	0.01~0.03	0.03	—	99.50	—
1050A 箔	0.08	0.25~0.35	0.03	0.03	0.03	0.01	0.03	0.03	0.014~0.025	0.03	0.10	99.50	Fe/Si≥3
1145	0.15	0.35	0.05	0.05	0.05	0.05	—	0.05	0.01~0.02	0.03	0.15	99.45	Fe/Si≥3
1100	0.15	0.35~0.50	0.05~0.10	0.05	—	0.10	—	—	0.01~0.03	0.05	0.15	99.00	Fe/Si≥3
1100 箔	0.12~0.15	0.45~0.55	0.11~0.15	0.05	0.03	0.05	0.03	—	0.02~0.03	0.03	0.15	99.00	—
1235 单零箔	0.15	0.35~0.45	0.02	0.05	0.05	0.10	—	—	0.03	0.03	—	99.35	Fe/Si = 2.5~3.5
1235 双零箔	0.10~0.15	0.40~0.45	0.003	0.003	0.003	0.02	—	0.008~0.014	0.01~0.015	0.01	—	99.35	Fe/Si = 3~3.8
3A21	0.15	0.30~0.60	0.20	1.0~1.20	0.05	0.10	—	0.05	0.01~0.03	0.05	0.10	余量	—
3003	0.15	0.40~0.60	0.05~0.20	1.0~1.20	—	0.10	—	—	0.01~0.03	0.05	0.15	余量	—
3004	0.25	0.20~0.50	0.25	1.0~1.25	0.95~1.25	0.25	—	—	0.05	0.05	0.15	余量	Na≤0.0005
3005	0.25	0.50	0.30	1.0~1.20	0.40~0.60	0.25	0.10	—	0.10	0.05	0.15	余量	—
3102	0.15	0.20~0.27	0.05	0.15~0.25	0.05	—	—	—	0.03	0.05	0.15	余量	Fe > Mn
3104	0.17~0.25	0.35~0.45	0.15~0.20	0.85~0.95	1.16~1.24	0.10	—	—	0.10	0.05	0.15	余量	Na≤0.0004
3105	0.20	0.30	0.10	0.50~0.80	0.40~0.80	0.10	0.10	—	0.03	0.05	0.15	余量	—
5052	0.15	0.25~0.35	0.10	0.10	2.30~2.69	0.05	0.15~0.25	—	0.01~0.03	0.05	0.15	余量	Na≤0.0004
6061	0.45~0.75	0.69	0.20~0.30	0.10	0.85~1.14	0.20	0.15~0.30	—	0.10	0.05	0.15	余量	Na≤0.0005
8011 空调箔	0.55~0.65	0.70~0.80	0.05	0.05	0.05	0.05	—	0.03	0.02~0.03	0.05	0.15	余量	Fe/Si≥1
8011 单零箔	0.60~0.70	0.70~0.80	0.02~0.05	0.03~0.06	0.05	0.05	—	0.03	0.02~0.04	0.05	0.15	余量	Fe/Si≥1
8011 瓶盖	0.60~0.70	0.70~0.80	0.10	0.05~0.10	0.05	0.05	0.05	0.003	0.01~0.03	0.05	0.15	余量	Fe/Si≥1
8079	0.15~0.25	1.10~1.29	0.05	—	—	0.10	—	—	—	0.05	0.15	余量	—

参考文献

[1] 韦涵光．新中国第一座电解铝厂的诞生．2009-11-03．中铝网．

[2] 300kA 及以上大型预焙槽已成电解铝行业主流装备．2010-05-20．中国有色金属科技信息网．

[3] 赵玉峰．论家电电磁场对人体的危害，2005-10．广东省环境保护［公众网］．

[4] 周安祥，等．恒定磁场对工人健康影响的调查［J］．中华劳动卫生职业病杂志，1998，2.

[5] 章孟本，等．磁场对电解铝作业工人免疫功能影响的研究［J］．中国工业医学杂志，1992，5.

[6] 刘慧云，等．铝电解槽磁场对人的伤害浅谈［J］．北京电力高等专科学校学报，2009，4.

[7] 刘永刚，等．铝电解大型预焙槽四种焙烧方法的比较［J］．轻金属，2000，4：32.

[8] 夏俊梅．“赛尔燃气焙烧技术”达国际先进水平［N］．中国有色金属报，2010-12-04.

[9] 电解铝厂事故教训．2009-5-12．易安网．

[10] 杨继成，等．有色金属工业生产技术经济指标计算方法．中国有色金属工业总公司，1992.

[11] 王戈，王祝堂．2007 年中国铝加工业评述（2）［J］．轻合金加工技术，2008，8：3.

[12] 丁宏升，郭景杰，等．我国铸造有色合金及其特种铸造技术发展现状［J］．铸造，2007，6：3.

[13] 向凌霄．原铝及其合金的熔炼与铸造［M］．北京：冶金工业出版社，2005：124～178.

[14] 田荣璋，王祝堂．铝合金及其加工手册［M］．长沙：中南大学出版社，2000：166.

[15] 铝液除气的成功经验．中国铝业，2006，1. 21.

[16] 廖萍，等．铝及铝合金熔体复合净化新方法及其装置［J］．轻合金加工技术，2005，9：21.

[17] 盛春磊．铝铸轧机与热轧机的应用对比以及在未来市场的发展．2008-12-15．中国有色网．

[18] 王戈，王祝堂．2007 年中国铝加工业评述（1）［J］．轻合金加工技术，2008，7：1.

[19] 任必军．中国铝电解技术未来方向与瞻望［D］．企业内部资料 2011 年 10 月．

[20] 任必军，等．过热度控制与无水氟化铝的实践应用［J］．轻金属，2009，6. 33～35.

[21] 史生文，张维铭．预焙铝电解槽阳极钢爪自焙保护环优化技术［J］．轻金属，2005，9：39～40.

[22] 冯乃祥，等．我国铝工业现状和与国外先进技术水平的差距［J］．轻金属，2000，7：29～33.

[23] M·M·维丘科夫，等．邱竹贤等译，铝镁冶金学［M］．沈阳：辽宁教育出版社，1990：79.

[24] 邱竹贤，等．预焙槽炼铝生产技术［M］．北京：冶金工业出版社，2005：248.

[25] 裴海灵，等．电流强化对铝电解槽电、磁、流场的影响［J］．甘肃冶金，2005：5～8.

[26] 铸造有色合金手册编写组．铸造有色合金手册［M］．北京：机械工业出版社，1984：181.

[27] 丁培墉，等．物理化学［M］．北京：冶金工业出版社，1979：332.

[28] 黄积荣．铸造合金金相图谱［M］．北京：机械工业出版社，1980：120.

[29] 赵宏宇译．半固态金属铸造和锻造［J］．有色金属加工，1995，1：51.

[30] 国务院关于做好建设节约型社会近期重点工作的通知．2005-07-05．新华网．

[31] 国际铝期货标准合约特点．2007-12-21．中国金属论坛．